大学计算机应用基础

马 冰 唐普霞 薛祎炜◎主 编
潘仕彬 陆 凯 陈德虎◎副主编

人民邮电出版社
北京

图书在版编目（CIP）数据

大学计算机应用基础 / 马冰，唐普霞，薛祎炜主编
. -- 北京：人民邮电出版社，2023.8
高等学校应用型特色"十四五"规划教材
ISBN 978-7-115-62002-6

Ⅰ. ①大… Ⅱ. ①马… ②唐… ③薛… Ⅲ. ①电子计
算机－高等学校－教材 Ⅳ. ①TP3

中国国家版本馆CIP数据核字(2023)第116587号

内 容 提 要

　　本书紧紧围绕海南自由贸易港实际应用的需要，以日常工作中的典型事务或案件为载体，参照操作系统 Windows 10 介绍计算机的基本操作，根据 Office 2016 讲解办公软件的使用方法，同时在基础理论部分也介绍计算机软硬件、计算机病毒和信息技术的最新进展，并设置贴合实际应用场景的组网案例，让学生所学到的知识能适应实际应用的需要。通过本书的学习，读者可以快速掌握计算机的基本操作方法，学会编辑图文并茂的应用文书，创建各式各样的统计图表，建立生动的演示文稿等。

　　本书可作为高等院校计算机基础课程的教材或参考书，也可作为计算机基础相关培训的教材。

◆ 主　　编　马　冰　唐普霞　薛祎炜
　　副 主 编　潘仕彬　陆　凯　陈德虎
　　责任编辑　王梓灵
　　责任印制　马振武
◆ 人民邮电出版社出版发行　北京市丰台区成寿寺路 11 号
　　邮编　100164　电子邮件　315@ptpress.com.cn
　　网址　https://www.ptpress.com.cn
　　涿州市京南印刷厂印刷
◆ 开本：775×1092　1/16
　　印张：15　　　　　　　　　　2023 年 8 月第 1 版
　　字数：334 千字　　　　　　　2023 年 8 月河北第 1 次印刷

定价：59.80 元

读者服务热线：(010)81055493　印装质量热线：(010)81055316
反盗版热线：(010)81055315
广告经营许可证：京东市监广登字 20170147 号

前　言

在海南自由贸易港的大背景下，为了使计算机技术更加有效地为人们提供服务，教师需要在计算机应用基础课程教学中做到与时俱进，以保证学生充分掌握计算机基础知识，以便更好地适应社会。

计算机应用基础图书必须坚持理论与实践并重、统一与灵活兼顾、规范与创新同步、通识与拓展衔接。在编写计算机应用基础图书时，需要以实战需求为依据，以培养操作型、应用型学生为目的，要特别培养学生自身的实践操作能力，保证学生能够深刻理解所学知识，使其最终成为综合型计算机应用人才。为此，我们编写了本书——《大学计算机应用基础》。

全书分为 7 章，具体内容如下。

第 1 章计算机基础知识，简要介绍计算机的基本概念、计算机的发展与应用、计算机病毒防护等。

第 2 章 Windows 10 操作系统，首先介绍操作系统的基本概念，接着介绍 Windows 10 的窗口功能与基本操作，最后着重介绍 Windows 10 环境下的文件管理、附件使用、控制面板、磁盘管理。

第 3 章 Word 2016，介绍 Word 2016 的文字处理功能，包括 Word 文档操作、表格处理、图文混排、合并邮件功能等。

第 4 章 Excel 2016，首先简要介绍 Excel 2016 的基本功能和窗口界面，然后着重介绍表处理技术，包括工作表与工作簿、公式与函数、数据分析及数据透视表等。

第 5 章 PowerPoint 2016，首先简要介绍 PowerPoint 2016 的基本功能，然后着重介绍演示文稿的创建和编辑、幻灯片的视图方式、放映设计等。

第 6 章计算机网络与因特网，首先介绍计算机网络的定义、通信协议与网络互联，然后着重介绍因特网的连接与使用。

第 7 章信息技术的发展概述，简要介绍信息技术的基本概念，云计算、物联网、虚拟现实等技术的原理及应用。

在编写过程中，我们把计算机基本概念，软件的基本功能、常用命令，以及最新的信息技术融合在一起，努力做到语言简练、通俗易懂，同时配置上机操作，使学生边学边练，达到学练结合的目的。

本书由马冰、唐普霞、薛祎炜任主编，潘仕彬、陆凯、陈德虎任副主编，李玲、周克洪老师参编。由于编者水平有限，书中难免有不足之处，请广大教师、同行专家及各位读者批评指正。

为了便于学习和使用，我们提供了本书的配套资源。读者可以扫描并关注下方的"信通社区"二维码，回复数字 62002，即可获得配套资源。

"信通社区"二维码

编　者

2023 年 2 月

目　录

第 **1** 章

计算机基础知识

【知识目标】
1. 掌握计算机基础知识。
2. 熟悉数字进制的原理。
3. 熟悉二进制数的运算。
4. 了解计算机中的信息编码。
5. 了解计算机病毒的特点与查杀方法。

【技能目标】
1. 掌握计算机的基本操作。
2. 掌握数制之间的转换方法。
3. 掌握计算机常用硬件的操作方法。
4. 熟练安装常用的计算机软件。
5. 熟练利用杀毒软件查杀病毒。

【素质目标】
1. 培养学生认真负责的态度。
2. 培养学生的自主学习意识和团队协作精神。
3. 培养学生信息化处理的创新意识。

1.1 计算机的概述与发展

1946 年 2 月，世界上第一台通用电子计算机 ENIAC（埃尼亚克）在美国宾夕法尼亚大学问世，如图 1-1 所示。ENIAC 体积庞大，占地 170 m^2，重约 30 t。现在看来，ENIAC 的计算能力恐怕连小小的计算器都比不上，但当时它的计算速度比最快的计算工具快很多，功能非常强大。它的诞生使人类迈向一个崭新的信息时代，从而使社会发生巨大的变化。

虽然 ENIAC 功能强大，但它最初不能存储程序。因此，科学家冯·诺依曼最先提出存储程序的思想，并成功将其运用在计算机的设计中。其主要原理：计算机采用二进制形式表示数据和指令，计算机应包括运算器、控制器、存储器、输入设备和输出设备五大基本部件，计算机采用存储程序和程序控制的工作方式。

图 1-1　ENIAC

所谓存储程序，就是把程序和处理问题所需的数据均以二进制编码形式预先按一定顺序存放到计算机的存储器中。计算机运行时，中央处理器依次从内存储器中逐条取出指令，按指令规定执行一系列基本操作，从而完成一项复杂的工作。整个过程都是由一台担任指挥工作的控制器和一台执行运算工作的运算器共同完成的，这就是存储程序控制的工作原理。

计算机五大基本组成部件的功能概括来说：输入设备用于输入数据和程序，存储器用于记忆数据和程序，运算器用于对数据进行加工处理，控制器用于控制程序的执行，输出设备用于输出结果。

根据存储程序的思想制造的计算机被称为冯·诺依曼机。由于冯·诺依曼对现代计算机技术具有突出贡献，他又被称为"计算机之父"。从 1946 年至今，虽然计算机的设计和制造技术都有很大发展，但现在使用的大多数计算机的工作原理和基本结构仍然遵循冯·诺依曼的思想。根据使用的元器件，可以将计算机的发展历程分为 4 个阶段，见表 1-1。

表 1-1　计算机发展历程

阶段	年份	元器件	存储器	速度/次·秒$^{-1}$	软件
第一阶段	1946—1957	电子管	水银延迟线	5 000～40 000	机器语言、汇编语言
第二阶段	1958—1964	晶体管	磁芯	几十万～几百万	高级语言
第三阶段	1965—1970	中小规模集成电路	半导体存储器	几百万～几千万	高级语言、操作系统
第四阶段	1971—现在	大规模或超大规模集成电路	半导体存储器	上亿	固件、网络软件、数据库

1.2　计算机的分类

计算机的分类：按工作原理可分为模拟计算机、数字计算机、模拟数字混合计算机；按功能可分为专用计算机和通用计算机；按规模可分为巨型计算机、大型计算机、中型计算机、小型计算机和微型计算机。银河系列计算机属于巨型计算机，如图 1-2 所示。

图 1-2　银河系列计算机

1.3　计算机的特点与用途

1.3.1　计算机的特点

1．运算速度快、处理能力强

由于计算机有专门的中央处理器、存储器等，因此计算机能以超快的速度工作。巨型计算机的运算速度达到每秒 12.5 亿亿次，微型计算机每秒可执行几十万条指令，使大量复杂的科学计算问题得以解决。例如，卫星轨道的计算、24 小时天气预报的计算等，过去需要人工计算几年甚至几十年，而现在用计算机只需计算几天甚至几分钟。

2．计算精确度高

科学研究和工程设计，特别是尖端科学技术，对计算结果的精确度有很高的要求。由计算机控制的导弹之所以能准确地击中预定的目标，与计算机的精确计算是分不开的。由于计算机采用二进制表示数据，因此其精确度主要取决于计算机的字长，字长越大，有效位数越多，精确度也越高。

3．存储容量大

计算机不仅能用于计算，而且能用于存储参加运算的数据、程序、中间结果和最后结果，以供用户随时调用。计算机的存储器可以存储大量数据，使计算机具有"记忆"功能。随着计算机存储容量的不断增大，计算机可存储的信息越来越多。计算机的"记忆"功能是与传统计算工具的一个重要区别。

4．具有逻辑判断能力

计算机的运算器除了具有高速度、高精度的计算能力外，还具有对文字、符号、数字等进行逻辑推理和判断的能力。这些能力是计算机处理逻辑推理问题的前提。

5．自动化程度高，通用性强

计算机内部操作是根据人们事先编好的程序自动进行的。用户根据需要，事先设计好运行步骤与程序，计算机严格按程序规定的步骤操作，整个过程不需要人工干预。自动化程度高，这一特点是一般的计算工具不具备的。

计算机通用性强的特点表现在能求解自然科学和社会科学中大多数类型的问题，能被广泛地应用在各个领域。

此外，微型计算机还有体积小、重量轻、耗电少、功能强、使用灵活、维护方便、可靠性高、易掌握、价格便宜等特点。

1.3.2 计算机的用途

1. 科学计算

科学计算（数值计算）：主要用于解决科学研究和工程技术中提出的数学计算问题。

2. 信息处理

信息处理（数据处理）：主要用于对量比较大的数据进行加工、合并、分类等操作，从而使生产管理更加科学化、现代化。

3. 过程控制

过程控制（实时控制）：通过使用计算机实时采集检测数据，按最佳值对控制对象进行自动控制或调节，主要应用于工业生产，提高生产效率和产品质量，节约成本。例如，在炼钢过程中，对炉温、冶炼时间的控制，仪表的智能化。

4. 计算机辅助设计与制造

计算机辅助设计与制造：主要分为计算机辅助设计（CAD）、计算机辅助制造（CAM）、计算机辅助教学（CAI）。计算机集成制造系统（CIMS）是指以计算机为中心的现代化信息技术被应用于企业管理与产品开发制造的新一代制造系统。

5. 网络与通信

网络与通信：通过电话交换网等方式将计算机连接起来，实现资源共享和信息交流。其主要应用有网络互联技术、路由技术、数据通信技术、信息浏览技术。

6. 人工智能

人工智能（AI）：用计算机模拟人的思维活动。一些智能系统已经能够代替人的部分脑力劳动，尤其是在专家系统、模式识别等方面。

7. 虚拟现实

虚拟现实（VR）：指利用计算机生成一种模拟环境，通过多种传感设备使用户"投入"该环境，实现用户与该环境直接进行交互。

1.4 计算机系统的组成

计算机系统由硬件系统和软件系统组成。硬件系统是构成计算机系统各功能部件的集合，是计算机完成各项工作的物质基础。硬件系统是看得见、摸得着的，真实存在的物理实体。软件系统是指与计算机系统操作有关的各种程序以及任何与之相关的文档和数据的集合。其中程序是用程序设计语言描述的适合计算机执行的语句指令序列。

概括来说，硬件系统是计算机的"躯干"，软件系统是建立在"躯干"上的"灵魂"。

1.4.1 硬件系统的组成

计算机从诞生至今，其体系结构基本没有发生变化，仍旧沿用冯·诺依曼体系结构，即计算机硬件系统由运算器、控制器、存储器、输入设备和输出设备组成，如图1-3所示。

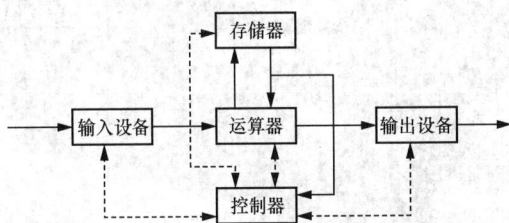

图 1-3　计算机硬件系统的组成

1．运算器

运算器是计算机对数据进行加工处理（即对二进制数进行加、减、乘、除等算术运算，与、或、非等逻辑运算）的部件。运算器在控制器的控制下实现算术、逻辑运算，并且运算结果由控制器送到内存中。

2．控制器

控制器是计算机的指挥和控制中心。它负责从内存中取出指令，确定指令类型，并对指令进行译码，按时间的先后顺序向计算机的各个部件发出控制信号，使各个部件协调一致工作，从而一步一步完成各种操作。

控制器主要由指令寄存器、指令译码器、指令计数器、时序产生器、操作控制器等部件组成。

3．存储器

存储器是计算机存储数据的部件，用于保存程序、数据、运算的结果。

4．输入设备

输入设备负责把用户命令（包括程序和数据）输入计算机。文字、图形、声音、图像等信息只有通过输入设备才能被计算机接收。常见的输入设备有键盘、鼠标、扫描仪、数码相机、手写笔等。

5．输出设备

输出设备将计算机运算或处理的结果转换成用户需要的各种形式输出。常见的输出设备有显示器、打印机、绘图仪等。

下面详细介绍常见的硬件设备：主板、CPU（中央处理器）、内存、硬盘、独立显卡、光驱、电源和PCI-e插槽。

① 主板：搭载所有的计算机硬件，并且其自身还有很多功能（如集成网卡、集成声卡、集成显卡）。在整个计算机硬件系统中，主板起着承载众多配件的作用。CPU、内存、显卡等都直接被安装在主板的相应插槽上，硬盘、光驱、电源和各种输入/输出设备等也都通过各自的线材连接到主板上。主板实物如图1-4所示。

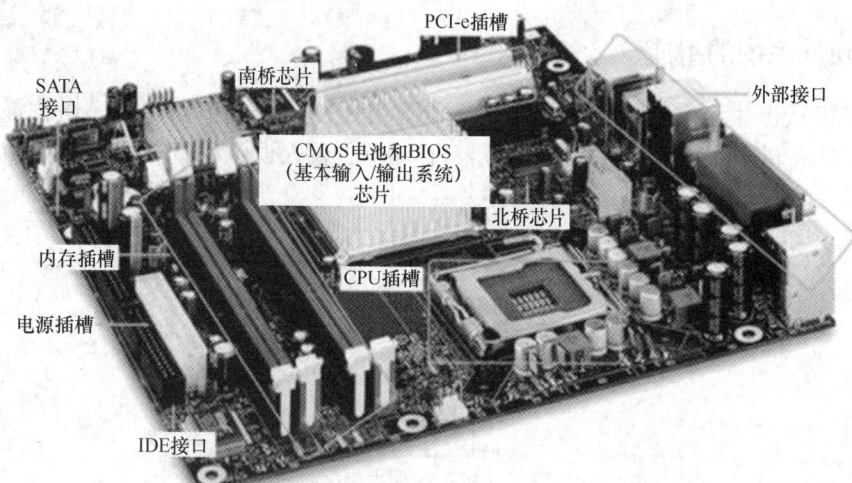

图 1-4　主板实物

②　CPU：包括运算器和控制器，是计算机的核心部件，主要负责计算机中所有数据的控制和运算。市面上常见的 CPU 品牌有 Intel（英特尔）和 AMD（超威半导体），这两个品牌的 CPU 虽然采用不同的技术生产，但其功能是相同的。CPU 实物如图 1-5 所示。

图 1-5　CPU 实物

③　内存：计算机内部存储器，也是计算机硬件系统的一个重要组成元素，用于保存当前正在运行的程序、数据。用户安装的游戏和程序等都被保存在硬盘中，CPU 不会直接从硬盘读取所需数据，而是先把程序运行所需的数据读取到内存，需要时再调用。市面上的内存品牌有很多，但它们的结构完全一样。随着技术的发展，内存的时钟频率和读/写速度在不断提高。内存实物如图 1-6 所示。

④　硬盘：相对于内存，硬盘也可称为外存，其存储容量是内存无法比拟的，但它的数据读/写速度远不如内存。硬盘可以永久保存用户的数据，计算机的系统和所有应用程序都可以被保存在硬盘中。除了机械硬盘，还有固态硬盘。固态硬盘更小更薄，但是价格较高。用户通常购买空间小的固态硬盘用于系统和程序的安装，再挂一个大容量的机械硬

盘。固态硬盘实物如图 1-7 所示。

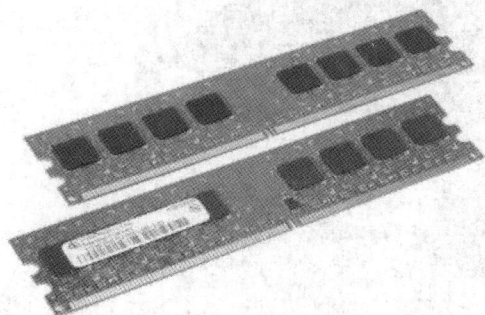

图 1-6 内存实物

图 1-7 固态硬盘实物

⑤ 独立显卡：辅助 CPU 进行大规模图形计算。显卡的主要功能是将计算机处理的数字信息转换成可以在显示器上显示的模拟信息。如果用户需要运行大型图形图像设计软件、大型 3D 游戏，或者观看高清电影等，主板的集成显卡通常不能满足用户需求，因此用户需要配备一块高性能的独立显卡。独立显卡实物如图 1-8 所示。

图 1-8 独立显卡实物

⑥ 光驱：主要用于读取外部存储设备——光盘上的数据。以前的计算机一般都会配有光驱，用于安装系统、软件，或者播放影片等。

⑦ 电源：为主机内的各类设备提供符合标准的电力。电源在计算机系统中很少被人重视，但它是整个计算机系统的动力来源。如果电源功率不足，则可能导致整个系统运行不稳定，硬盘产生坏道的概率更高。在主机内部，从电源中引出很多组导线，分别为主板、硬盘、光驱等设备供电。电源实物如图 1-9 所示。上面提到的电源是台式计算机电源，此外常用的还有笔记本计算机电源。它是笔记本计算机主板的组成部分，主要负责将外接"适配器"的电压转换成各系统芯片所需的工作电压。笔记本计算机系统的电源主要分为三大部分：系统各芯片供电电源、电池充电电源、液晶显示屏背光供电电源。

图 1-9　电源实物

⑧ PCI-e 插槽：是主板的主要扩展插槽，用于插接不同功能的扩展卡。

1.4.2　软件系统的组成

计算机软件是各种程序和文档的总称，程序是人们为了使计算机完成某项特定的任务而编写的按一定次序排列和执行的命令、数据的集合，文档则是应用各种编辑系统编写的文本。计算机软件系统包括系统软件和应用软件。

1. 系统软件

系统软件是指控制、管理和协调计算机及其外部设备，支持应用软件开发和运行的软件的总称。系统软件包括操作系统、编译程序和服务程序。

（1）操作系统

操作系统是管理、控制和监督计算机软硬件资源协调运行的程序系统，由一系列具有不同控制和管理功能的程序组成，是直接运行在计算机硬件上最基本的系统软件，是系统软件的核心。操作系统是计算机发展过程中的产物，它的作用有两个：一是方便用户使用计算机，是用户和计算机的接口，例如用户输入一条简单的命令就能完成复杂的任务；二是统一管理计算机系统的全部资源，合理组织计算机工作流程，以便提高计算机的工作效率。

（2）编译程序

计算机语言是人们根据实际问题的需要而设计的，用于书写计算机程序的语言。编译程序的语言（程序设计语言）从低级到高级依次为机器语言、汇编语言、高级语言。

① 机器语言是以二进制码表示的基本指令的集合。它的特点是运算速度快，每条指令都是 0 和 1 的组合。不同计算机的机器语言不同，很难让用户阅读、修改、移植。

② 汇编语言是为了解决机器语言难以被用户理解和记忆的问题，用易于理解和记忆的名称、符号表示的机器指令，如加法指令（ADD）、传送指令（MOV）。汇编语言虽然比机器语言更直观，但还是一条指令对应一种基本操作，针对同一类问题编写的程序在不同类型的计算机上仍然互不通用。汇编语言只有经过语言处理程序（汇编程序）的翻译才能被计算机识别。

③ 高级语言是人们为了弥补低级语言的不足而设计的程序设计语言，由一些接近自然语言和数学语言的语句组成。高级语言的特点是易学、易用、易维护。一般说来使用高级语言的编程效率高，但是执行速度没有低级语言快。由于计算机硬件不能直接识别高级语言中的语句，高级语言只有经过语言处理程序的翻译（编译或解释）才能被计算机识别。常用的高级语言有 C、C++、Java、Python 等。

（3）服务程序

服务程序（也称为工具软件）增强了计算机的功能。设备驱动程序提供了连接计算机的每个硬件设备的接口；设备驱动器使程序能够写入设备，而不需要了解执行每个操作的硬件的细节。计算机启动时，系统服务程序会执行安装文件系统、启动网络服务、运行预定任务等操作。

2．应用软件

应用软件是为计算机在特定领域中的应用开发的专用软件。应用软件具体可被分为两类：面向问题开发的应用程序，如现代企业管理系统、财务软件、订票系统、电话查询系统、仓库管理系统、酒店应用服务系统；面向用户开发的各种工具软件，如诊断程序、调试程序、编辑程序、链接程序、字处理软件、图形处理软件等。

应用软件的种类很多，其中包括用于办公应用的 Office、WPS，用于平面设计的 PhotoShop、Illustrator、CorelDraw，用于视频处理的 Premiere、After Effects、会声会影，用于网站建设的 Dreamweaver，用于辅助设计的 AutoCAD，用于三维制作的 3ds max，用于多媒体开发的 Authorware 等。

1.5　计算机数制的转换与运算

1.5.1　数制的概念

数制即计数体制，是指人们进行计数的方法和规则。在不同的应用中，经常会用到不同的数制，例如，平常计数和计算所用的十进制，计算分、秒所用的六十进制，计算小时所用的十二进制或二十四进制，计算每星期天数所用的七进制等。数制的种类很多，但在计算机中常用的数制有二进制、八进制、十进制、十六进制。

二进制：具有 2 个不同的数码，即 0 和 1；其基数为 2；二进制的特点是逢二进一，用 B 表示。

八进制：具有 8 个不同的数码，即 0、1、2、3、4、5、6、7；其基数为 8；八进制的特点是逢八进一，用 Q 或 O 表示。

十进制：具有 10 个不同的数码，即 0、1、2、3、4、5、6、7、8、9；其基数为 10；十进制的特点是逢十进一，用 D 表示。

十六进制：具有 16 个不同的数码，即 0、1、2、3、4、5、6、7、8、9、A、B、C、D、E、F；其基数为 16；十六进制的规则是逢十六进一，用 H 表示。

可以把上述知识点归纳为表 1-2。

表 1-2　计算机中常用的数制

数制	二进制	八进制	十进制	十六进制
数码	0、1	0、1、2…7	0、1、2…9	0、1…9、A、B、C、D、E、F
特点	逢二进一	逢八进一	逢十进一	逢十六进一
基数	2	8	10	16
位权	2^i	8^i	10^i	16^i
表示形式	B	Q 或 O	D	H

其中，$i = 0,1,2,3,\cdots,n$ 为数位的编号，表示数的某一数位。

1.5.2　数制之间的转换

1．将二进制数转换为十进制数

将二进制数按位权展开后，相加即得十进制数。

例如：$(1101.011)_2 = 1 \times 2^3 + 1 \times 2^2 + 0 \times 2^1 + 1 \times 2^0 + 0 \times 2^{-1} + 1 \times 2^{-2} + 1 \times 2^{-3} = (13.375)_{10}$

2．将十进制数转换为二进制数

将十进制数整数转换为二进制数的方法：采用除以 2 取余数法，直到商为 0，按从下往上顺序排列余数。先取余数高位，再取余数低位。

例如，将十进制数 48 转换成二进制数。计算过程如下。

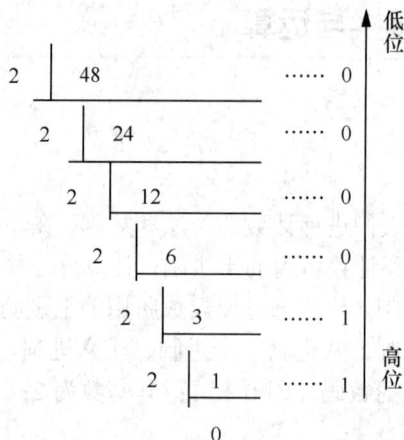

因此，结果为 $(48)_{10} = (110000)_2$。

将十进制数的小数转换为二进制数的小数，主要是利用小数部分乘以 2，取整数部分，直至小数点后为 0。下面以十进制数 0.625 为例，将它转化为二进制数。

① 将小数部分 0.625 乘以 2，得到算式：0.625×2=1.25，取整数部分为 1，还剩下 0.25。

② 将剩余的小数部分 0.25 乘以 2，得到算式：0.25×2=0.5，取整数部分 0，还剩下 0.5。

③ 将剩余的小数部分 0.5 乘以 2，得到算式：0.5×2=1.0，取整数部分 1，还剩下 0。此时，小数部分已经为 0，则计算结束。现在，我们将取得的整数部分从上到下写，

得到 101。所以$(0.625)_{10}=(0.101)_2$。

3．二进制数、八进制数、十六进制数之间的转换

由于二进制数、八进制数、十六进制数之间存在一种关系：$2^3=8$，$2^4=16$。所以，每位八进制数相当于 3 位二进制数，每位十六进制数相当于 4 位二进制数。在转换时，位数不足可补 0。

（1）将二进制数 1100101101001 转换成十六进制数

将二进制数转换成十六进制数的方法：从二进制的低位到高位将每 4 位分为一组，然后将每组二进制数对应的数用十六进制数表示。如果有小数部分，就从小数点开始分别向左右两边按照上述方法进行分组计算，不足 4 位的，在整数部分左边补 0，在小数部分右边补 0。

二进制数　　　0001　　　1001　　　0110　　　1001
十六进制数　　　1　　　　9　　　　6　　　　9
所以$(1100101101001)_2=(1969)_{16}$。

（2）将二进制数 1100101101001 转换成八进制数

将二进制数转换成八进制数的方法：将上述规则（将二进制数转换为十六进制数的规则）中对二进制数的分组改为每 3 位分为一组即可。

二进制数　001　　　100　　　101　　　101　　　001
八进制数　　1　　　　4　　　　5　　　　5　　　　1
所以$(1100101101001)_2=(14551)_8$。

1.5.3　二进制数的算术运算

1．加法运算

运算法则：逢二进一。运算规则如下。

① 0+0=0。
② 0+1=1。
③ 1+0=1。
④ 1+1=10。

2．减法运算

运算法则：借一当二。运算规则如下。

① 0−0=0。
② 10−1=1。
③ 1−0=1。
④ 1−1=0。

二进制数与十进制数的加法运算规则相同，只不过十进制数是逢十进一，而二进制数是逢二进一。

1.5.4　二进制数的逻辑运算

1．逻辑或运算

运算符："+"或"∨"。运算规则如下。

① 0+0=0 或 0∨0=0。

② 0+1=1 或 0∨1=1。

③ 1+0=1 或 1∨0=1。

④ 1+1=1 或 1∨1=1。

2．逻辑与运算

运算符："×"或"∧"。运算规则如下。

① 0×0=0 或 0∧0=0。

② 0×1=0 或 0∧1=0。

③ 1×0=0 或 1∧0=0。

④ 1×1=1 或 1∧1=1。

3．逻辑非运算

运算符："－"。运算规则如下。

① $\overline{0}=1$。

② $\overline{1}=0$。

4．逻辑异或运算

运算符："⊕"。运算规则如下。

① 0⊕0=0。

② 0⊕1=1。

③ 1⊕0=1。

④ 1⊕1=0。

1.6　数据的表示与存储

1.6.1　数据的存储单位

计算机中的数据包括数值数据和非数值数据，数值数据是以数值形式表示的符号记录，非数值数据包括字符、声音、图形和动画等。所有类型的数据在计算机中都用二进制形式表示和存储。计算机常用的存储单位有位、字节和字。

位：1 个二进制位称为比特，用 bit 表示，是计算机中存储数据的最小单位。一个二进制位只能用 0 或 1 表示。

字节：8 个二进制位称为字节，用 B 表示，是计算机处理和存储数据的基本单位。

字：一个字由若干个字节（通常取字节的整数倍）组成，是计算机一次存取、加工和传送的数据长度，也是衡量计算机精度和运算速度的主要技术指标。字长越长，计算机的性能越好。计算机的型号不同，其字长也不同，常用的字长有 8 位、16 位、32 位和 64 位。

计算机的存储容量用字节的数量来衡量。通常使用的衡量单位是 B、KB、MB、GB或 TB，其中 B 代表字节。这些衡量单位之间的换算关系如下。

1 B=8 bit。

1 KB=1024 B。

1 MB=1024 KB。

1 GB=1024 MB。

1 TB=1024 GB。

1.6.2　原码、反码、补码

在计算机中，数是以二进制形式表示的，它分为有符号数和无符号数。原码、反码、补码都是有符号数的表示方法，一个有符号数的最高位为符号位，0 表示正，1 表示负。

1．原码

原码是机器数的一种简单表示法。其符号位用 0 表示正号，用 1 表示负号，数值一般用二进制形式表示。设有一个数为 X，则 X 原码的表示可记作$[X]_原$。

2．反码

机器数的反码可由原码得到。如果机器数是正数，则该机器数的反码与原码一样；如果机器数是负数，则该机器数的反码是对其原码（符号位除外）的逐位取反。设有一个数 X，则 X 反码的表示记作$[X]_反$。

3．补码

机器数的补码可由原码得到。如果机器数是正数，则该机器数的补码与原码一样；如果机器数是负数，则该机器数的补码是对其原码（符号位除外）的逐位取反，并在最低位加 1。设有一个数 X，则 X 补码的表示记作$[X]_补$。

（1）0 的补码是 00000000

补码没有正 0 与负 0 之分，表示方法如下。

若 $X \geqslant 0$，符号位为 0，其余位照抄。

若 $X \leqslant 0$，符号位为 1，对其余位取反后，在最低位加 1。

（2）补码的性质

① $[X+Y]_补 = [X]_补 + [Y]_补$，即两数之和的补码等于各自补码的和。

② $[X-Y]_补 = [X]_补 + [-Y]_补$，即两数之差的补码等于被减数的补码与减数相反数的补码之和。

③ $[[X]_补]_补 = [X]_原$，即按求补的方法，对$[X]_补$再求一次补，结果等于$[X]_原$。

1.6.3　ASCII

使用最广泛的编码是 ASCII。ASCII 用 7 位二进制数表示一个字符，7 位二进制数可以表示 128 个字符。这些字符包括 26 个大写英文字母，26 个小写英文字母，10 个十进制数字，32 个标点符号、运算符、专用字符，以及 34 个通用控制字符。由于计算机中最基本的信息单位是字节，即 8 个二进制位，所以 ASCII 码的机内码为每个字符占 8 位，其中最高位用于奇偶校验，剩下 7 位用于编码。

将 ASCII 对应的二进制数转换为十进制数，十进制数的大小称为 ASCII 编码值，简称为 ASCII 码值。例如，字符 F 的 ASCII 码值为 70，字符 b 的 ASCII 码值为 98，字符 0 的 ASCII 码值为 49，字符 SP（空格）的 ASCII 码值为 32。

1.7 汉字信息的处理

1980 年，我国颁布了《信息交换用汉字编码字符集—基本集》（即 GB/T 2312–1980）。该标准共收集汉字 6763 个，分为两级。第一级有 3755 个汉字，属于常用汉字，按汉字拼音字母顺序排列。第二级有 3008 个汉字，属于次常用汉字，按部首排列。

1. 区位码

区位码是一个 4 位的十进制数，前两位叫作区码（01～94），后两位叫作位码（01～94）。

汉字按规则被排列成 94×94 的矩阵，形成汉字编码表，其行号称为区号，列号称为位号。每一个汉字在矩阵中都有一个固定的区号和位号，即区位码。每个区位码都对应唯一的汉字或符号。如"2901"输入的是"健"字，"4582"输入的是"万"字。

2. 国标码

GB/T 2312–1980 编码被简称为国标码。由于汉字数量大，无法用一个字节对汉字进行编码，因此需要使用两个字节对汉字进行编码。区位码是一个 4 位的十进制数，国标码是一个 4 位的十六进制数。区位码与国标码的转换关系：国标码=区位码+2020H。

3. 机内码

为便于计算机正确区分汉字字符与英文字符，需要将国标码转为机内码。它们的转换关系：机内码=国标码+8080H。

4. 汉字字形码

汉字字形码，又称为汉字输出码或汉字发生器的编码，用于汉字的输出。汉字的字形通常由点阵的方式产生。汉字点阵有 16×16 点阵、32×32 点阵、64×64 点阵，点阵不同，汉字字形码的长度也不同。点阵数越大，字形质量越高，字形码占用的字节数越多。

汉字字形被数字化后，以二进制文件的形式存储在存储器中，构成汉字字形库或汉字字模库，简称汉字字库。汉字字库的作用是为汉字的输出设备提供字形数据。汉字字形信息的存储方法有两种：整字存储法、压缩信息存储法。

汉字字库分为硬字库和软字库，说明如下。

① 硬字库：将汉字字库固化在 ROM（只读存储器）或 EPROM（可擦编程只读存储器）中。

② 软字库：将汉字字库存储在某种外存设备（如硬磁盘）上。

1.8 计算机病毒

1.8.1 计算机病毒的定义及特征

1. 计算机病毒的定义

计算机病毒在《中华人民共和国计算机信息系统安全保护条例》中被明确定义，指"编制或者在计算机程序中插入的破坏计算机功能或者毁坏数据，影响计算机使用，并能自我复制的一组计算机指令或者程序代码"。

2. 计算机病毒的特征

（1）寄生性

计算机病毒寄生在其他程序中，用户执行程序时，病毒就会破坏程序，而在未启动程序时，它不易被人发觉。

（2）传染性

计算机病毒不仅具有破坏性，而且具有传染性，一旦病毒被复制或产生变种，其传染速度之快令人难以预防。计算机病毒是一段人为编制的计算机程序代码，这段程序代码一旦进入计算机并得以执行，它就会搜寻其他符合传染条件的程序或存储介质，确定目标后再将自身代码插入其中，达到自我繁殖的目的。

（3）潜伏性

一个编制精巧的计算机病毒程序，进入系统后一般不会马上发作，可以在几周、几个月甚至几年内隐藏在合法文件中，对其他系统进行传染，而不被人发现。计算机病毒的潜伏性越好，其在系统中的存在时间就会越长，传染范围就会越大。

（4）隐蔽性

计算机病毒具有很强的隐蔽性，有的可能被杀毒软件发现，有的无法被发现，有的时隐时现、变化无常，很难处理。

（5）破坏性

计算机中病毒后，可能会导致程序无法正常运行、文件被删除或受到不同程度的损坏。

1.8.2 计算机病毒的分类

随着计算机不断影响我们的生活，计算机病毒也借助网络、磁盘等入侵家用计算机、公司计算机。常见的计算机病毒分类如下。

1. 按破坏性分

① 良性病毒：与生物学的良性病毒一样，计算机的良性病毒是指那些只表现自己而不破坏系统数据的病毒。良性病毒在发作时，仅占用 CPU 进行与当前执行程序无关的事件来干扰系统工作。

② 恶性病毒：目的在于破坏计算机系统的数据、删除文件、格式化硬盘。有些恶性病毒既不删除计算机系统的数据，也不格式化硬盘，而是对系统数据进行修改，造成更大的危害。

2. 按传染方式分

① 引导区型病毒：主要在操作系统中传播，感染引导区，并能感染硬盘中的"主引导记录"。

② 文件型病毒：是文件感染者，也称为寄生病毒。它运行在计算机存储器中，通常感染扩展名为 COM、EXE、SYS 等类型的文件。

③ 混合型病毒：同时具有引导区型病毒和文件型病毒的特点。

④ 宏病毒：指寄生在 Office 文档的宏代码上的病毒程序。宏病毒影响用户对文档的各种操作。

3．按连接方式分

① 源码型病毒：攻击高级语言编写的源程序，在源程序编译前插入其中，并随源程序一起编译、连接成可执行文件。源码型病毒较为少见，亦难以编写。

② 入侵型病毒：可用自身代替正常程序中的部分模块或堆栈区。因此这类病毒只攻击某些特定程序，针对性强。一般情况下这种病毒难以被发现，清除起来也比较困难。

③ 操作系统型病毒：加入或替代操作系统的部分功能。因为直接感染操作系统，所以这类病毒的危害性也较大。

④ 外壳型病毒：通常附在正常程序的开头或结尾，相当于给正常程序加了个外壳。大部分文件型病毒都属于这一类。

1.8.3　计算机病毒的攻击方式

1．攻击文件

计算机病毒对文件的攻击方式：删除文件、更改文件名称、替换文件内容、丢失部分程序代码、颠倒内容、写入时间空白、冒充文件等。

2．攻击内存

计算机病毒占用系统的内存资源，导致一些程序的运行受阻。

3．干扰系统运行

计算机病毒抢占中断，干扰系统运行，导致系统不执行命令或干扰内部命令的执行，占用特殊数据区，重启或死机等。

4．降低计算机的运行速度

计算机病毒被激活后，其内部的时延程序启动，会导致计算机的运行速度明显下降。

5．攻击磁盘

计算机病毒会攻击磁盘数据，导致计算机不写盘、写操作变成读操作、写盘时丢失字节。

为了更好地预防计算机病毒，我们需要注意：建立良好的安全习惯，关闭或者删除系统中不需要的服务，经常升级安全补丁，使用复杂的密码，了解计算机病毒知识，安装专业的杀毒软件进行全面监控，安装防火墙软件。

1.8.4　计算机病毒的查杀

计算机病毒擅长利用 DarkComet、njRAT、NetWire 等工具发起网络攻击，并利用已公开的漏洞来提高攻击成功率，那我们该如何查杀这些计算机病毒呢？杀毒软件有很多种，下面以 360 杀毒软件为例，讲解如何进行计算机病毒的查杀。

① 在官网下载并安装 360 杀毒软件。安装成功后双击图标，打开 360 杀毒软件。

② 单击"全面扫描"，全面扫描计算机上的所有磁盘（包含 U 盘、移动硬盘等）。全面扫描需要比较长的时间，建议不要在办公时使用，因为会占用很多的资源。或者单击"快速扫描"，对系统文件与区域进行扫描。

习　题

一、选择题

1. 世界上第一台通用电子计算机诞生于（　　）。
   A．20 世纪 40 年代　　　　　　　　B．19 世纪
   C．20 世纪 80 年代　　　　　　　　D．1950 年

2. 最能准确描述计算机的主要功能的是（　　）。
   A．计算机可以代替人的脑力劳动　　B．计算机可以存储大量信息
   C．计算机是一种信息处理机　　　　D．计算机可以实现高速度的计算

3. 微型计算机的性能指标主要取决于（　　）。
   A．RAM　　　　B．CPU　　　　C．显示器　　　　D．硬盘

4. 硬盘是计算机的（　　）。
   A．中央处理器　　　　　　　　　　B．内存储器
   C．外存储器　　　　　　　　　　　D．控制器

5. 计算机处理和存储数据的基本单位是（　　）。
   A．位　　　　　B．字节　　　　C．字码　　　　D．字长

6. "财务管理"软件属于（　　）。
   A．工具软件　　B．系统软件　　C．字处理软件　　D．应用软件

7. 下列存储器中，存储速度最慢的是（　　）。
   A．软盘　　　　B．硬盘　　　　C．光盘　　　　D．内存

8. 计算机采用二进制不是因为（　　）。
   A．物理上容易实现　　　　　　　　B．规则简单
   C．逻辑性强　　　　　　　　　　　D．人们的习惯

9. 以下十六进制数的运算，（　　）是正确的。
   A．1+9=A　　B．1+9=B　　　C．1+9=C　　　　D．1+9=10

10. 以下字符，ASCII 码值最小的是（　　）。
    A．A　　　　　B．空格　　　　C．0　　　　　D．h

11. 下列说法不正确的是（　　）。
    A．数据经过加工成为信息　　　　B．数据指文字、符号、声、光等
    C．信息就是数据的物理表示　　　D．信息与数据既有区别又有联系

12. 计算机病毒是可以造成机器故障的（　　）。
    A．一种计算机设备　　　　　　　B．一块计算机芯片
    C．一种计算机部件　　　　　　　D．一种计算机程序

13. 计算机病毒的危害性表现在（　　）。
    A．能造成计算机器件永久性失效
    B．影响程序的执行，破坏用户数据

C．不影响计算机的运行速度

D．不影响计算机的运算结果，不必采取措施

14．计算机的发展按其采用的电子元件可分为（　　）个阶段

    A．2　　　　　　B．3　　　　　　C．4　　　　　　D．5

15．CAI 表示（　　）。

    A．计算机辅助设计　　　　　　B．计算机辅助制造

    C．计算机集成制造系统　　　　D．计算机辅助教学

16．下列（　　）不是计算机的特点。

    A．高速、精确的运算能力　　　B．科学计算

    C．准确的逻辑判断能力　　　　D．自动功能

17．下列说法正确的是（　　）。

    A．运算器只能进行算术运算

    B．运算器处理的数据来自存储器

    C．运算器处理后的结果只能被送回存储器

    D．运算器即 CPU

18．在计算机中，用于控制和协调各部分自动、连续执行各条指令的部件，通常称为（　　）。

    A．运算器　　　B．控制器　　　C．显示器　　　　D．存储器

19．7 位 ASCII 共有（　　）个不同的编码值。

    A．126　　　　　B．124　　　　　C．127　　　　　　D．128

20．已知英文字母 m 的 ASCII 码值为 109，那么英文字母 p 的 ASCII 码值是（　　）。

    A．111　　　　　B．113　　　　　C．115　　　　　　D．114

二、简答题

1．简述计算机的发展史。

2．简述计算机的特点。

3．简述计算机的性能指标。

4．简述计算机的组成及原理。

5．进行数制转换。

    $(110110)_2 = ($　　　　$)_{10}$。

    $(532)_{10} = ($　　　　$)_2$。

    $(110110)_2 = ($　　　　$)_8$。

    $(1023)_{10} = ($　　　　$)_{16}$。

6．$(11101)_2+(10101)_2=($　　　　$)_2$。

7．已知 X=+1001001，$[X]_{补}=($　　　　$)$。

三、操作题

1．根据个人需求，拟定一份个人计算机配置清单。

2．使用计算机上的杀毒软件对计算机进行一次全面体检。

第 2 章

Windows 10 操作系统

【知识目标】
1. 掌握 Windows 10 操作系统的基础知识。
2. 熟悉 Windows 10 的工作界面和功能。
3. 了解 Windows 10 的资源管理。
4. 熟悉 Windows 10 的常用附件。

【技能目标】
1. 掌握 Windows 10 常用功能的基本操作方法。
2. 掌握 Windows 10 的文件、文件夹的操作方法。
3. 掌握磁盘维护和系统优化的操作方法。

【素质目标】
1. 培养学生对 Windows 10 操作系统的兴趣。
2. 使学生养成分析任务、规划任务的习惯。

2.1 操作系统概述

2.1.1 操作系统的概念

计算机由硬件和软件组成，可以按照用户的要求接收信息、存储数据、处理数据，再将处理结果（文字、图片、音频、视频等）输出。操作系统（OS）是软件的一部分，是硬件和其他软件沟通的桥梁。

操作系统并不是与计算机硬件一起诞生的，它是在人们使用计算机的过程中，为了提高资源利用率和提升计算机系统性能，随着计算机技术及其应用的日益发展，逐步形成和完善的。

2.1.2 操作系统的分类

1. 计算机操作系统
计算机操作系统有以下几类。

（1）UNIX

UNIX 是一个强大的多用户、多任务的操作系统，支持多种处理器架构，属于分时操作系统。类 UNIX 操作系统是指各种传统的 UNIX 系统以及各种与传统 UNIX 系统类似的系统。它们虽然有的是自由软件，有的是商业软件，但都在一定程度上继承了原始 UNIX 系统的特性，有许多相似之处。类 UNIX 系统可在很多处理器架构下运行，在服务器系统上有很高的使用率，例如大专院校或工程应用的工作站。

（2）Linux

Linux 是于 1991 年推出的一个多用户、多任务的操作系统。它与 UNIX 系统完全兼容，最大的特点在于它是一个源代码公开的、自由及开放的操作系统。Linux 发行版在服务器上已成为主流的操作系统。

（3）macOS

macOS 是一套运行于苹果 Macintosh 系列计算机上的操作系统。macOS 是首个在商用领域成功应用的图形用户界面。

（4）Windows

Windows 是由微软公司开发的多任务操作系统。它采用图形窗口界面，用户对计算机的各种复杂操作只需通过单击鼠标就可以实现。本书介绍的 Windows 10 是跨平台及设备的操作系统，正式版于 2015 年 7 月 29 日发布。

2．手机操作系统

（1）iOS

iOS 是由苹果公司开发的手持设备操作系统。其原名为 iPhone OS，于 2010 年召开的苹果全球开发者大会上被改为 iOS。

（2）Android

Android 是一种以 Linux 为基础的开放源代码操作系统，主要用于便携设备。Android 于 2005 年由 Google 收购注资，后被逐渐扩展到平板电脑及其他领域上。

3．华为鸿蒙系统

华为鸿蒙系统（HUAWEI HarmonyOS）是华为在 2019 年 8 月 9 日举行的华为开发者大会正式发布的操作系统，是一款全新的面向全场景的分布式操作系统。该操作系统将手机、计算机、平板电脑、电视、工业自动化控制设备、无人驾驶汽车、车机设备、智能穿戴统一成一个操作系统，面向下一代技术设计，能兼容安卓系统的所有 Web 应用。

2.1.3　Windows 操作系统的发展简史

Windows 操作系统是由美国微软公司研发的操作系统，于 1985 年问世。Windows 操作系统起初是 MS-DOS 模拟环境，后续被微软不断更新升级，提升易用性，成为应用最广泛的操作系统。

Windows 采用图形用户界面，比起从前需要输入指令才能使用的方式更为人性化。随着计算机硬件和软件的不断升级，Windows 也在不断升级，从架构的 16 位升级到 32 位再到 64 位，系统版本从最初的 Windows1.0 到大家熟知的 Windows 95、Windows 98、Windows 2000、Windows XP、Windows Vista、Windows 7、Windows 8、

Windows 8.1、Windows 10、Windows 11 和 Windows Server。Windows 操作系统也延伸到便携式产品的领域，先后形成了 Windows CE、Windows Mobile、Windows Phone 等移动版本的系统。

2015 年 7 月 29 日，美国微软公司正式发布用于计算机和平板电脑的 Windows 10 操作系统。Windows 10 在易用性和安全性方面有了极大的提升，除了对云服务、智能移动设备、自然人机交互等技术进行融合外，还对固态硬盘、生物识别、高分辨率屏幕等硬件进行了优化完善。

2.2 Windows 10 的工作界面

2.2.1 Windows 10 的桌面

Windows 10 的桌面如图 2-1 所示。

图 2-1　Windows 10 的桌面

下面介绍主要的组成部分。

1．任务栏

任务栏位于屏幕底部，其中包括开始、网络、扬声器、时间和日期、输入法、通知等多个按钮。

通过任务栏，我们可以快速切换系统状态，如调整系统时间、声音大小，设置网络连接、输入法，快速启动相关程序。

任务栏的空白处列有一些应用程序的图标,用户可以在多个应用程序之间通过单击来激活应用程序。

（1）"开始"菜单

"开始"菜单如图 2-2 所示。

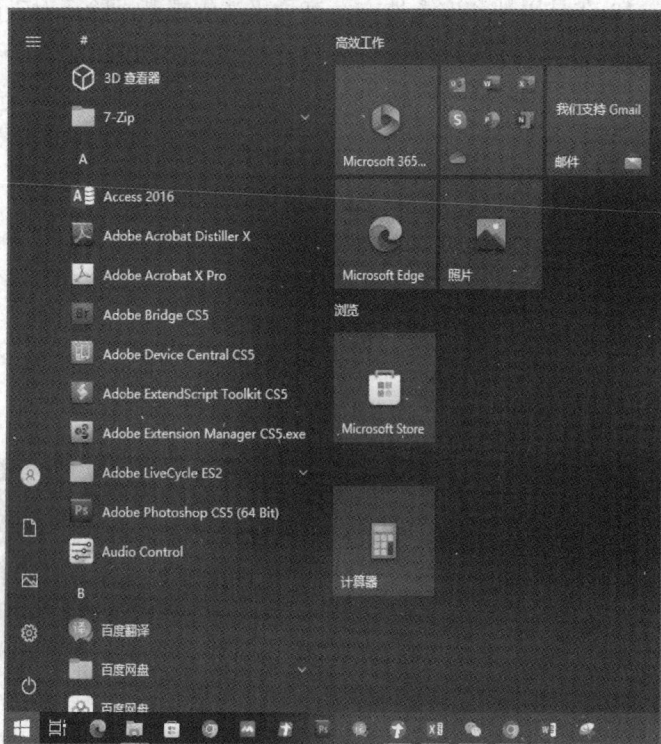

图 2-2　"开始"菜单

Windows 10 的"开始"菜单左侧用于显示常用项目和最近添加的项目,还用于显示所有应用列表;右侧用于固定应用磁贴或图标,方便快速打开应用。

"开始"图标位于任务栏的左侧,大多数任务都在这里完成,按"Windows"键或"Ctrl+Esc"组合键会跳转到"开始"图标。

"开始"图标不可以被删除或自动隐藏。

（2）搜索工具

Windows 10 的搜索工具在"开始"图标的右侧,用户不仅可以使用搜索工具进行本地搜索,查找相关应用、文档及设置等,而且可以直接搜索网页上的内容。

（3）程序图标区

程序图标区在搜索工具右边,用于切换每个打开的窗口。用户每打开一个程序,该区就会显示一个对应的程序图标。

在 Windows 10 中,用户可以把程序图标固定到任务栏以实现快速启动。固定到任务栏的程序图标会被安排到程序图标区的左侧。

① 单击并拖动程序图标到任务栏,或者在程序图标上单击鼠标右键,在快捷菜单中

选择"固定到任务栏",可以把程序固定到任务栏。

② 在任务栏程序图标上单击鼠标右键,在快捷菜单中选择"从任务栏取消固定"可以在任务栏上解除程序图标固定。

（4）语言栏

语言栏是一个浮动工具栏,默认情况下位于任务栏的右上方,最小化后位于任务栏通知区域的左侧,便于用户切换输入法。

（5）操作中心

操作中心位于任务栏的最右边,单击图标即可打开。

操作中心上部分为通知信息列表,可集中显示操作系统的通知等;下部分为快捷按钮区域,提供了定位、节电、蓝牙、热点、截图等多种快捷操作选项。

（6）虚拟桌面

虚拟桌面是 macOS 和 Linux 操作系统的标配,但是在 Windows 操作系统中一直到 Windows 10 才被加入。这个功能的好处就是,用户可以按个人喜好进行桌面区分（可以设置多个）,各个桌面的运行任务互不干扰,非常方便。虚拟桌面的操作方法如下。

① 设置虚拟桌面。

- 单击任务栏左侧的"任务视图"图标,打开"任务视图"界面,在左上角单击"新建桌面",即可创建虚拟桌面。
- 使用"Win+Tab"组合键（Win 键即键盘下部的 Windows 徽标键）打开"任务视图"界面,在左上角单击"新建桌面",创建虚拟桌面。

② 切换虚拟桌面。

- 如果已经进入"任务视图"界面,那么直接用鼠标点选就可以来回切换虚拟桌面。
- 也可以使用以下组合键进行不同桌面之间的切换。
  ➢ "Win+Ctrl+←"组合键:切换到相邻左侧的虚拟桌面。
  ➢ "Win+Ctrl+→"组合键:切换到相邻右侧的虚拟桌面。

③ 删除虚拟桌面。

- 如果已经进入"任务视图"界面,那么直接单击虚拟桌面右上角的关闭项即可删除虚拟桌面。
- 在需要删除的虚拟桌面环境下,使用"Win+Ctrl+F4"组合键即可删除虚拟桌面。

2. 桌面背景

Windows 10 预设了多种桌面显示方案以供用户选择,其中包括对背景图案、锁屏界面、屏幕保护程序、桌面主题和效果、显示颜色、分辨率等的设置（设置方法见后面的内容）。

3. 桌面图标

桌面图标通常包括"系统图标""快捷方式图标""文件和文件夹图标"等。

（1）系统图标

系统图标包括"此电脑""用户的文件""网络""回收站"。

①"此电脑"是使用和管理计算机最重要的工具,用户通过它可以查看计算机上的所有内容（包括各种文件和文件夹）。此外,用户还可以从"此电脑"中打开"控制面板",

对计算机进行配置。

② "用户的文件" 是以用户名命名的文件夹，是文档、图片等各种格式的文件默认的保存位置。系统会给每个登录到计算机的用户分配各自的 "我的文档" 文件夹。

③ "网络" 用于提供对网络上计算机和设备的便携访问。

④ "回收站" 是一个文件夹，用于存储被从硬盘上删除的文件、文件夹等。用户可以选择从 "回收站" 中将删除的文件恢复到原来的位置或将其彻底删除。

（2）快捷方式图标

快捷方式图标是为了快速打开程序、文件、文件夹而创建的，一般在图标的左下角会有一个箭头的标志。

（3）文件和文件夹图标

这是用户自己在桌面上创建的。

2.2.2 窗口

窗口是用户界面中最重要的部分，是打开该应用程序的可视界面。当用户开始运行一个应用程序时，应用程序就创建并显示一个窗口；当用户操作窗口中的对象时，程序会作出反应。用户可以通过关闭一个窗口来终止一个程序的运行。

1．Windows 10 窗口的组成

Windows 10 窗口通常包括标题栏、菜单栏、工具栏、状态栏等，这些窗口可以被移动并改变大小，属于活动窗口。相对于活动窗口，有些窗口不能被移动或改变大小，也没有标题栏、菜单栏、工具栏等，只有简单的标签和图标。

① 标题栏用于显示当前应用程序名、文件名等。在许多窗口中，标题栏也包含程序图标，如 "最小化" "最大化" "还原" "关闭" "帮助"，便于用户对窗口进行操作。

② 菜单栏是按照程序功能分组排列的图标集合。菜单栏是一种树形结构，为软件的大多数功能提供入口。用户单击菜单栏，即可看到菜单项。

③ 工具栏是在程序中综合各种工具，让用户方便使用的一个区域。

④ 状态栏用于显示当前打开的窗口或软件的状态。

2．常用的窗口操作

（1）打开窗口

打开窗口有以下两种方法。

• 双击图标打开相应的窗口，同时该窗口处于激活状态。

• 在图标上单击鼠标右键，在弹出的快捷菜单中选择 "打开" 命令打开相应的窗口，同时该窗口处于激活状态。

（2）最大化、最小化和关闭窗口

在窗口标题栏的右边有 3 个图标，单击 "最大化" 图标，可把窗口放大到最大（占据整个桌面）；当窗口已经最大化时，最大化图标就变成 "向下还原" 图标，单击该图标可以将窗口还原为原来的大小。单击 "最小化" 图标，可将窗口缩小成图标；如果需要关闭该窗口，可以单击 "关闭" 图标。

（3）窗口的缩放

用户把鼠标指针移动到窗口边框或窗口边角，当其变为双箭头时，按住鼠标左键并拖曳可以改变窗口的大小。

（4）窗口的移动

① 使用鼠标：把鼠标移动到窗口标题栏，按住鼠标左键并拖曳可以移动窗口。

② 使用键盘：要确保窗口处于激活状态；使用"Alt+空格"组合键打开窗口的控制菜单；按"M"键，鼠标指针变成"✛"形状，使用方向键可以控制窗口的移动；按"Enter"键确定。

（5）窗口的切换

Windows 桌面允许同时有多个处于打开状态的窗口，但其中只能有一个窗口处于激活状态，即仅有一个应用程序在前台运行，其余程序都在后台运行。

窗口的切换方法：使用"Alt+Tab"组合键切换窗口；按住"Alt"键，每次按"Tab"键，系统都会按照从左到右的顺序切换不同的窗口，松开"Alt"键后将切换到所选窗口。

3．Windows 10 菜单

菜单是界面设计中被经常使用的一种工具，出现在 Windows 系统中的窗口、智能终端设备的应用界面。在对可视化窗口进行操作时，菜单可以为用户提供很大的便利。

（1）菜单的分类

菜单可以分为下拉式菜单和弹出式菜单。

① 下拉式菜单一般在窗口标题栏下面显示。下拉式菜单通常由主菜单、子菜单，以及子菜单中的菜单项等组成。

② 弹出式菜单一般可以通过单击鼠标右键等操作显示。它的主菜单不可见，只显示子菜单。

（2）菜单的常见标记

① 灰色菜单命令表示当前不可用。

② 带有"…"标记的菜单，表示执行该命令，将弹出对话框。

③ 带有"√"标记，表示此命令已经选中执行，并且此命令项的命令为复选项，可以同时选中多项。

④ 带有"●"标记，表示此命令已被选中，同时此命令项内的命令为单选，只能选择其中一项。

⑤ 带有"▶"标记，表示此命令是级联式命令，选择此命令，在命令项旁边又会出现级联菜单的若干个子命令。

⑥ 带有快捷键说明的菜单项（如"Alt+字母""Ctrl+字母"）表示可以使用组合键来完成菜单命令。

4．启动与关闭程序

启动和关闭程序的操作方法如下。

（1）启动程序

① 单击"开始"图标，在弹出的菜单中根据字母索引找到需要打开的程序图标和名

称，单击程序图标即可启动程序。

② 双击桌面上的图标启动程序。

③ 单击"搜索"图标，在搜索框中输入需要打开的程序或文件名称，单击搜索结果启动程序。

（2）关闭程序

① 单击程序窗口右上角的"关闭"图标。

② 在程序窗口中勾选"文件"菜单，选择"关闭"图标。

③ 双击应用程序窗口左上角的图标，即可关闭程序。

④ 使用"Alt+F4"组合键关闭程序。

⑤ 使用"Ctrl+Alt+Del"组合键，在弹出的"任务管理器"中选择要关闭的程序。单击鼠标右键，在弹出的菜单中选择"结束任务"命令，单击"结束任务"项。

2.2.3 对话框

在图形用户界面中，对话框是一种特殊的视窗，用于向用户显示信息或者在需要时获得用户的输入响应。之所以被称为"对话框"，是因为它使计算机和用户之间构成了一个对话——或者是通知用户一些信息，或者是请求用户的输入，或者是两者皆有。

对话框的特殊之处在于对话框的控件（如图标、编辑框、下拉列表框等）用于与用户交互，而一般的窗口不具备该功能。

2.2.4 剪贴板

剪贴板是随存放信息大小变化而变化的内存空间，用于临时存放交换信息，可以存放的信息是多种多样的。使用剪贴板后，只有再次剪切或复制其他信息，或有意地清除，才能更新或清除之前保存在剪贴板上的信息，即剪贴或复制一次，就可以实现多次粘贴。剪贴板的使用步骤如下。

① 选择要剪切或复制的信息。

② 单击工具栏中的"复制"或"剪切"图标（或单击鼠标右键，在快捷菜单中选择"剪切"或"复制"命令）；也可以使用键盘操作，"Ctrl+X"组合键代表剪切，"Ctrl+C"组合键代表复制。

③ 将光标定位到插入点，单击工具栏中的"粘贴"项（或单击鼠标右键在快捷菜单中选择"粘贴"项）；也可以使用键盘上的"Ctrl+V"组合键。

2.2.5 帮助

使用计算机时，用户经常需要得到一些提示和关于操作的帮助说明，Windows 10 具有多种提供帮助的方法。

1．搜索帮助

在任务栏"搜索"框中输入需要得到帮助的问题或关键字，可以查找应用文件或从网络得到帮助。

2．"使用技巧"应用

在"开始"菜单中选择"使用技巧"，打开系统内置的"使用技巧"应用。

3．线上支持

在微软官方网站查找问题，以获得帮助。

4．"获取帮助"应用

在"设置"界面中选择任意一个选项，例如单击"系统"，在打开的界面右侧下方可以看到"获取帮助"选项。选择此选项，可以了解所使用设置的详细信息，并查找问题答案。寻求在线帮助或使用"远程工作"可以让其他用户在线协助解决问题。

2.3　Windows 10 功能的使用

2.3.1　控制中心

在 Windows 10 中，用户可以在操作中心查找应用通知并进行快速操作。"操作中心"图标位于任务栏最右边，如图 2-3 所示。

"操作中心"界面如图 2-4 所示。

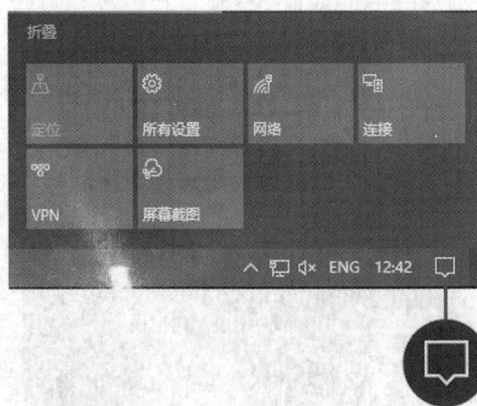

图 2-3　"操作中心"图标　　　　　　　图 2-4　"操作中心"界面

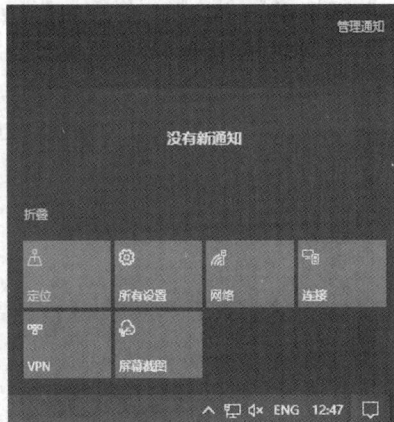

2.3.2　设置

Windows 10 最大的改进就是更新了"设置"界面。很多设置功能基本上都从"控制面板"迁移到这里。它的分类逻辑类似于平板电脑的"设置"界面，清晰、简单易懂，并且具备关键词检索功能。

"设置"界面包括"系统""设备""手机""网络和 Internet""个性化""应用""账户""时间和语言""游戏""轻松使用""搜索""隐私""更新和安全"大类，每个大类又细分了若干个小类，如图 2-5 所示。

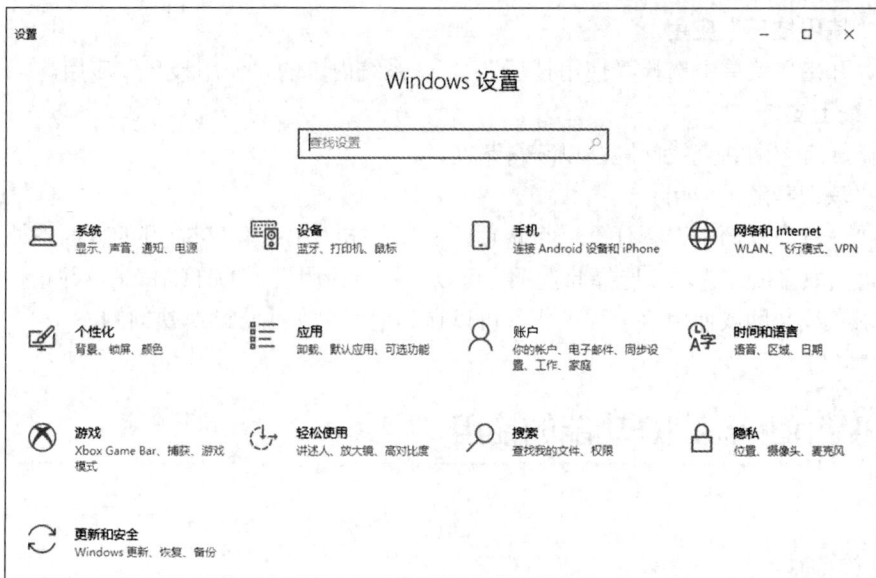

图 2-5 "设置"界面

打开 Windows 10 的"设置"界面，可以有以下两种方法。

- 单击"开始"图标，选择"设置"选项，如图 2-6 所示。
- 在任务栏的右端，单击"操作中心"图标，选择"所有设置"，如图 2-7 所示。

图 2-6 从"开始"菜单中打开"设置"

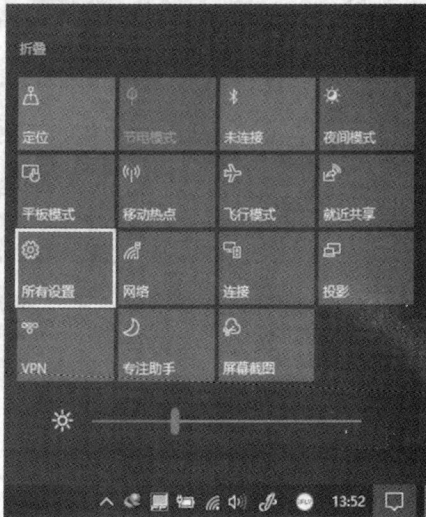

图 2-7 从"操作中心"中打开"所有设置"

2.3.3 任务管理器

用户可以通过多种方式打开任务管理器：在"开始"图标上单击鼠标右键，在高级菜单中可以点选任务管理器；按"Win+X"组合键，再按"T"键，可以打开任务管理器；在任务栏上单击鼠标右键也可以看到任务管理器的选项。任务管理器界面如图 2-8 所示。

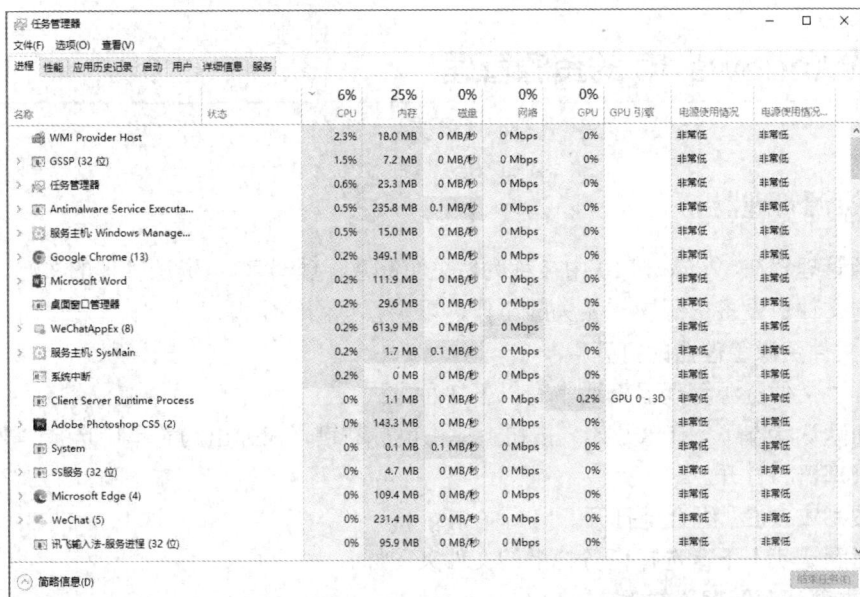

图 2-8　任务管理器界面

在进程选项卡下单击名称、CPU、内存、磁盘、网络选项，并进行排序，资源使用情况将会以不同深度的颜色显示，当软件未响应时我们可以结束进程。

2.3.4　磁盘管理

磁盘管理提供更改驱动器号和路径、格式化、扩展卷、压缩卷、删除卷等操作。按"Win+X+K"组合键打开"磁盘管理"，如图 2-9 所示。

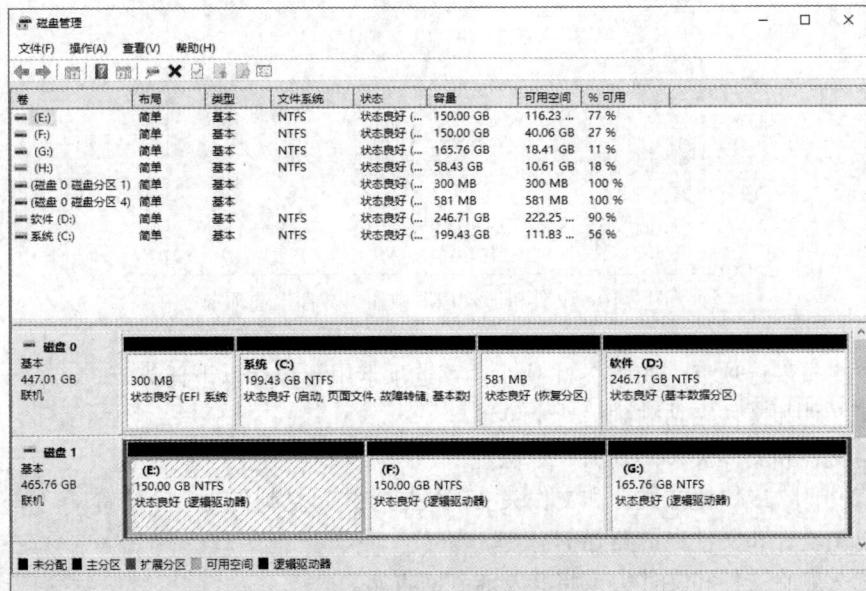

图 2-9　"磁盘管理"界面

2.4　Windows 10 的资源管理

2.4.1　资源管理器

资源管理器在 Windows 10 中被称为"文件资源管理器",是资源管理的核心,用于处理大量与文件、设备资源操作相关的工作,以及管理网络资源。

1. 文件资源管理器的打开

打开"文件资源管理器"通常有以下 3 种方式。

- 在默认状态下,在"开始"按钮上单击鼠标右键,在弹出的菜单中选择"文件资源管理器"打开。
- 按"Win+E"组合键打开。
- 在默认状态下,选择任务栏上的文件夹图标。

2. 文件资源管理器的组成

功能区包含用于执行文件和文件夹常见任务的图标,其中包含文件、主页、共享和查看 4 个选项卡。

① "文件"选项卡,如图 2-10 所示。该选项卡主要包含以下几个功能。

- 打开新窗口。
- 打开 Windows PowerShell(命令提示符)窗口。
- 更改文件夹和搜索选项。

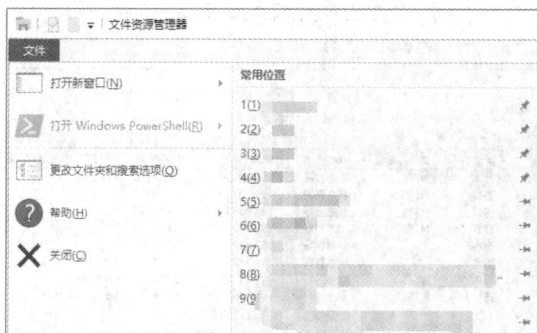

图 2-10　文件资源管理器中的"文件"选项卡

② "主页"选项卡,如图 2-11 所示。该选项卡用于执行以下任务。

- 将文件和文件夹粘贴到另一个位置。
- 将文件和文件夹移动到另一个位置。
- 将文件(或快捷方式)和文件夹(或快捷方式)复制到另一个位置。
- 复制文件和文件夹的路径信息。
- 永久删除文件和文件夹或将其发送到回收站。
- 重命名文件和文件夹。

- 创建新文件夹或其他新项目。
- 验证、修改文档或文件夹的属性。
- 打开文件和文件夹。

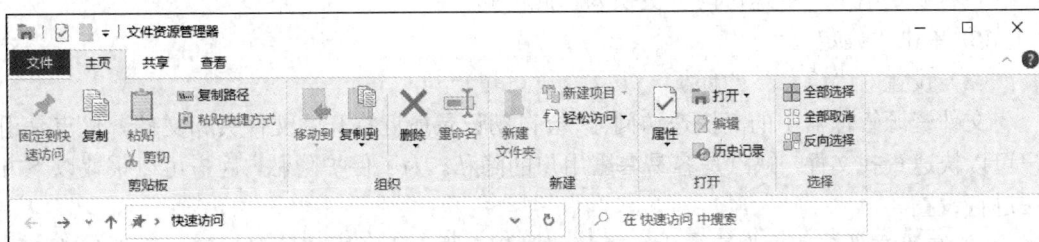

图 2-11　文件资源管理器中的"主页"选项卡

③"共享"选项卡，如图 2-12 所示。该选项卡主要包含以下几个功能。
- 通过电子邮件发送文件。
- 压缩占用较少空间的文件夹。
- 打印或传真文档。
- 与其他用户或网络共享文件。

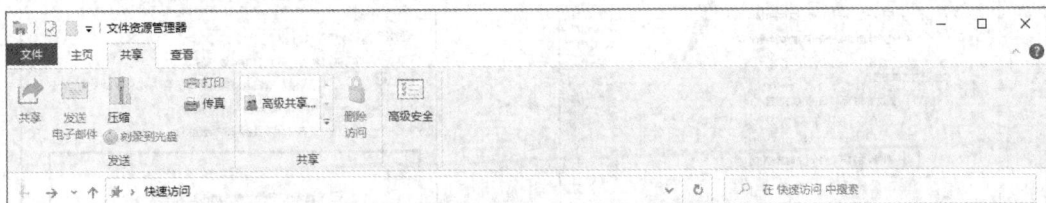

图 2-12　文件资源管理器中的"共享"选项卡

④"查看"选项卡，如图 2-13 所示。该选项卡主要包含以下几个功能。
- 显示文件的预览或详细信息。
- 更改文件和文件夹的显示方式。
- 排列文件夹的内容。
- 显示和隐藏选定的文件夹、文件或扩展名。

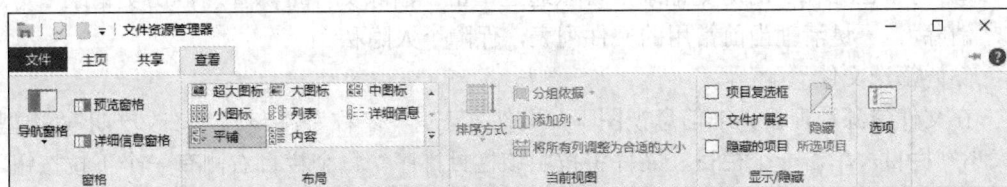

图 2-13　文件资源管理器中的"查看"选项卡

3. 文件资源管理器的操作
文件资源管理器的操作方法如下。

（1）设置"文件资源管理器"打开时的默认位置

① 在"文件资源管理器"中，单击"查看"中的"选项"。

② 在"常规"下的"打开文件资源管理器时打开："后的下拉框中进行选择，如图 2-14 所示。将设定值从"快速访问"更换为"此电脑"。

③ 单击"确定"。

（2）设置对"隐私"的保护

文件资源管理器中的"快速访问"，会自动记录最近打开的文件夹和文件。优点是用户可以快速查找文件，缺点是容易暴露用户的隐私。为了保护隐私，用户可以采取以下方法进行设置。

① 在"文件夹选项"窗口中，选择"常规"选项卡，在"隐私"区，取消勾选"在'快速访问'中显示最近使用的文件""在'快速访问'中显示常用文件夹"选项，然后单击"确定"，如图 2-15 所示。

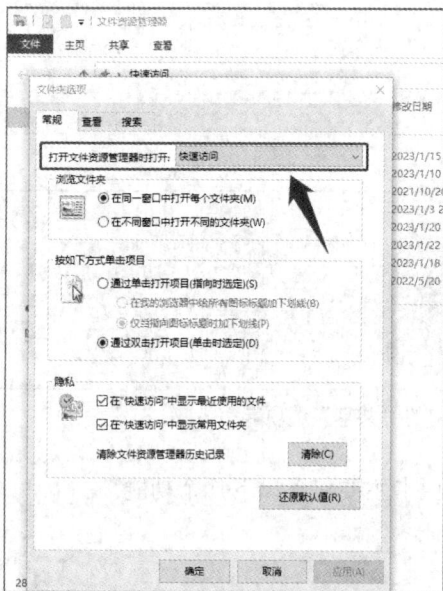

图 2-14　设置"文件资源管理器"打开时的默认位置

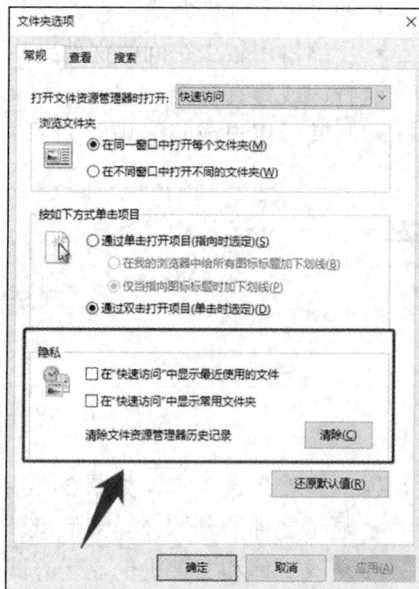

图 2-15　设置对"隐私"的保护

② 对于已经存在的历史记录，可以通过单击"清除文件资源管理器历史记录"旁边的"清除"，一键清理当前常用的文件列表，保障个人隐私。

（3）筛选文件

在文件资源管理器详细信息视图下，文件列表有"名称""状态""修改日期""类型""大小"栏目。单击一个栏目，文件将按照该栏目排序。每个栏目右侧有一个下拉按钮，单击该按钮展开栏目后，可以勾选要筛选的项目。

例如筛选文档类型为"MP3 文件"、文件大小为"小（16 KB–1 MB）"的文件，操作步骤如下。

① 单击"查看"选项卡"布局"中的"详细信息"。

② 单击"类型"右侧的下拉按钮，在快捷菜单中勾选"MP3 文件"选项，如图 2-16 所示。

③ 同理，单击"大小"右侧的下拉按钮，勾选"小（16 KB–1 MB）"选项，如图 2-17 所示。

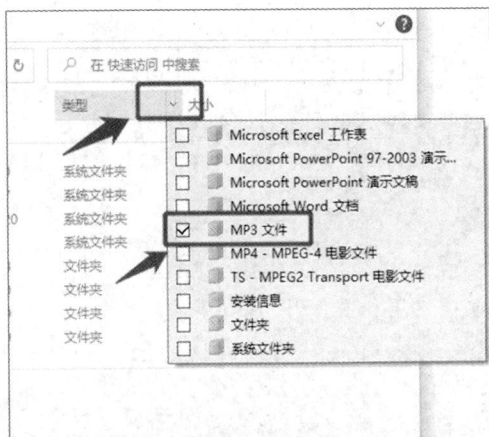

图 2-16　筛选文件"类型"

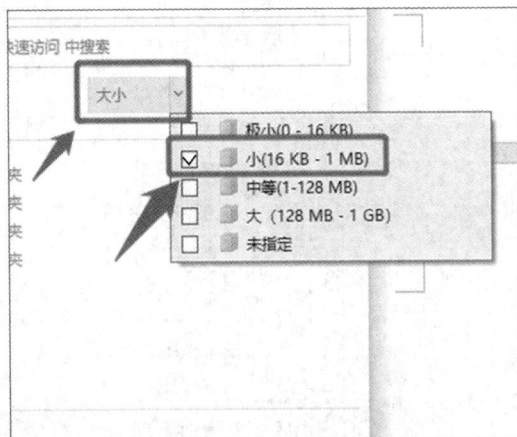

图 2-17　筛选文件"大小"

（4）在文件列表中查看详细信息

为了更直观地看到文件的其他属性，可以在某个文件上单击鼠标右键，在快捷菜单中选择"属性"选项。

查看文件的详细信息的其他方法如下。

① 在"文件资源管理器"中，单击"查看"选项卡中的"详细信息"按钮。

② 在名称栏上单击鼠标右键，勾选查看信息（如"创建日期"），如图 2-18 所示。

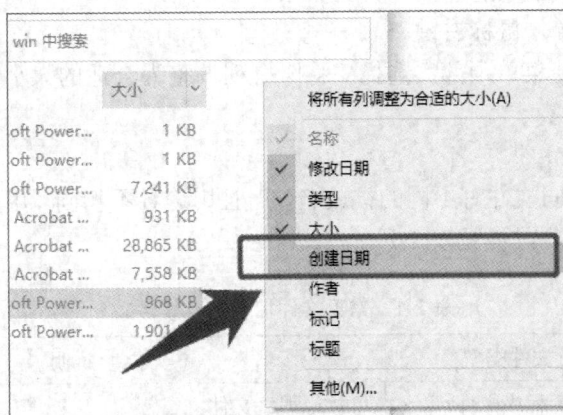

图 2-18　查看文件的更多信息

③ 还可以选择"其他"，勾选查看的信息，然后单击"确定"，查看更多信息，如图 2-19 所示。

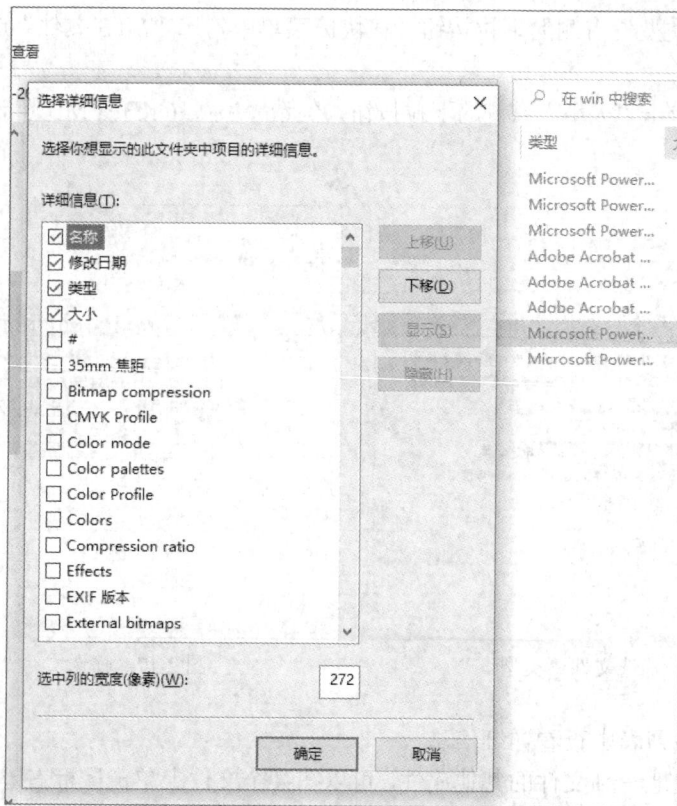

图 2-19 选择"其他"查看更多信息

（5）快速调节最佳列宽

在文件资源管理器中，如果文件名较长，多余部分会被显示为"…"。我们可以通过以下步骤快速调节最佳列宽。

① 在任意一列单击鼠标右键。

② 在弹出的快捷菜单顶部，选择"将所有列调整为合适的大小"命令，将所有列调整为最佳宽度。

（6）显示/隐藏文件扩展名

在计算机中，不同文件有不同的扩展名，而且用途各不相同。用户根据扩展名可以判断文件的类型和用途，具体见表 2-1。

表 2-1 常见文件扩展名及其含义

扩展名	文件类型	说明
exe、com	可执行程序文件	可执行程序文件
sys	驱动程序文件	系统的驱动程序文件
bat	批处理文件	将一批系统命令或可执行程序名存储在文件中，执行该文件即可连续执行这些操作
hlp	帮助文件	提供系统或应用程序的使用说明

扩展名	文件类型	说明
doc	Word 文档文件	Word 文字处理软件创建的文档
txt	纯文本文件	Windows 记事本创建的文件
C、cpp、bas	源程序文件	C、C++、Basic 程序设计语言产生的源程序文件
dat	数据文件	数据文件
obj	目标文件	源程序经编译产生的目标文件
dbf	数据库文件	数据库系统建立的数据文件
zip、rar	压缩文件	经 WinZip、WinRAR 压缩软件压缩后的文件
htm	网页文件	在网络上浏览的超文本标记文件
bmp、jpg、gif	图像文件	位图,利用 JPEG 方式压缩的图像,压缩比高,但不能存储超过 256 色的 GIF 图像文件
wav、mp3、mid	音频文件	微软公司的声音文件格式、采用 MPEG 音频压缩标准压缩的格式和乐器数字接口格式
wmv、rm、qt	流媒体文件	微软公司推出的 WMV 视频格式、RealNetworks 公司的 RM 格式和苹果公司的 QT 格式

显示/隐藏文件扩展名的操作步骤如下。

① 选择"查看"选项卡。

② 在"显示/隐藏"组中,勾选"文件扩展名"选项,即可显示文件扩展名,如图 2-20 所示。取消勾选该选项即可隐藏文件扩展名。

(7)显示/隐藏文件或文件夹

有时为了保护个人隐私,用户需要隐藏文件或文件夹,这时涉及文件或文件夹的"隐藏"属性。显示/隐藏文件或文件夹的操作步骤如下。

① 选择"查看"选项卡。

② 在"显示/隐藏"组中,勾选"隐藏的项目"复选框,将显示/隐藏文件或文件夹,如图 2-21 所示。

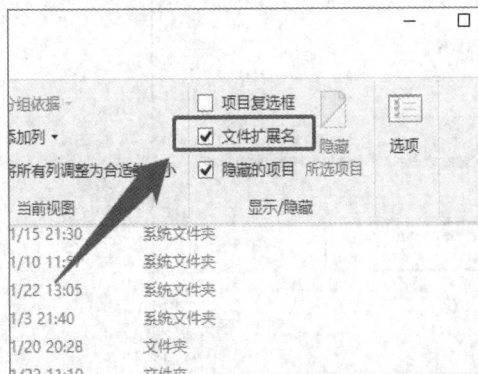

图 2-20 "显示/隐藏"扩展名

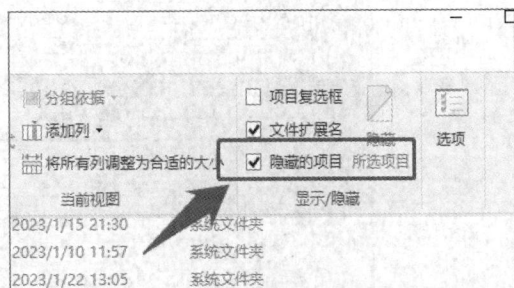

图 2-21 显示/隐藏文件或文件夹

③ 在"显示/隐藏"组中，取消勾选"隐藏的项目"复选框，将不显示隐藏文件或文件夹。

（8）将"文件资源管理器"添加到"开始"菜单

① 单击"开始"按钮，在"设置"项中选择"个性化"选项，如图 2-22 所示。

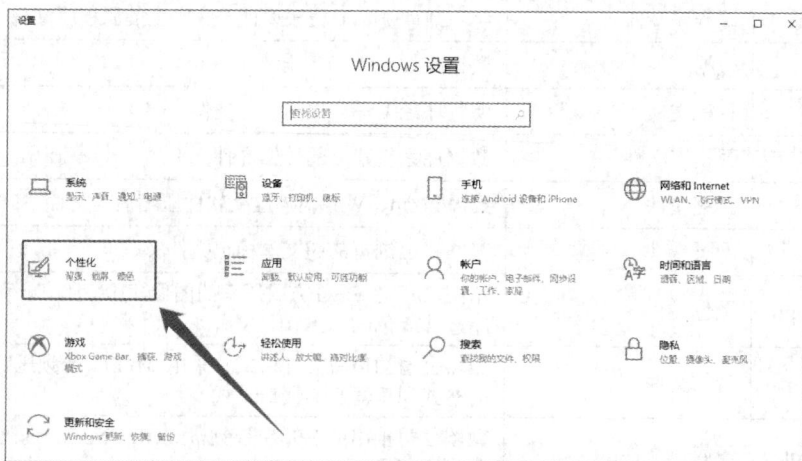

图 2-22 在"设置"对话框中选择"个性化"选项

② 在"个性化"界面中，选择"开始"中的"选择哪些文件夹显示在'开始'菜单上"选项，如图 2-23 所示。

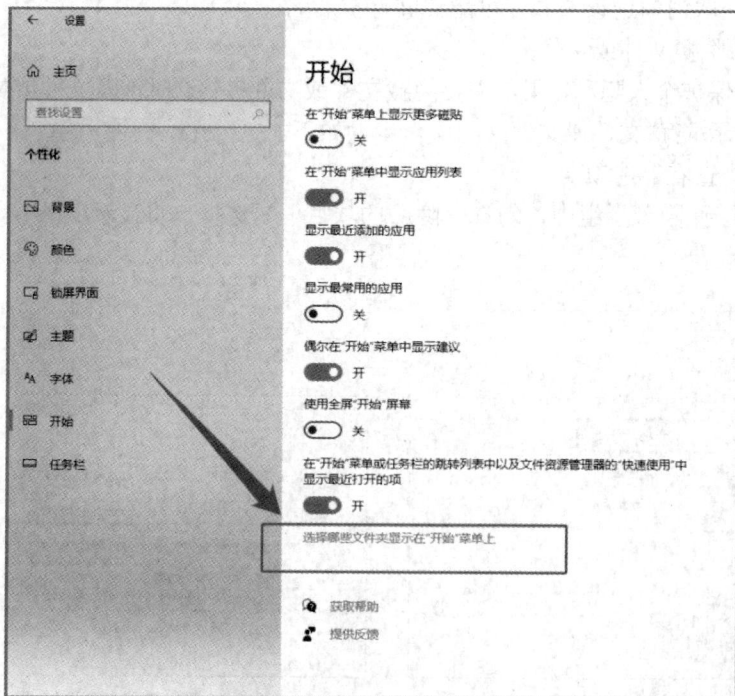

图 2-23 "选择哪些文件夹显示在'开始'菜单上"选项

③ 在打开的"设置"窗口中，单击"选择哪些文件夹显示在'开始'菜单上"，将"文件资源管理器"开关由"关"变为"开"，使其处于打开状态，如图 2-24 所示。

④ 单击"开始"按钮，可以看到"文件资源管理器"图标被添加到"开始"菜单的左侧边栏。只要单击该图标就可以快速打开"文件资源管理器"。

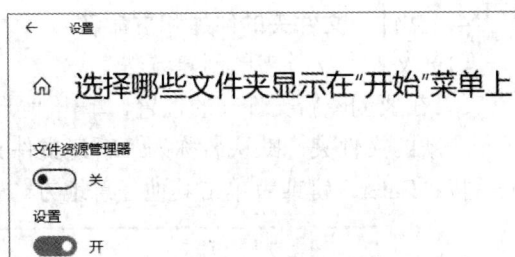

图 2-24　调整"文件资源管理器"开关

2.4.2　文件、文件夹的基本操作

在 Windows 10 中，大多数任务都要通过文件和文件夹对信息进行组织和管理。

1．文件、文件夹的命名规则

文件名的命名规则：文件名长度不能超过 256 个字符，文件名可以包含英文字母、汉字、数字和一些特殊符号，但是不能含有 ？、\、*、|、"、<、>、:、/字符（需要注意的是，在中文输入法下，？、""、《》等字符可以被用作文件名）。

2．文件的位置（路径）

① 目录是一个层次式的树形结构，目录可以包含子目录。最高层的目录通常被称为根目录，即某个磁盘的根文件夹。双击"计算机"，再双击某个磁盘的图标，就可以看到该磁盘的根目录。

② 文件的位置（路径）包含要找到指定文件按顺序经过的全部文件夹。文件路径的一般表达方式如图 2-25 所示。

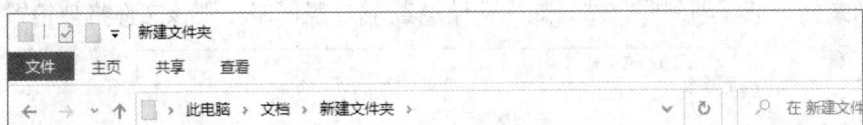

图 2-25　文件路径的表达方式

3．文件和文件夹的选择

在 Windows 10 中对文件或文件夹进行操作时应遵循"先选择后操作"的规则。选择操作可分为以下几种情况。

① 单个对象的选择：找到要选择的对象后，单击该文件或文件夹以选择。

② 多个连续对象的选择：先选中第一个文件或文件夹，按住"Shift"键，单击要选中的最后一个文件，完成后放开"Shift"键。

③ 多个不连续对象的选择：按住"Ctrl"键，逐个单击要选择的文件或文件夹，完成后放开"Ctrl"键。

④ 全部对象的选择：按住鼠标左键，在窗口文件区域中画矩形来选中"文件夹内容"窗口中的所有文件，或按"Ctrl+A"组合键选择所有文件。

⑤ 取消对象的选择：按住"Ctrl"键，单击要取消选定的文件或文件夹，完成后放开"Ctrl"键。

4．文件、文件夹的创建和重命名

（1）文件、文件夹的创建方法

① 在要创建新文件夹的位置，单击"新建文件夹"按钮，如图 2-26 所示。这时会生成一个新的文件夹，默认名称为"新建文件夹"，用户可以根据需要输入文件夹名字。完成后按"Enter"键或者单击其他任意地方。

图 2-26　利用"新建文件夹"按钮创建新的文件夹

② 在文件夹外的空白处单击鼠标右键，在弹出的快捷菜单中选择"新建"选项，选择要新建的文件类型或文件夹。用户可以根据需要输入名字，完成后按"Enter"键或者单击其他任意地方。

（2）文件、文件夹的重命名方法

找到并选中要重命名的文件，单击鼠标右键，在弹出的快捷菜单中选择"重命名"选项。根据需要输入名字，完成后按"Enter"键或者单击其他任意地方。

5．文件、文件夹的删除和恢复

（1）文件、文件夹的删除

文件或文件夹的删除方法如下。

- 在窗口中选定文件或文件夹后，在目标上单击鼠标右键，在弹出的快捷菜单中选择"删除"选项，文件将从其存储位置被删除，如图 2-27 所示。如果存储位置是硬盘，则文件将被移动到回收站。如果存储位置是 U 盘网络，则该文件将被销毁。

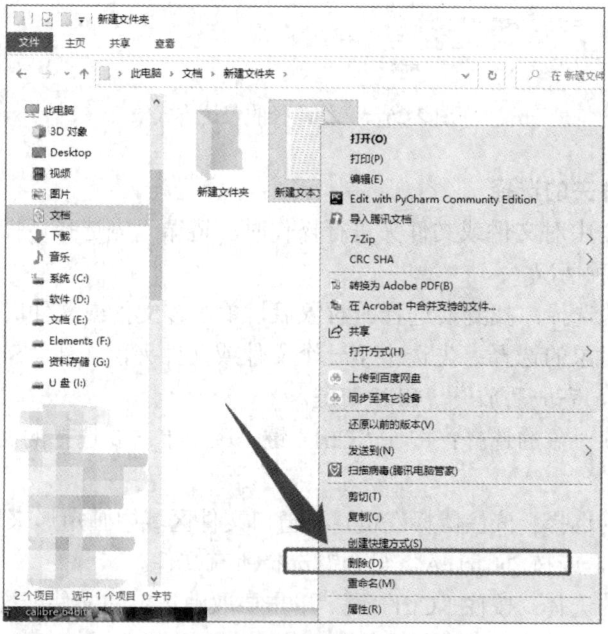

图 2-27　使用鼠标右键快捷菜单删除文件或文件夹

- 在窗口中选定文件或文件夹后，按"Delete"键即可将其删除。如果不想将文件
  或文件夹移动到回收站而是直接销毁，可以使用"Shift+Delete"组合键永久删
  除，如图 2-28 所示。

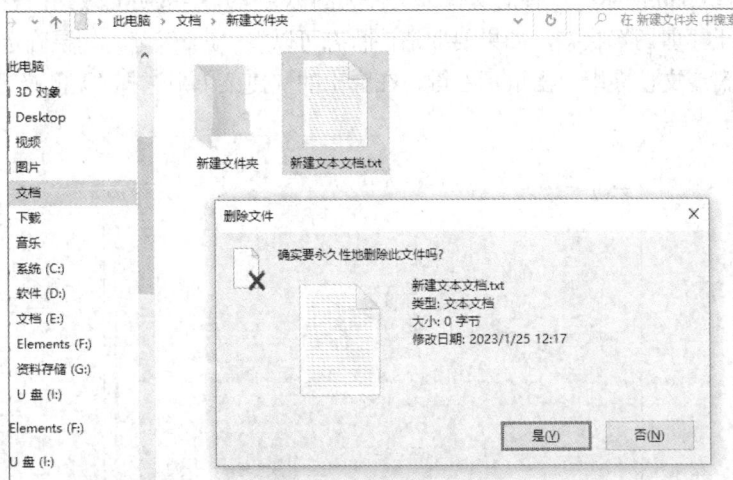

图 2-28　使用"Shift+Delete"组合键永久删除文件

必须注意：删除文件夹时，也会删除文件夹中的所有内容，有些文件（如网络上的文件）可能被删除后很难恢复，此外硬盘文件在使用"Shift+Delete"组合键被删除后也难以恢复。对于以后可能还需要的重要文件夹或文件，请提前将其备份，确认无误后再删除文件夹。

在任何程序中打开某个文件时，无法删除该文件。必须关闭该文件后再删除。

（2）文件、文件夹的恢复

硬盘文件被直接删除后，会被移动到回收站，清空回收站之前其不会丢失，打开"回收站"即可找到被删除的文件。如果想要还原被删除的文件，可以在"回收站"中选择所需文件，选择"回收站工具"中的"还原选定的项目"选项进行恢复；或者在文件上单击鼠标右键，在弹出的快捷菜单中选择"还原"进行恢复，如图 2-29 所示。

6. 文件、文件夹的移动和复制

复制文件或文件夹时，系统会复制一份所选项目的副本并将其保存在目标文件夹中。而移动文件或文件夹时，所选项目会直接被移动到目标文件夹中。

（1）文件、文件夹的移动

文件、文件夹的移动通常可以通过鼠标右键快捷菜单和组合键两种方式实现。由于

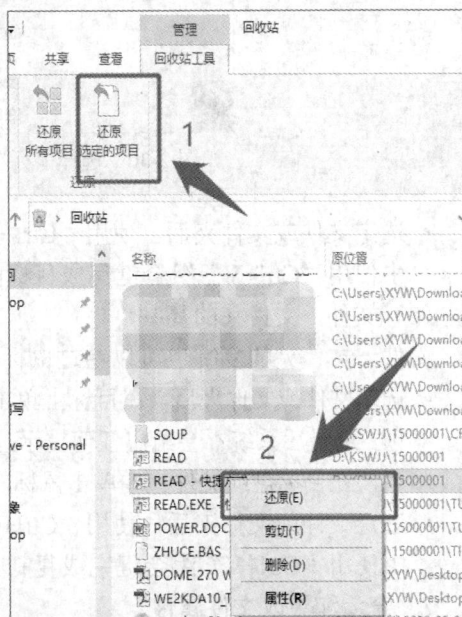

图 2-29　两种还原"回收站"中文件的方法

在移动文件的过程中，意外停止或误操作会造成文件丢失，所以移动重要的文件时，建议使用复制操作，确认无误后再删除原文件。

- 选定文件或文件夹后，在目标上单击鼠标右键，在弹出的快捷菜单中选择"剪切"选项，如图 2-30 所示。选择后文件或文件夹图标会呈现半透明的效果，表示文件或文件夹已处于"剪切"状态，如果要取消该状态可以按"Esc"键。如果确定要移动目标，在目标盘或文件夹中单击鼠标右键，在弹出的快捷菜单中选择"粘贴"选项。

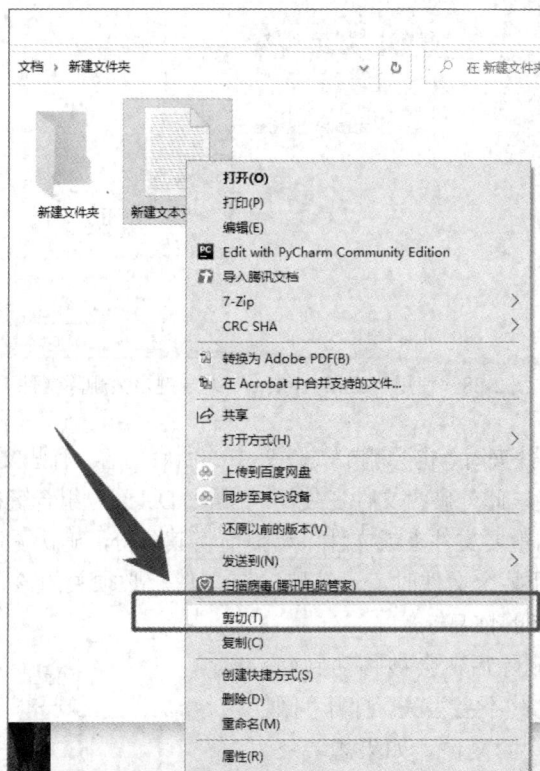

图 2-30　选择鼠标右键菜单中的"剪切"选项

- 选定文件或文件夹后，使用"Ctrl+X"组合键对目标进行剪切，在目标盘或文件夹中使用"Ctrl+V"组合键完成目标的移动。

（2）文件、文件夹的复制

文件、文件夹的复制也可以通过鼠标右键快捷菜单和组合键两种方式实现。

- 选定文件或文件夹后，在目标上单击鼠标右键，在弹出的快捷菜单中选择"复制"选项。选择后系统不会给出任何提示，但实际上已经把要复制的目标信息记录在剪贴板中，在目标盘或文件夹中单击鼠标右键，在弹出的快捷菜单中选择"粘贴"选项。
- 选定文件或文件夹后，使用"Ctrl+C"组合键对目标进行复制，在目标盘或文件夹中使用"Ctrl+V"组合键完成复制。

7. 查看和更改文件属性

在 Windows 10 中，一个文件的属性包括"只读""隐藏""系统""存档"。

"只读"表示文件只能被读取，不能被修改也不能被存储。有些重要的文件会被设定为只读状态，避免用户不小心修改这些文件的内容。如果保存只读属性的文件，那么系统会在保存文件时弹出窗口，提醒操作者选择"另存为"选项。

"隐藏"属性使拥有该属性的文件不能在"文件资源管理器"中显示，从而起到保护隐私的作用。

"系统"文件是 Windows 操作系统的一部分，通常都是安装系统后自动生成的。一般"系统"文件不允许被更改，删除和改动"系统"文件可能会导致 Windows 系统无法使用。只能在"命令提示符"窗口中使用"attrib"命令查看这个属性。

"存档"是指保存文件时留下的文件，通常我们在使用计算机程序后保存的文件都属于存档文件。在文件属性对话框中，在"只读"和"隐藏"两个属性未勾选的情况下，文件就是"存档"属性。

（1）改变不同类型文件的显示状态

打开"文件资源管理器"对话框，选择"查看"选项卡中的"选项"。在"文件夹选项"对话框中，用户可以通过"查看"选项卡中的"高级设置"选项，根据需要选择是否显示系统文件、是否显示隐藏的文件和是否显示扩展名，如图 2-31 所示。

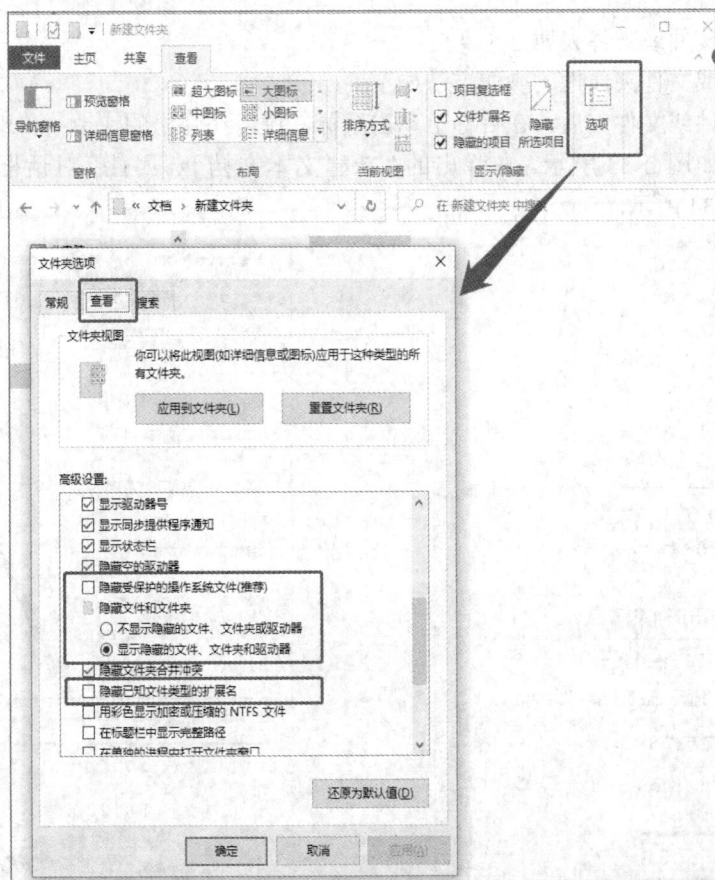

图 2-31　"文件夹选项"对话框中的选项

（2）修改文件扩展名

使用上述方法显示文件扩展名后，即可通过文件重命名的方式对扩展名进行修改，如图 2-32 所示。但是要注意修改扩展名可能会导致文件无法被打开，需要对文件系统有一定了解后再进行此操作。

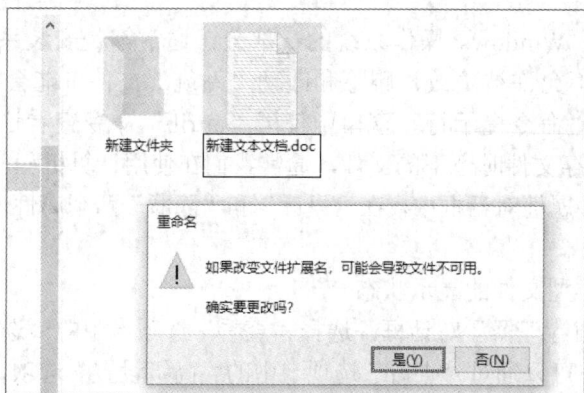

图 2-32　修改扩展名后弹出的警告提示

（3）修改文件或文件夹属性

修改文件或文件夹属性的操作方法如下。

- 选定文件或文件夹后，在目标上单击鼠标右键，在弹出的快捷菜单中选择"属性"选项，如图 2-33 所示。在弹出的"新建文本文档.txt 属性"对话框中进行修改，如图 2-34 所示。

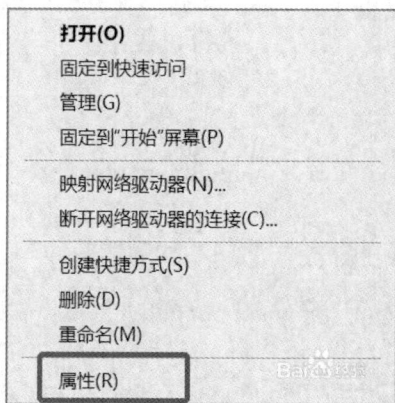

图 2-33　选择鼠标右键菜单中的"属性"选项　　　　图 2-34　"新建文本文档.txt 属性"对话框

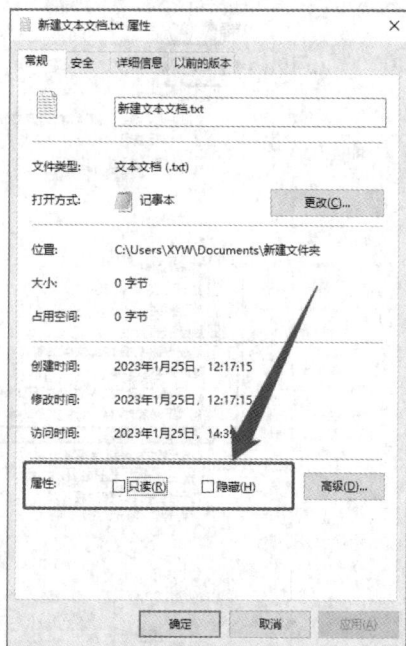

- 选定文件或文件夹后，在"文件资源管理器"的"主页"选项卡中选择"属性"选项，如图 2-35 所示。打开"属性"对话框进行修改。

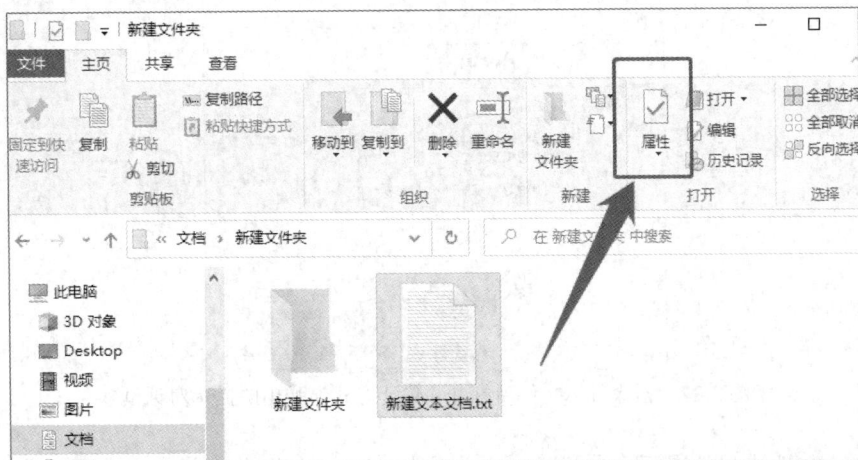

图 2-35　选择"属性"

8．文件、文件夹快捷方式的创建

① 快捷方式是 Windows 10 提供的一种快速启动程序，是对目标建立的快速连接。

② 快捷方式主要位于桌面、"开始"菜单和任务栏，用户也可以根据需要将快捷方式放置在任何文件夹中。和普通文件图标相比，快捷方式的图标最明显的特征就是在其左下方有一个箭头，如图 2-36 所示。

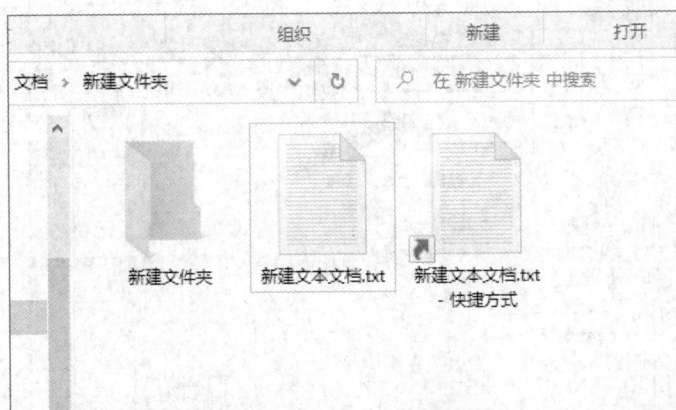

图 2-36　"快捷方式"图标

③ 删除快捷方式对原文件没有任何影响，而删除原文件则会使快捷方式失效，打开"快捷方式"时系统会弹出提示对话框，如图 2-37 所示。

④ 快捷方式的创建方法如下。

- 选定文件或文件夹后，在目标上单击鼠标右键，在弹出的菜单中选择"创建快捷方式"选项。

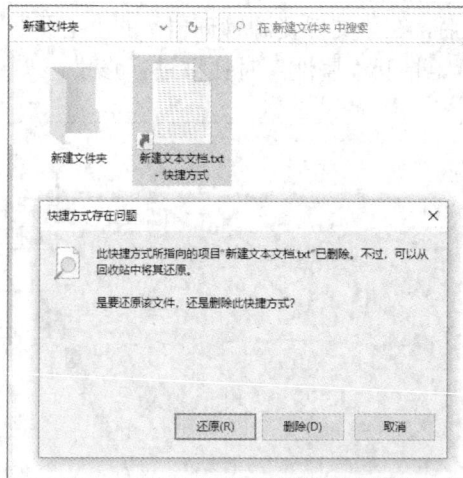

图 2-37　删除目标文件后打开"快捷方式"弹出的提示对话框

- 选定文件或文件夹后，在目标上单击鼠标右键，在弹出的菜单中选择"发送到"中的"桌面快捷方式"选项，可以直接把目标文件的快捷方式存放到桌面上。
- 选定文件或文件夹后，在"文件资源管理器"对话框"主页"选项组的"剪贴板"选项卡中选择"复制"选项。选择后可以看到原本灰色显示的"粘贴快捷方式"变为可用状态。打开准备放置快捷方式的位置，选择"粘贴快捷方式"选项即可把目标文件的快捷方式存放在此处，如图 2-38 所示。

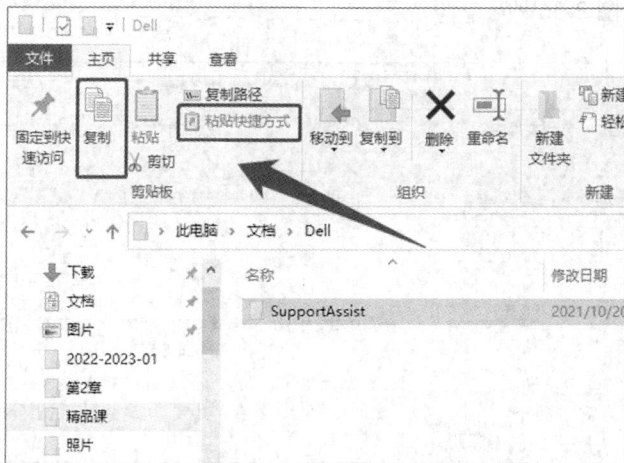

图 2-38　选择"剪贴板"选项卡中的"粘贴快捷方式"选项

2.4.3　文件的搜索

长时间使用计算机后，计算机会生成大量的文件资料，人工检索文件往往需要耗费大量时间和精力，利用"文件资源管理器"的搜索功能可以根据给定条件快速搜索并打开文件。

1．文件搜索的基本操作

搜索文件可以在任意文件夹或驱动器下进行，在不同的位置中搜索文件会带来搜索范围的变化。例如：在"此电脑"下搜索会在整个计算机中检索文件，而在"桌面"下搜索只会在桌面范围内检索文件。

最基本的文件搜索非常简单，步骤如下。

① 先设定搜索范围，单击"文件资源管理器"右上角的搜索框，在搜索框中输入要搜索的文件名或关键词，按"Enter"键确定，如图 2-39 所示。

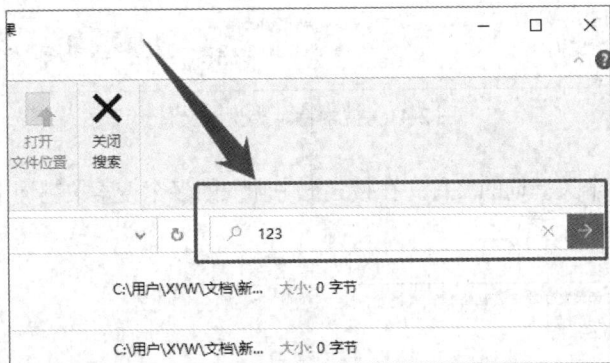

图 2-39　使用"文件资源管理器"右上角的搜索框

② 待搜索结束后，在窗口中会显示搜索结果，同时"文件资源管理器"页面会显示"搜索"选项卡，可在其中对搜索条件（如类型、大小等）进行限定，如图 2-40 所示。

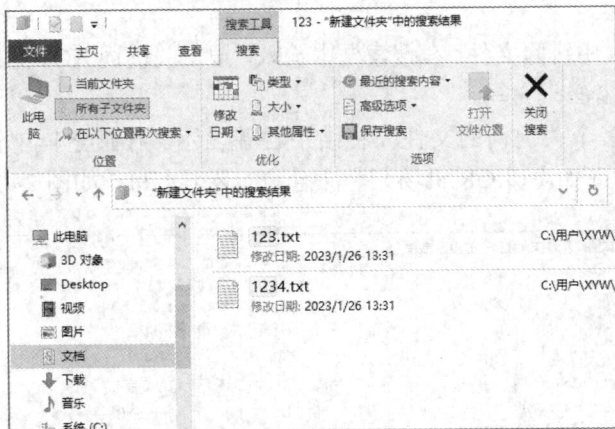

图 2-40　"搜索"选项卡

③ 在"选项"的"高级选项"中还可以选择搜索"文件内容"或"压缩的文件夹"选项。

2．文件搜索的进阶操作

（1）利用关键词组合对搜索进行设置

① 搜索特定类型的文件。在搜索框中输入"搜索关键词+种类：视频/图片/音乐/

文件/文件夹/……（如 123 种类：文件）"，如图 2-41 所示。

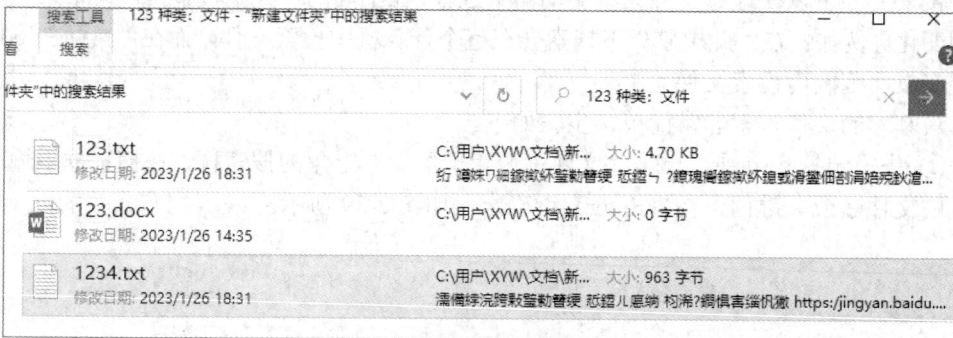

图 2-41　搜索特定类型的文件

②　搜索包含多个关键词的文件。在搜索框中输入的多个搜索关键词中间加一个空格（如茶 方法），如图 2-42 所示。

图 2-42　搜索包含多个关键词的文件

③　在搜索结果中排除文件。在搜索框中输入"搜索关键词 NOT 排除关键词（如 ABC NOT QWE）"，NOT 必须大写。

④　搜索包含多个关键词的文件并将结果合并显示。在搜索框中输入"搜索关键词 1 OR 搜索关键词 2（如海口 OR 机场）"，注意 OR 必须大写，如图 2-43 所示。

图 2-43　搜索包含多个关键词的文件并将结果合并显示

⑤　精确搜索关键词，关键词用引号引起来。在搜索框中输入"关键词（如'123'）"。

⑥　搜索结果的文件名包含另一个关键词。在搜索框中输入"关键词文件名：包含词（如海 文件名：机场）"，如图 2-44 所示。

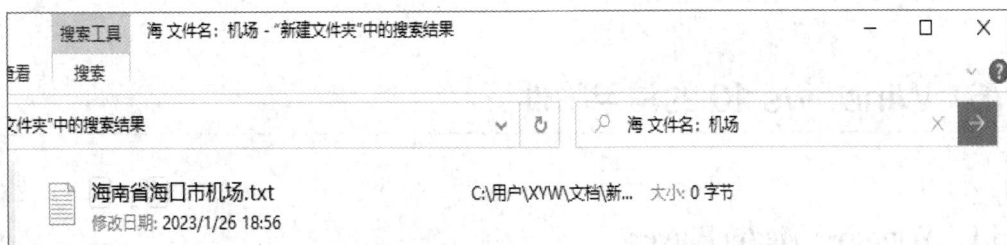

图 2-44　搜索结果的文件名包含另一个关键词

⑦ 搜索结果指定文件夹。在搜索框中输入"关键词文件夹：文件夹名"。

⑧ 搜索结果指定文件的扩展名。在搜索框中输入"关键词扩展：扩展名（如 123 扩展：docx）"。

⑨ 搜索结果指定文件大小。在搜索框中输入"关键词　大小：>或<（如 123 大小：<2 KB）"。

⑩ 搜索结果指定文件日期/创建日期/修改日期。在搜索框中输入"关键词 日期/创建日期/修改日期：年–月–日或年.月.日"，日期除了使用数字表示，还可以使用"今天""昨天""本周""上周""本月""上月""今年""去年"等词语表示（如 123 日期：2023.01.26 或 123 日期：今天）。

⑪ 搜索结果指定文件作者。在搜索框中输入"关键词 作者：作者名（如 123 作者：张三）"。

⑫ 只有一些特殊类型的文件才拥有的属性也可以搜索，如图片的宽、高，音乐的作曲家，联系人的电话号码等，在搜索框中输入"关键词属性：属性值（如 123 宽度：1920 高度：1080）"。

（2）在搜索中通配符的使用方法

① 在搜索中，中文和英文名称有所不同。

• 中文名称通常由多个独立的单字字符组成，如果文件名由常用的词语组成，搜索会默认检索词语的第一个字符（如"茶水冲泡方法.txt"，搜索默认检索"茶"或"方"字，搜索"水"或"法"字会导致搜索不到）。如果文件名不是由常用词语组成，则可以对任意字符进行检索（如"石水冲泡三法.txt"，该名称中的任意字符都可以作为关键词检索）。

• 在搜索英文名称和数字名称时，系统会默认检索开头的英文字母或数字，如果不搭配通配符搜索，则无法检索名称中间的字母或数字（如"ABC123.txt"，默认搜索字母"A"，搜索"C"或"1"会导致检索不到）。

② 如果要搜索文件名中间的字符，最可靠的方法是使用通配符。常用的通配符的类型通常包括"*""?"。

• 通配符"*"代表任意数量的字符（如"茶水冲泡方法.txt"，要搜索"法"字，可以利用通配符写成"*法"进行搜索）。

• 通配符"?"代表一个字符（如"茶水冲泡方法.txt"，要搜索"水"字，可以利用通配符写成"?水"进行搜索）。

2.5 Windows 10 的常用附件

2.5.1 Windows Media Player

Windows Media Player 是微软公司出品的一款免费的播放器，在 Windows 7、Windows 8.1 和 Windows 10 操作系统中作为系统的一部分，可以用于播放比以往更多的音乐和视频，如图 2-45 所示。

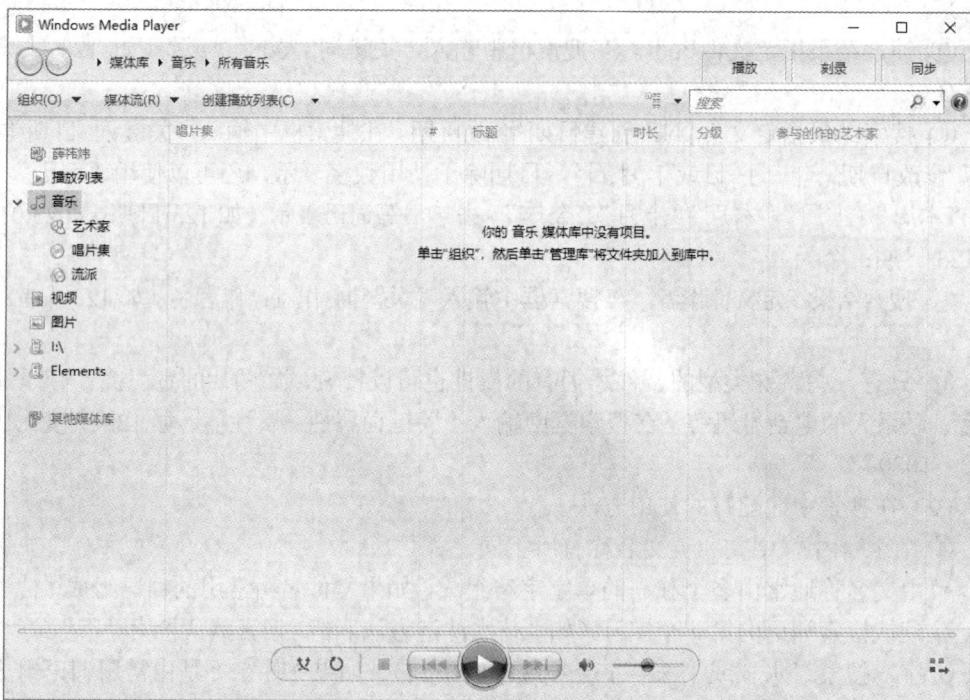

图 2-45 Windows Media Player 界面

1. Windows Media Player 的打开

打开 Windows Media Player 的方法如下。

① 单击"开始"按钮，在"开始"菜单中选择"Windows 附件"中的"Windows Media Player"选项。

② 在任务栏的搜索框中输入"媒体播放器"，单击"搜索"按钮，单击结果"Windows Media Player"后可打开。

2. Windows Media Player 支持的格式

Windows Media Player 在音频方面，支持 MP3、WMA、WAV、FLAC 等格式；在视频方面，支持 AVI、MPEG 等格式；安装新的编解码器后，还可以支持其他文件格式。此外，在配置相应硬件设备后，Windows Media Player 还支持刻录光盘。

2.5.2　记事本

记事本是 Windows 操作系统中的一个传统的文本编辑程序附件。从 Windows 1.0 版本开始，所有的 Windows 版本都默认内置这个附件。

1．记事本的打开

记事本的打开方法如下。

① 单击"开始"按钮，在"开始"菜单中单击"Windows 附件"中的"记事本"按钮。

② 在任务栏搜索框中输入"记事本"，单击"搜索"按钮，单击结果"记事本"后可打开。

2．记事本的功能

记事本的功能如下。

① 记事本文件的扩展名为".txt"，是一种非常纯粹的文本格式。如果把带有格式或嵌入媒体的文本（如网页上的文字）复制粘贴到记事本中，记事本将会去除所有的格式，只留下纯文本。所以同样的文本文件用记事本保存比用 Word 保存，容量要小很多。

② 记事本可以用于保存无格式文件。用户可以把记事本编辑的文件保存为".html" ".java" ".asp" 等任意格式。由于多种格式源代码都是纯文本的，因此记事本成了被用户使用最多的源代码编辑器。

③ 在早期的 Windows 版本中，记事本只提供最基本的文字编辑功能，后来随着 Windows 版本的更新，记事本添加了查找、替换、字体变更等功能。

④ 在记事本文件的第一行输入".LOG"后，按"Enter"键换行（".LOG"需要大写，并且和文字之间必须空一行，才能够生效）。保存后再次打开文档，可以发现在每次编辑的内容的结尾处都会添加一个时间，如图 2-46 所示。

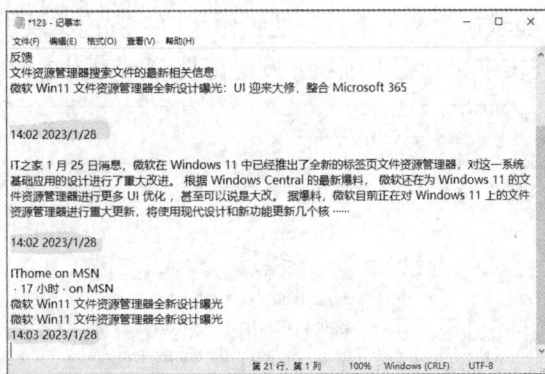

图 2-46　记事本自动生成时间

2.5.3　截图工具

在日常使用计算机的过程中，用户经常会遇到需要保存计算机部分屏幕画面的情况。在老版本的 Windows 操作系统中，用户遇到这种情况往往需要使用 QQ、微信等具有截图功能的软件来辅助完成，非常不方便。Windows 10 操作系统集成了非常便捷的截图工具，用户不必依赖第三方软件即可完成简单的截图工作。

（1）截图工具的打开

微软公司正在不断改进截图工具，未来将融合全新的"截图和草图"工具，用户打开截图工具后就会看到相关的提示和试用邀请。

① 单击"开始"按钮，在"开始"菜单中单击"Windows 附件"中的"截图工具"项。

② 在任务栏搜索框中输入"截图工具"并单击"搜索"按钮，单击结果"截图工具"后打开。

（2）截图的编辑

① 在"截图工具"的菜单栏中单击"模式"的下拉按钮，下拉菜单包括"任意格式截图""矩形截图""窗口截图""全屏幕截图"模式，如图 2-47 所示。用户根据需要选择合适的截图模式即可。

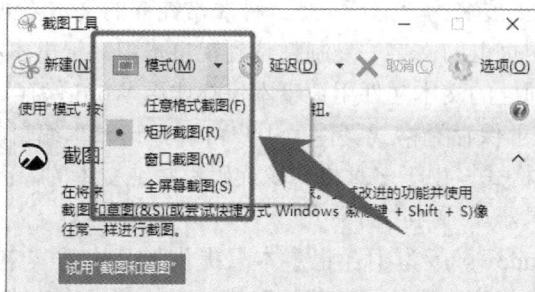

图 2-47　截图模式

② 以最常用的"矩形截图"为例，选择该选项后，然后按住鼠标左键在屏幕上拖曳出一个矩形方框，框选需要截图的范围后松开鼠标即可完成截图。

③ 截取的图像会显示在"截图工具"的工作区中，利用菜单中的工具可以对图像进行简单的编辑，如书写文字、标记下画线、发送邮件等，如图 2-48 所示。

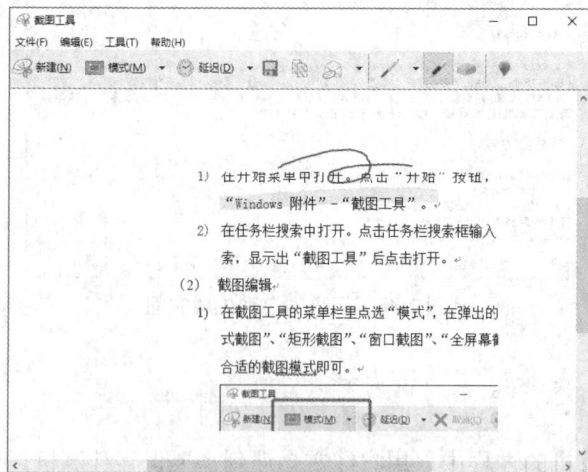

图 2-48　编辑截图

（3）图像的保存

① 截取的图像可被保存在计算机上，支持"PNG""GIF""JPEG""MHT"4 种格式，如图 2-49 所示。

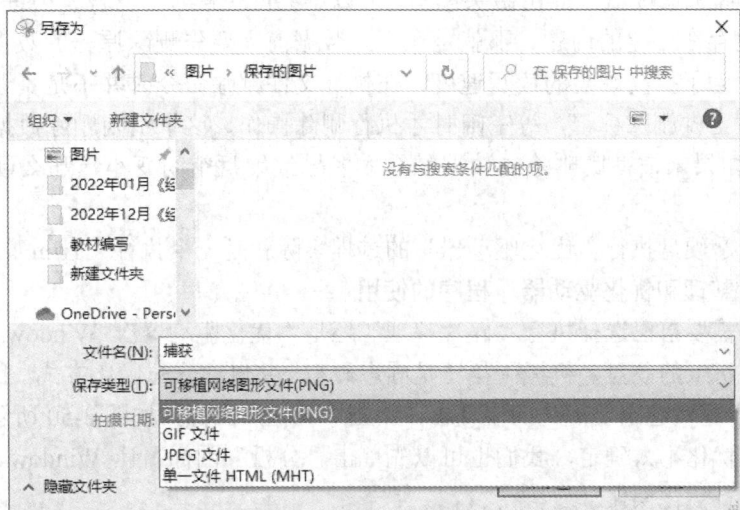

图 2-49　保存文件格式

② 用户也可以利用菜单中"编辑"下的"复制"选项，把图像复制粘贴到支持的软件程序中。

2.6　磁盘的维护和系统的优化

2.6.1　碎片整理和优化驱动器

使用计算机一段时间后，我们会发现其反应速度逐渐变慢，这是由于硬盘在使用中产生了垃圾。利用 Windows 操作系统提供的"碎片整理和优化驱动器"程序可以方便地对硬盘进行优化。"碎片整理和优化驱动器"程序实际上包含了"碎片整理"和"优化驱动器"两种功能，分别针对传统的机械硬盘和新型的固态硬盘两种类别进行优化。

1．"碎片整理和优化驱动器"程序的打开方式

① 单击"开始"图标，在"开始"菜单中单击"Windows 管理工具"的"碎片整理和优化驱动器"图标。

② 在任务栏搜索框中输入"碎片整理和优化驱动器"并单击"搜索"按钮，单击搜索结果将"碎片整理和优化驱动器"打开。

2．碎片整理

随着计算机使用时间的增长，磁盘上会产生大量的文件碎片，碎片过多会导致系统耗费

大量时间去读取数据。整理碎片的目的是把不连续的数据连续起来，提高访问速度。

3. 优化驱动器

如今 SSD（固态硬盘）的使用越来越普遍，固态硬盘和机械硬盘存储数据的原理不同，它不需要像机械硬盘一样用磁头读写，所以不会产生碎片，也就无须进行碎片整理。但固态硬盘也存在一定的问题，那就是在写入数据前需要先删除原先的数据。在固态硬盘的设计上，为了提高硬盘的读写速度，在执行文件删除命令时并不是真删除文件，而是在这个文件上做删除标记，等空闲时才执行删除操作，这个空闲删除数据的行为被称为"Trim"。如果未被彻底删除的数据积累太多导致硬盘空间变小，那么硬盘速度就会受到影响。

我们对固态硬盘执行"优化驱动器"的过程实际就是一个执行"Trim"的过程。

4. "碎片整理和优化驱动器"程序的使用

我们并不需要自己选择执行"碎片整理"还是"优化驱动器"，Windows 操作系统会自行判断计算机上的硬盘是机械硬盘还是固态硬盘，并自动分配优化方式。我们只需要在"优化驱动器"窗口选定要优化的驱动器，单击"优化"图标，如图 2-50 所示。当然，如果对是否需要优化不太确定，我们也可以先单击"分析"图标，让 Windows 操作系统判断是否需要执行优化操作。

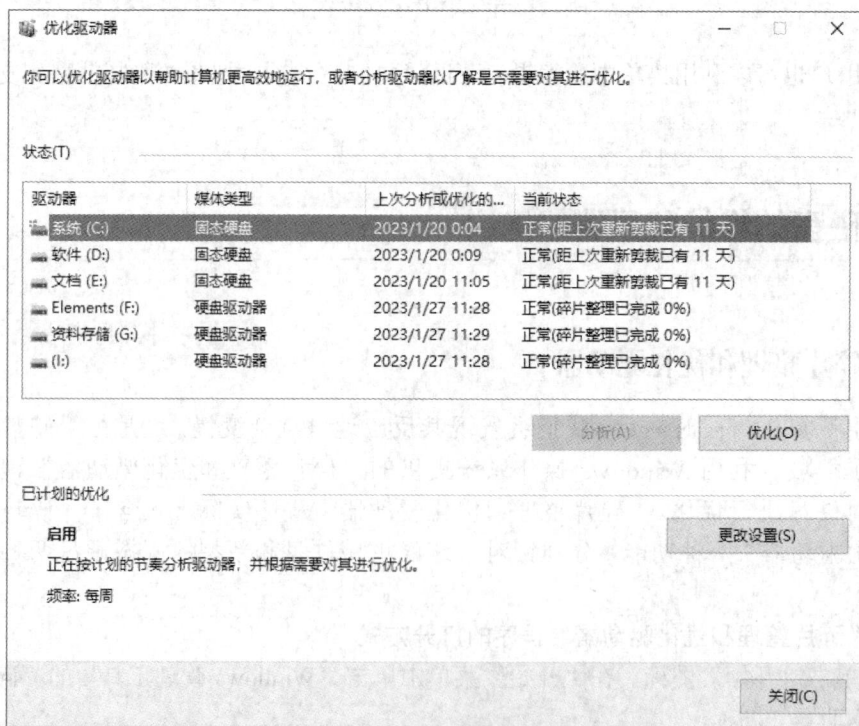

图 2-50　"优化驱动器"窗口

另外，"碎片整理和优化驱动器"程序也允许用户创建优化计划，从而定期自动执行优化任务。优化计划有"每天""每周""每月"3 个频率供用户选择，如图 2-51 所示。

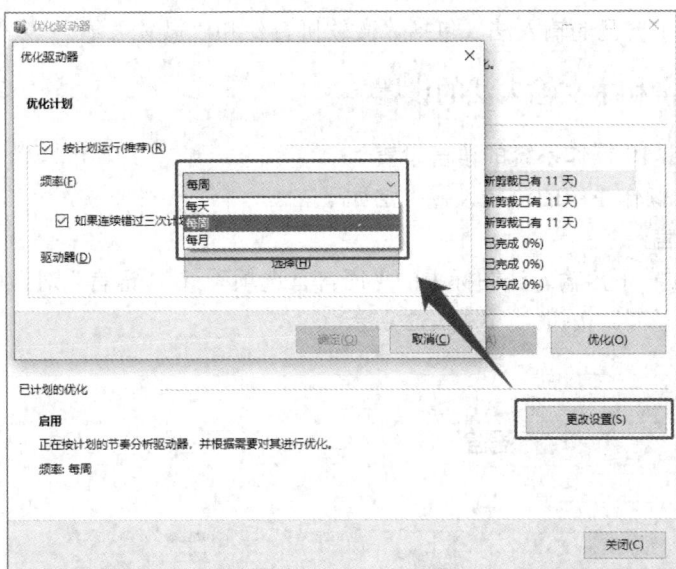

图 2-51　创建优化计划

2.6.2　磁盘清理

"磁盘清理"工具是"Windows 管理工具"附带的一个实用工具，可以帮助释放硬盘上的空间。

1．"磁盘清理"程序的打开

"磁盘清理"程序的打开方式如下。

① 单击"开始"，在"开始"菜单中单击"Windows 管理工具"的"磁盘清理"。

② 在任务栏搜索框中输入"磁盘清理"并单击"搜索"按钮，单击搜索结果"磁盘清理"打开。

2．"磁盘清理"程序的使用

使用"磁盘清理"程序非常简单，只需在"磁盘清理"窗口中选择驱动器并单击"确定"。"磁盘清理"工具会计算所选驱动器可以释放的磁盘空间量，其中包括互联网临时文件、下载的程序文件、回收站、Windows 临时文件、不使用的可选 Windows 组件、已安装但不再使用的程序等。

在"驱动器的磁盘清理"对话框中，滚动查看"要删除的文件"列表的内容。选择要删除的文件后单击"确定"，系统会弹出提示确认是否要永久删除指定文件。如果确定删除，可单击"删除文件"。用户根据所选文件的多少，等待几分钟，即可完成磁盘清理。

2.7　中文输入法

许多用户在 Windows 10 操作系统中使用第三方的中文输入法软件，其实 Windows 10

操作系统也提供了自己的输入法（包括"微软拼音"和"微软五笔"）以便用户使用。

2.7.1 微软语言和中文输入法的设置

1．Windows 10 操作系统的语言设置
Windows 10 操作系统的语言设置方法如下。

（1）添加语言

① 单击桌面右下角输入法图标中的"语言首选项"。在"语言"对话框中单击"首选语言"的"添加语言"按钮，如图 2-52 所示。

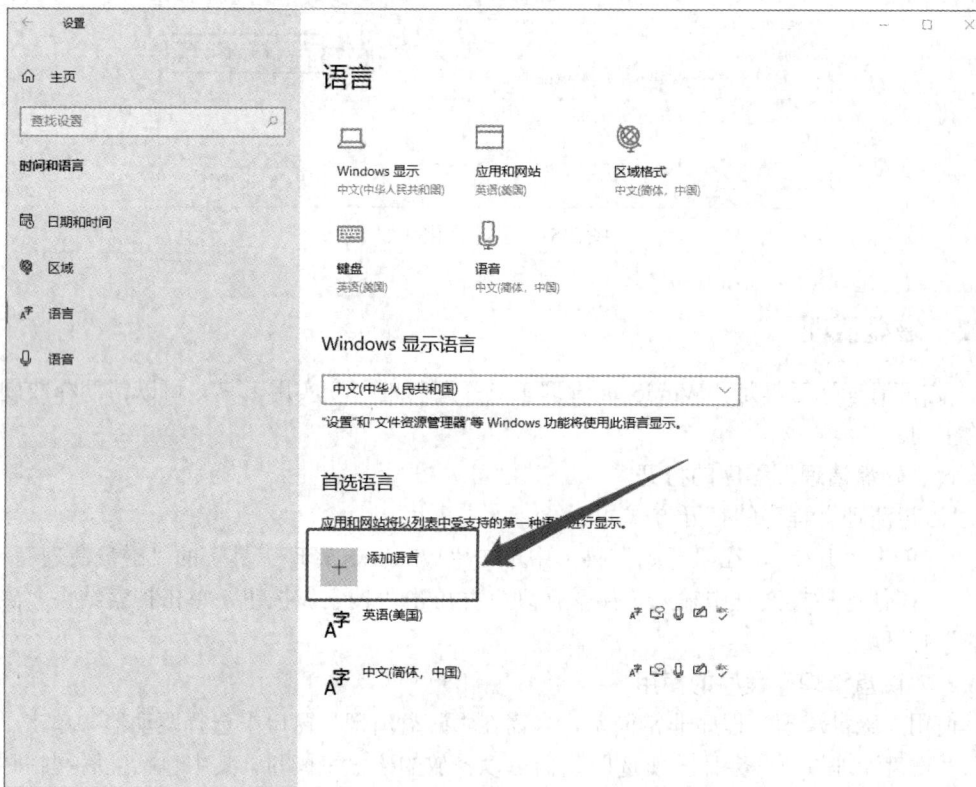

图 2-52　添加语言

② 在"选择要安装的语言"对话框中，选择或键入要下载并安装的语言名称，然后单击"下一步"。

③ 在"安装语言功能"对话框中，选择所需的语言功能，然后单击"安装"。

（2）设置默认语言

打开"语言"对话框，从"首选语言"中，选中一种语言[如"英语（美国）"]，并将其上移到首项。

2．添加中文输入法
添加中文输入法的操作方法如下。

① 打开"语言"对话框，在"首选语言"中，选择"中文（简体，中国）"。

② 单击弹出的 "选项"。

③ 单击 "键盘" 中的 "添加键盘"，选择 "微软拼音" 或 "微软五笔"。

2.7.2 第三方输入法的安装

下面介绍第三方输入法（以搜狗输入法为例）的安装方法。

1. 下载并安装输入法

① 在官网下载搜狗输入法的安装包。

② 双击输入法安装包进行安装。

2. 更换 Windows 10 操作系统中的默认输入法

① 单击桌面右下角输入法图标中的 "语言首选项"。

② 在 "语言" 对话框中单击 "键盘"。

③ 在弹出的 "键盘" 对话框的 "替代默认输入法" 下拉框中选择要设置的输入法，如图 2-53 所示。

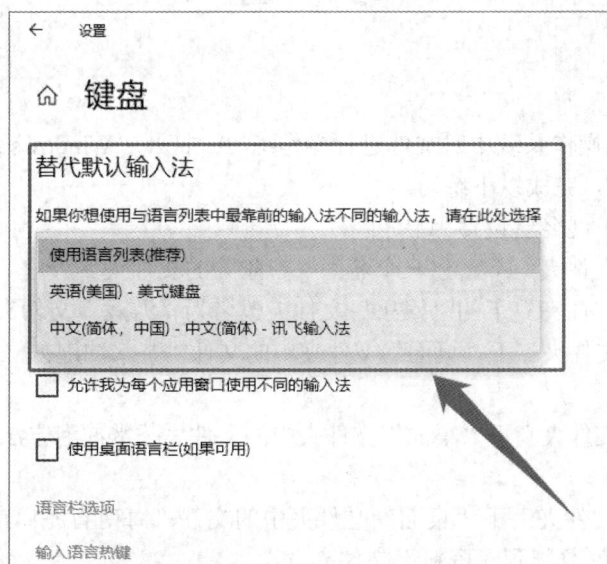

图 2-53 替代默认输入法

3. 第三方输入法的使用（由于版本不同，此处以官网帮助文件为准）

（1）输入法的切换

在要输入文字的地方单击，使系统进入输入状态，然后按 "Ctrl+Shift" 组合键切换输入法，直到搜狗拼音输入法显示出来为止。当系统仅有一个输入法或者搜狗输入法为默认的输入法时，按 "Ctrl+空格" 组合键即可切换为搜狗输入法。

（2）翻页选字

搜狗输入法默认的翻页键是 "逗号（向下翻页）、句号（向上翻页）"。输入拼音后，按 "句号（向上翻页）" 键找到所选的字后，按其对应的数字键即可。输入法默认的翻页键还有 "减号（向下翻页）、等号（向上翻页）" "左方括号（向下翻页）、右方括号（向上翻页)"，可以通过"设置属性"中的"按键"来选择翻页键。

（3）中英文切换

默认按"Shift"键切换到英文输入状态，再按一下"Shift"键返回中文状态。在中文输入法下，搜狗输入法也支持在输入较短的英文时，直接按"Enter"键。

（4）输入法的设置

① 单击状态栏上的小扳手，如图 2-54 所示。或者在状态栏上单击鼠标右键，在弹出的快捷菜单中，即可看到"设置属性"选项。输入法默认的设置一般都是效率最高、最适合多数人使用的选项，如果用户对设置还不熟悉，推荐使用默认设置选项。

图 2-54　输入法状态栏

② 设置属性包括"常规设置""按键设置""皮肤设置""词库设置""通行证""高级设置" 6 个选项卡。

习　题

操作题

在 Windows 10 操作系统中对文件进行操作练习。打开"Windows 练习材料"文件夹中的"考生文件夹"，完成以下练习。

（1）将"文件扩展名"设置为显示。

（2）在"考生文件夹"下新建一个名为"音乐"的文件夹。

（3）将"考生文件夹"下的"娱乐"文件夹改名为"游戏"文件夹。

（4）将"考生文件夹"下"桌面"文件夹中的文件"茶水冲泡方法.wen"的扩展名修改为"docx"。

（5）将"考生文件夹"下"桌面"文件夹中的文件"茶水冲泡方法.wen"移动到"游戏"文件夹下。

（6）将"考生文件夹"下"桌面"文件夹中的文件"海南省海口市公路.txt"和"海南省海口市机场.txt"复制到"资料"文件夹下。

（7）将"考生文件夹"下"档案"文件夹中的文件"ABC123.test"的属性改为只读。

（8）为"考生文件夹"下除"汇总"文件夹外的其他文件夹创建快捷方式，并将快捷方式移动到"汇总"文件夹下。

完成后的结果可参考"Windows 练习材料"文件夹中的"参考答案"。

第 3 章

Word 2016

【知识目标】

1. 掌握 Word 2016 的基础知识。
2. 熟悉 Word 2016 文档编辑界面。
3. 熟悉 Word 2016 表格编辑界面。
4. 认识 Word 2016 的高级功能。

【技能目标】

1. 掌握 Word 2016 的基本操作方法。
2. 熟练运用 Word 2016 对文档进行编辑和排版。
3. 熟练运用 Word 2016 制作表格。
4. 掌握 Word 2016 的图文混编方法。
5. 掌握 Word 2016 常用高级功能的使用方法。

【素质目标】

1. 培养学生对制作文档的兴趣。
2. 使学生养成分析任务、规划任务的习惯。
3. 培养学生分工协作的精神，使学生具有团队精神。

3.1 Word 2016 基础

Microsoft Word（以下简称"Word"）是由微软公司开发的一个文字处理软件，提供了许多易于用户使用的文档创建工具，也提供了丰富的功能集供用户创建复杂的文档。本章主要介绍 Word 2016 的应用。

3.1.1 Word 的基本功能

1. 文字编辑功能

Word 可以用于编辑文档，其中包括在文档上编辑文字、图形、声音、动画等，还可以用于插入其他数据源信息。

Word 还提供了用于设计艺术字、编写数学公式的工具，满足用户多方面的文档处理需求。

2．表格处理功能

用户通过 Word 可以自动制表，也可以手动制表。同时，使用 Word 制作的表格中的数据可以进行自动计算。

3．文件管理功能

Word 提供了丰富的文件模板，方便用户创建各种专业的信函、备忘录、报告等文件。

4．版面设计功能

Word 可以用于设置字头和字号、页眉和页脚、图表、文字，并可以用于进行分栏编排。

5．拼写和语法检查功能

Word 提供了拼写和语法检查功能，提高了用户编辑英文文章的正确率。如果发现英文文章存在语法错误或拼写错误，Word 还提供修正的建议。

6．打印预览功能和文档兼容性

Word 具备打印预览功能，支持配置打印机参数。Word 支持多种格式的文档，有很强的兼容性。

3.1.2 Word 2016 的启动与退出

1．启动 Word 2016

启动 Word 2016 的方法如下。

① 从"开始"菜单启动：单击"开始"按钮，打开"开始"菜单，在所有程序中单击"Word 2016"选项即可启动。

② 使用桌面快捷方式启动：如果存在快捷方式，那么可以双击桌面上 Word 2016 的图标启动。

③ 双击文档启动：双击计算机中存储的 Word 文档，可直接启动 Word 2016 并打开文档。

2．退出 Word 2016

退出 Word 2016 的方法如下。

① 通过"关闭"退出：单击 Word 2016 标题栏上的"关闭"按钮，退出 Word 2016。

② 通过标题栏右键快捷菜单退出：在 Word 2016 标题栏上单击鼠标右键，在弹出的快捷菜单中选择"关闭"选项。

③ 使用组合键退出：按"Alt+F4"组合键也可以退出 Word 2016。

退出 Word 2016 时，如果当前文档已被修改但尚未保存，系统会弹出保存提示框，如图 3-1 所示。如果单击"保存"，Word 2016 保存当前文档后退出；如果单击"不保存"，则 Word 2016 不保存当前文档直接退出；如果单击"取消"，则 Word 2016 放弃本次退出操作。

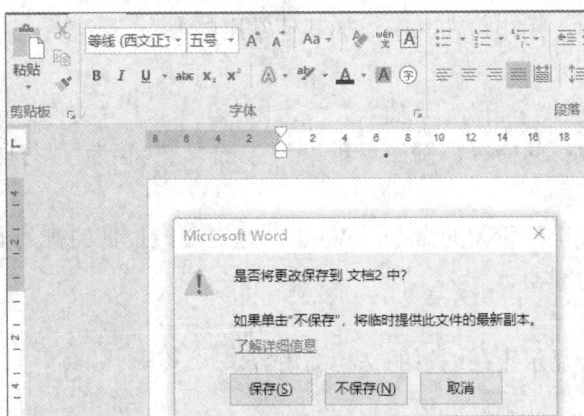

图 3-1　保存提示框

3.1.3　Word 2016 工作界面的组成

Word 2016 工作界面主要由标题栏、快速访问工具栏、选项卡、功能区、文档编辑区、滚动条、状态栏、缩放文档控件组成，如图 3-2 所示。

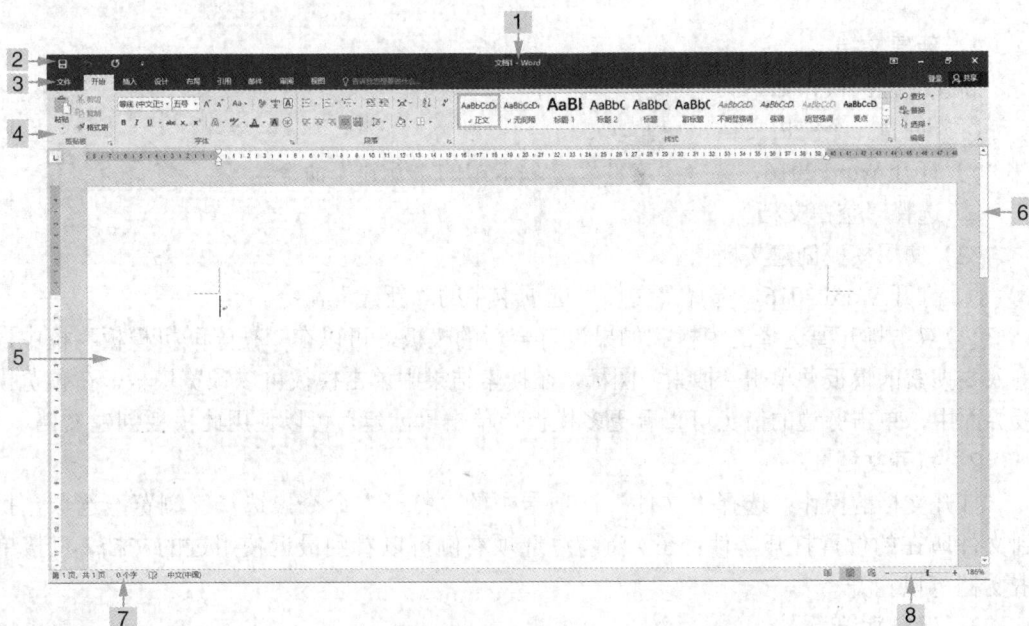

图 3-2　Word 2016 工作界面

1．标题栏

标题栏用于显示正在编辑的文档的名称以及正在使用的软件的名称。它还包括"最小化""还原""关闭"等按钮。

2．快速访问工具栏

快速访问工具栏提供常用的命令，例如"保存""撤销""恢复"。快速访问工具栏的右侧是一个下拉菜单，用户可在其中添加其他常用的命令。

3．选项卡

选项卡包括"文件""开始""插入""设计"等。单击"文件"选项卡可以查找对文档而不是文档内容执行的命令，例如"新建""打开""另存为""打印""关闭"。

4．功能区

功能区用于存放工作所需的命令。Word 会通过更改控件的排列方式来压缩功能区，以适应尺寸较小的监视器。

5．文档编辑区

文档编辑区用于显示正在编辑的文档的内容。

6．滚动条

滚动条用于改变正在编辑的文档的显示位置。

7．状态栏

状态栏用于显示有关正在编辑的文档的信息。

8．缩放文档控件

缩放文档控件用于更改正在编辑的文档的缩放情况。

3.1.4　Word 2016 的基本操作

1．新建文档

新建文档的操作如下。

（1）创建一个空白文档

① 打开 Word 2016，选择"文件"选项卡中的"新建"命令。

② 选择"空白文档"。

（2）使用模板创建文档

① 打开 Word 2016，选择"文件"选项卡中的"新建"命令。

② 双击打开要选择的模板。如果没有合适的模板，可以在"搜索联机模板"框中，输入要搜索的模板并单击"搜索"图标，在搜索结果中单击模板可以预览模板。在预览模板界面中，单击旁边的箭头可查看更多模板，单击"创建"可以使用此模板创建文档。

2．打开文档

打开文档的操作：选择"文件"选项卡中的"打开"命令，选择"浏览"选项，找到文件所在的位置打开文件；在"浏览"选项右侧可以看到最近使用过的文档，直接单击文档可以打开。

3．保存文档

保存文档的操作如下。

① 保存新文档。选择"文件"选项卡中的"另存为"命令，在"另存为"右侧单击"浏览"选项，在打开的"另存为"对话框中选择保存位置（Word 默认将文档保存在"文档"文件夹中）。设置文件名后单击"保存"完成保存，或者单击"取消"放弃保存。

② 处理文档后保存文档。对于已编辑并保存过的文档，可以选择快速访问工具栏中的"保存"或选择"文件"选项卡中的"保存"命令。

③ 以非 ".docx" 格式保存文档，可以根据前面的介绍打开 "另存为" 对话框，在 "另存为" 对话框中单击 "保存类型" 下拉列表框的选项，选择所需的文件格式，设置文件名后单击 "保存" 按钮完成保存。Word 2007 版本之后的文件格式均为 ".docx"，之前的版本文件格式为 ".doc"。文件的打开可以向下兼容，即 Word 2016 可以打开 ".doc" 文件，反之 Word 97—2003 不能打开 ".docx" 文件。

4．打印文档

打印文档的操作如下。

① 选择 "文件" 选项卡中的 "打印" 命令。

② 在 "打印" 命令右侧设置以下内容。

- 在 "打印" 的 "份数" 框中，输入要打印的份数。
- 在 "打印机" 中，选择所需的打印机。
- 在 "设置" 中，显示打印机的默认打印设置。也可以单击希望更改的设置，选择新的设置。

③ 检查右侧的预览显示，如果没有问题，单击 "打印"。

5．视图模式

Word 2016 提供了多种视图模式供用户选择，包括 "阅读视图" "页面视图" "Web 版式视图" "大纲视图" "草稿"。用户可以根据需要选择不同的视图模式。

（1）视图模式的切换方式

① 利用功能区操作组切换。打开 Word 2016，选择 "视图" 选项卡，在 "视图" 组中单击相应的视图模式，即可在不同的视图模式之间切换。

② 利用状态栏切换。打开 Word 2016，在文档窗口底部状态栏的右侧可以看到视图模式图标，单击相应的视图模式图标即可在不同的视图模式之间切换。

（2）各视图模式的特点

① 阅读视图。阅读视图以图书的分栏样式显示文档，选项卡、功能区等窗口元素被隐藏起来。在阅读视图中，用户可以单击 "工具" 选项选择各种阅读工具。

② 页面视图。页面视图可以显示 Word 2016 的打印效果外观，主要包括页眉、页脚、图形对象、分栏设置、页面边距等元素，是最接近打印效果的视图模式。

③ Web 版式视图。Web 版式视图以网页的形式显示文档，适用于发送电子邮件和创建网页。

④ 大纲视图。大纲视图主要用于设置文档显示标题的层级结构，并用于折叠和展开各种层级的文档。

⑤ 草稿。草稿取消了页面边距、分栏、页眉、页脚等元素，仅显示标题和正文，是比较节省计算机系统硬件资源的视图模式。草稿用于输入、编辑文本，或在只需设置简单文档格式时快速编辑文档。

6．文档的显示控制

（1）显示比例文档

① 在 "视图" 选项卡的 "显示比例" 组中，单击 "100%"，Word 2016 会将视图返回到 100% 缩放。

② 在"视图"选项卡的"显示比例"组中，单击"单页""多页""页宽"。

③ 在"视图"选项卡的"显示比例"组中，单击"显示比例"，在弹出的对话框中输入百分比或选择其他选项。

（2）打开或关闭格式标记的显示

① 在"文件"选项卡中，选择"选项"中的"显示"命令。

② 在"始终在屏幕上显示这些格式标记"下，选中始终要显示的格式标记的复选框。

7．标尺、网格线、导航窗格的设置

在"视图"选项卡的"显示"组中选取或取消选取标尺、网格线、导航窗格复选框即可设置。

8．文档窗口的重排和拆分显示

文档窗口的重排和拆分显示的操作如下。

（1）并排查看两个文档

① 打开两个文档。

② 选择"视图"选项卡，在"窗口"组中选择"并排查看"命令，效果如图 3-3 所示。如果向上或向下滚动，其他文档也会滚动。如果希望它们独立滚动，可以选择将"同步滚动"关闭。

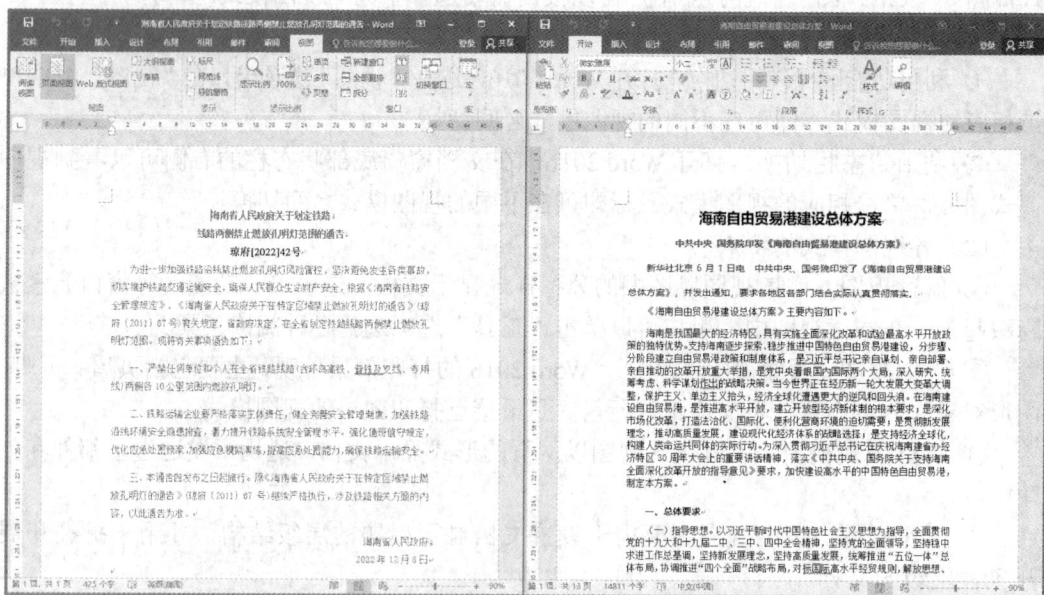

图 3-3　在 Word 2016 中并排查看两个文档的效果

（2）同时查看多个文档

① 打开多个文档。

② 选择"视图"选项卡，在"窗口"组中选择"全部重排"命令。

（3）将窗口拆分为窗格

同时查看文档的 2 节内容，便于在编辑 1 节内容时查看其他节内容。

① 选择"视图"选项卡，在"窗口"组中选择"拆分"命令。

② 要调整窗格大小，只需拖动边框。

3.2　编辑文本

3.2.1　输入文档内容

1．定位光标插入点

光标插入点所在的位置就是输入文本的位置。在输入文本前，需要先定位光标插入点，其插入方法主要有以下两种。

（1）通过鼠标定位

Word 2016 支持"即点即输"功能，用户只需在想输入文本的地方单击，光标即自动移动到该处，然后用户就可以直接输入文本了。如果想要结束当前段落的输入，只需按"Enter"键，光标就会转到下一行，开始新的段落。

（2）通过键盘定位

使用键盘方向键"←""↑""→""↓"可以移动光标，按"Home"键可将光标移动到行首，按"End"键可将光标移动到行末，按"Ctrl+Home"组合键可将光标移动到整个文档的左上角，按"Ctrl+End"组合键可将光标移动到整个文档的右下角，按"Page Up"键可将文档向前翻页，按"Page Down"键可将文档向后翻页。

2．输入内容

使用"Ctrl+Shift"组合键切换输入法。输入内容的操作如下。

（1）输入文本

汉字和英文字符是文档中最常见的输入内容。用户输入英文字符时，可以在默认的状态下直接输入；输入汉字时，需要先将输入法切换到中文输入的状态。随着文本的输入，光标不断向右移动。当光标到达一行的最右边时，随着下一个字符的输入，Word 2016 会自动换行。如果要另起一个段落，按"Enter"键即可。

（2）输入符号

① 输入普通符号。通过键盘可以直接输入~、——、#、%等符号。

② 输入特殊符号。∑、Λ 等特殊符号不能通过键盘直接输入，可通过选择"插入"选项卡，在"符号"下拉选项中选择"其他符号"选项。

3.2.2　选取文本

1．利用鼠标选取文本

使用鼠标选取文本是最常用的方法，一般是将鼠标指针移动到要选取文本的起始位置，按住鼠标左键不放并拖曳到要选取的文本末尾松开鼠标左键。

2．利用键盘选取文本

将光标移动到欲选取文本的起始位置，按住"Shift"键不放，再用"↑""↓""←""→"

4 个方向键选取。

3．快速选取文本

快速选取可以迅速选择多行文本。把鼠标指针放在行的左边边界，当鼠标指针变为白色箭头时单击可以选取一行，双击可以选取一整段，连续单击 3 次可以选取整个文档。

在所要选取的文本起始处单击定位，按住"Shift"键不放，再把鼠标指针移动到文本范围结束处单击，可以快速选取一个文本区域。

4．多区域选取文本

选取一个区域后，按住"Ctrl"键的同时选取其他区域，可以实现多区域选取。

3.2.3 插入、改写与删除文本

1．插入和改写文本

在 Word 2016 中输入内容，输入状态有插入和改写两种。通常为插入状态，输入的内容将被添加到光标所在的位置，光标右边的内容自动往右移动。按"Insert"键可以切换到改写状态，在改写状态下，输入的内容将替换光标右边的内容。

2．删除文本

删除文本的操作如下。

① 按"Backspace"键可以删除光标左边的内容。

② 按"Delete"键可以删除光标右边的内容。

3.2.4 复制与移动文本

1．文本的复制

① 利用"开始"选项卡的"剪贴板"组中的"复制"和"粘贴"命令。选取要复制的文本，然后单击"复制"命令；把光标移动到要插入文本的位置，单击"粘贴"命令，把选取的文本粘贴到新的位置。

② 利用鼠标右键快捷菜单中的"复制"和"粘贴"选项。选取要复制的文本，然后单击鼠标右键，在弹出的快捷菜单中选择"复制"选项，把光标移动到要插入文本的位置；再次单击鼠标右键，在弹出的快捷菜单中选择"粘贴"选项之一，把选取的文本粘贴到新的位置。粘贴选项包括"保留源格式""合并格式""只保留文本"。

- 保留源格式。此选项保留应用于复制文本的格式。与复制文本关联的任何样式都将被复制到目标文档。
- 合并格式。此选项将丢弃直接应用于复制文本的大部分格式，文本采用其粘贴位置的段落样式。
- 只保留文本。此选项将丢弃所有格式和非文本元素（如图片或表格），文本采用其粘贴位置的段落样式。

③ 利用组合键。选取要复制的文本，使用"Ctrl+C"组合键，把光标移动到要插入文本的位置，使用"Ctrl+V"组合键，把选取的文本粘贴到新的位置。

2．文本的移动

① 利用鼠标直接移动文本。选取要移动的文本，把鼠标指针放在被选取的文本上，

按住鼠标左键。这时鼠标指针旁边会有竖线，鼠标指针的尾部会有一个小方框，其中竖线表示将要移动到的位置。拖曳竖线到新的插入文本的位置，松开鼠标左键，被选取的文本会被移动到新的位置。

② 利用"开始"选项卡的"剪贴板"组中的"剪切"和"粘贴"命令。首先选取要移动的文本，然后选择"剪切"命令，把光标移动到要插入文本的位置，选择"粘贴"命令，把选定的文本移动到新的位置。

③ 利用鼠标右键快捷菜单中的"剪切"和"粘贴"选项。首先选取要移动的文本，然后单击鼠标右键，在弹出的快捷菜单中选择"剪切"选项，把光标移动到要插入文本的位置，再次单击鼠标右键，在弹出的快捷菜单中选择"粘贴"选项之一，把选取的文本移动到新的位置。

④ 利用组合键。选取要复制的文本，使用"Ctrl+X"组合键，把光标移动到要插入文本的位置，使用"Ctrl+V"组合键，把选取的文本移动到新的位置。

3．选择性粘贴

将不同格式的文本复制到 Word 2016 中时，程序会自动重新格式化该文本，以匹配目标文本。使用"选择性粘贴"可以保留原始格式或者将其粘贴为链接、图片等。操作步骤如下。

① 剪切或复制要粘贴的图片、文本或对象。

② 把光标移动到要插入文本的位置。

③ 在"开始"选项卡的"剪贴板"组中，单击"粘贴"命令下的箭头，选择"选择性粘贴"选项，在弹出的对话框中选择"形式"菜单中的选项之一。

3.2.5　查找与替换文本

用户要在文档中检查某些文字并加以修改时，利用"查找"与"替换"命令可以轻松完成。用户通过"查找"命令可以快速找出指定的文字，通过"替换"命令则可以迅速、准确地取代想替换的文字。"查找"与"替换"命令的主要对象包括字、词、句子、特殊字符等。

1．使用导航窗格查找

使用导航窗格会显示文档结构，利用搜索功能可以快速查找文本并突出显示搜索到的内容，如图 3-4 所示。操作步骤如下。

① 把光标放在文档起始位置，在"视图"选项卡的"显示"组中选择"导航窗格"复选框，打开导航窗格。也可以在"开始"选项卡的"编辑"组中选择"查找"，打开导航窗格。

② 在导航窗格的"搜索文档"框中输入要查找的内容，开始搜索。

③ 搜索到内容后，导航窗格会列出包含查找内容的段落，并突出显示查找到的内容。

2．使用"高级查找"对话框查找内容

使用"高级查找"对话框查找内容的操作步骤如下。

① 在"开始"选项卡的"编辑"组中，单击"查找"的下拉按钮，在弹出的列表中选择"高级查找"，弹出"查找和替换"对话框，如图 3-5 所示。

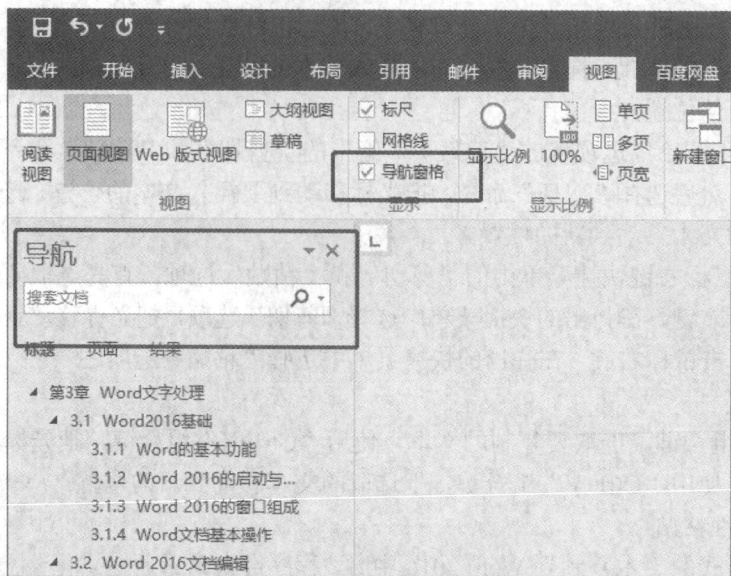

图 3-4　使用导航窗格查找文本

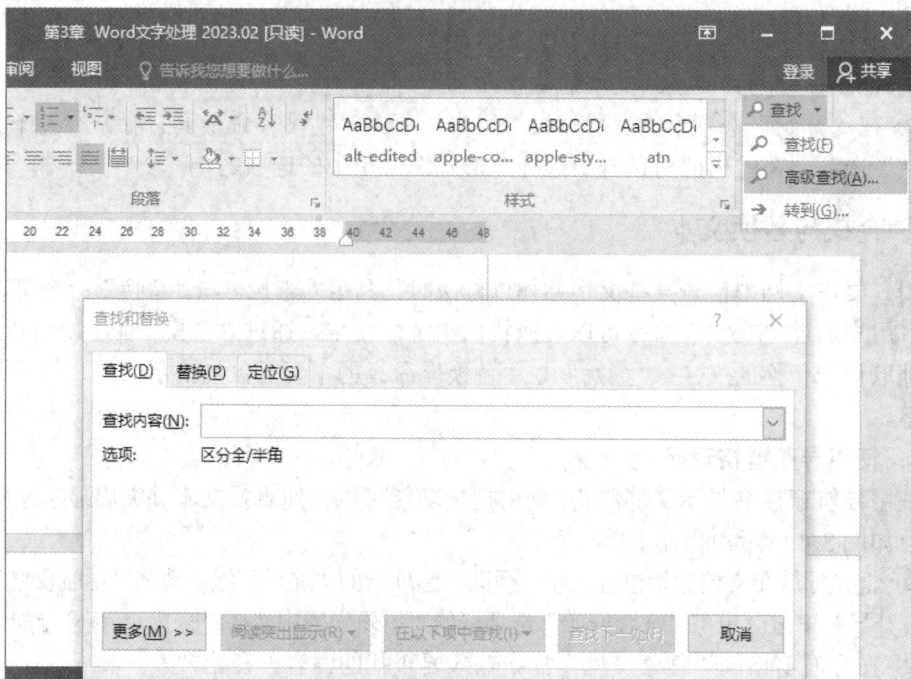

图 3-5　"查找和替换"对话框

② 在"查找内容"框中输入要查找的内容。

③ 单击"查找下一处",直到找到匹配项。

3. 使用"查找和替换"对话框替换内容

使用"查找和替换"对话框替换内容的操作步骤如下。

① 在"开始"选项卡的"编辑"组中选择"替换"命令，打开"查找和替换"对话框。

② 在"查找内容"框中输入要替换的内容。

③ 在"替换为"框中输入新文本。

④ 单击"全部替换"以更改所有匹配项；单击"查找下一处"，直到找到要替换的匹配项，然后选择"替换"。

3.2.6　撤销和恢复文本

编辑文档时，如果出现误操作，用户可以通过单击快速访问工具栏中的"撤销"图标撤销前一项操作。如果误撤销了某些操作，则用户可以通过单击快速访问工具栏中的"恢复"图标取消之前的撤销操作，恢复原来的文本。

3.3　排版文档

排版是指在版面布局上调整文字、图片、图形等可视化信息元素的位置、大小，使版面布局合理化。

3.3.1　字符的设置

字符是文档中最基本的单元。格式化操作可以给字符设置字体、字形、大小和颜色等格式，以及添加阴影、上下标和删除线等效果；还可以改变字符间距和添加文字的特殊效果（如发光、倒影等）。

1. 字体格式的设置

在"开始"选项卡"字体"组中可以进行字体、字号、颜色等基本设置。也可以单击"字体"组的 图标，如图 3-6 所示，打开"字体"对话框进行高级设置。

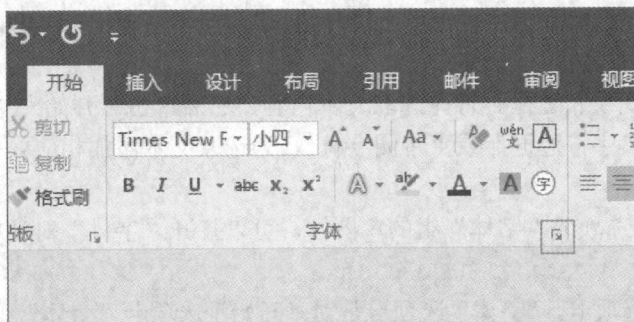

图 3-6　"字体"组

（1）基本设置

① 设置字体。字体是指文字在屏幕或打印时呈现的书写形式。单击"开始"选项

卡"字体"组中"字体"框的下拉按钮，可以更改所选文字的字体。常用的中文字体有"等线""宋体""仿宋""黑体""楷体"等，英文字体有"Times New Roman"等。在 Word 2016 中，中文的默认字体为"等线"，但计算机中多用"宋体"，英文的默认字体是"Times New Roman"。

② 设置字形。字形是指常规、加粗、倾斜等字符显示形式。单击"开始"选项卡"字体"组中的对应按钮，可以更改所选文字的字形。

③ 设置字号。字号是指字符显示的大小，通常有汉字常用的"字号"和国际通用的"磅值"两种单位。单击"开始"选项卡"字体"组中"字号"框的下拉按钮，可以更改所选文字的字号。"字号"从大到小为"初号"到"八号"，"磅值"的取值范围更大，从大到小为 1638 磅到 1 磅。对比两种单位，字号的"五号"约等于磅值的"10.5 磅"。

④ 设置字体颜色。字体颜色默认为"自动"（即黑色）。单击"开始"选项卡"字体"组中"字体颜色"的下拉按钮，可以更改所选文字的字体颜色。选项可被分为"主题颜色"和"标准色"两大类。除此之外，还有"其他颜色"和"渐变"选项可供选择。

⑤ 设置下画线、删除线。在"字体"组中，单击"下画线"的下拉按钮，可以选择多种下画线的线型和颜色，选择"其他下画线"选项可以看到更多线型。

"删除线"命令在"下画线"命令右边。单击"开始"选项卡"字体"组中的"删除线"，可以为所选文字添加删除线。

⑥ 设置上标、下标。上标或下标是一种小于普通输入行的数字、图、符号，稍微位于普通输入内容的上方（上标）或下方（下标）。添加商标、版权或其他符号时，需要将符号显示在其余文本的左上角或者右下角。例如某数的平方、某段文字的脚注等。设置上、下标的方式是，在"开始"选项卡"字体"组中单击"上标"或"下标"。

⑦ 更改英文字母的大小写。单击"开始"选项卡"字体"组中"更改大小写"的下拉按钮，可更改文档中所选文字的大小写。其中包含"句首字母大写""小写""大写""每个单词首字母大写""切换大小写""半角""全角"。

⑧ 添加拼音。选取文本内容，单击"开始"选项卡"字体"组中的"拼音指南"，可以为选取文本添加拼音。

⑨ 设置字符底纹和边框。首先选取文本内容，然后单击"开始"选项卡"字体"组中的"字符底纹""字符边框"或"带圈字符"，为选取文本添加相应效果。

（2）高级设置

单击"开始"选项卡"字体"组的 图标，可以打开"字体"对话框进行高级设置，如图 3-7 所示。

① "字体"选项卡。"字体"选项卡是对"开始"选项卡"字体"组中设置功能的补充，用户可以更加详细、全面地设置字符格式和外观。

② "高级"选项卡。在"高级"选项卡中，用户可以对字符间距、缩放比例和位置等进行设置，标准字间距是 0 磅。可以通过"加宽"或"紧缩"选项来限制每行字符数和每页行数。

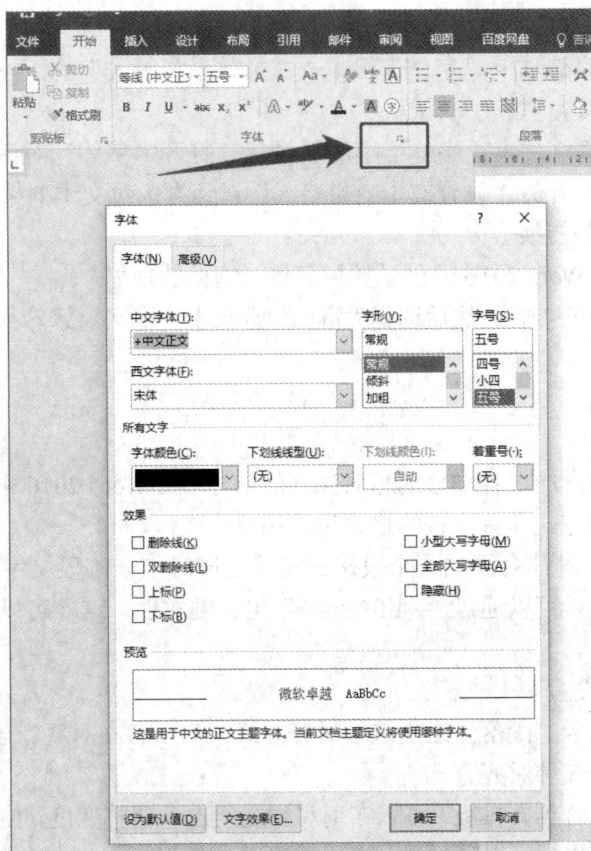

图 3-7　"字体"对话框

2. 文本效果的设置

文本效果指为字符添加轮廓、阴影、映像、发光等效果，如图 3-8 所示。

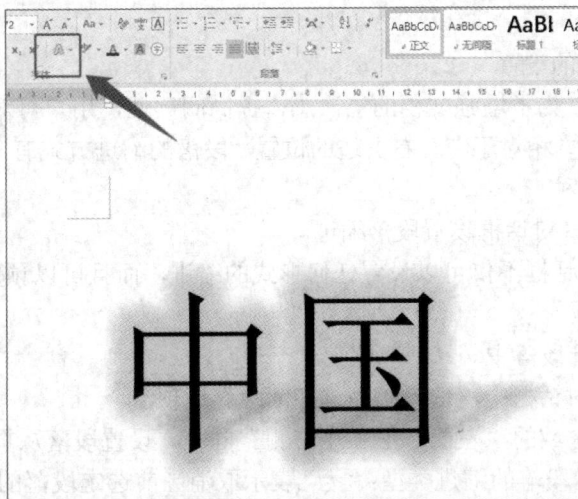

图 3-8　添加了效果的文字

添加文本效果的方法有以下两种。

① 单击"开始"选项卡"字体"组中"文本效果和版式"的下拉按钮，选择相应的文本效果进行设置。

② 单击"开始"选项卡"字体"组的 图标，打开"字体"对话框。在对话框中选择"文字效果"，在打开的"设置文本效果格式"对话框中对文本效果进行设置。

3．简体、繁体的转换

对于中文文本，Word 2016 提供了转换简体、繁体的功能。

首先选取要转换的内容，然后选择"审阅"选项卡"中文简繁转换"组中的相应命令进行操作。

3.3.2　段落的设置

段落是指根据文章的内容划分的相对独立的部分。在 Word 2016 中，用户可以对段落缩进、行间距、对齐方式和首字符等格式进行调整。

每次按"Enter"键都会添加一个段落标记符，同时结束本段文字并另起一行。如果只想换行不另起一段，可以通过"Shift+Enter"组合键实现。这样可以添加行结束符并另起一行，但不会分段。

1．段落对齐的设置

在"开始"选项卡"段落"组中选择对齐方式。其中有左对齐、居中对齐、右对齐、两端对齐、分散对齐 5 种对齐方式。

两端对齐方式适合英文排版，可以在词和词之间自动调整宽度，使正文的左右端和左右页边对齐，以避免出现一个英文单词被分为两行的情况。

分散对齐则是指文本以字符为单位平均分布在一行中。

2．段落对话框的设置

单击"开始"选项卡"段落"组的 图标，打开"段落"对话框。也可以单击鼠标右键，在快捷菜单中选择"段落"选项打开"段落"对话框。（下文不再赘述"段落"对话框的打开方式。）

（1）缩进和间距的设置

① 缩进的设置。为了增强文档的层次感，提高阅读性，用户可对段落设置合适的缩进。缩进是指段落文本相对于左、右页边的位置。段落的缩进方式有左缩进、右缩进、首行缩进和悬挂缩进 4 种。

A．使用"段落"对话框设置段落缩进。

利用"段落"对话框不仅可以设置任何形式的缩进，而且可以预览相应的设置效果。操作步骤如下。

a）将插入点置于段落中。

b）在"段落"对话框中，选择"缩进和间距"选项卡。

c）在"缩进"区域的"左侧"框和"右侧"框中，设置段落从页边缩进的距离。在"特殊"框中选择当前段落的缩进类型："无"表示取消当前选定段落的特殊缩进格式，"首行"表示将当前选定段落的首行按"缩进值"框中所设的值缩进，"悬挂"表示将当前选定段落中除首行以外的各行按"缩进值"框中所设的值右移。

d）设置完毕单击"确定"。

B．使用标尺设置段落缩进。

除了利用"段落"对话框外，在 Word 2016 中还可以通过标尺来设置缩进。操作步骤如下。

a）选择"视图"选项卡，勾选"显示"组中的"标尺"。

b）用户可以将标尺上的缩进符号拖曳到合适的位置来缩进段落。

② 间距的设置。间距是指段落与段落之间或行与行之间的距离。Word 2016 提供了行间距和段落间距两个选项。

A．设置行间距。

行间距是指段落中行与行之间的距离，以磅或行的倍数为单位。操作步骤如下。

a）将插入点置于段落中。

b）在"段落"对话框中，选择"缩进和间距"选项卡。

c）在"行距"框中选择需要的行距，并通过预览框查看。行距设置包括"最小值""固定值""多倍行距"等选项。"最小值"是指行距不小于此值，但可随字号的变大而自动加大行距。"固定值"是指固定不变的行间距，这个行间距不会因字号的大小发生改变而变化。

d）设置完毕单击"确定"。

B．设置段落间距。

段落间距是指段落与段落之间的距离，以磅或行的倍数为单位。操作步骤如下。

a）将插入点置于段落中。

b）在"段落"对话框中，选择"缩进和间距"选项卡。

c）在"段前"框和"段后"框中分别输入或选择段落之间的距离值，并在预览框中观察效果。

d）设置完毕单击"确定"。

（2）换行和分页的设置

输入文本时，Word 2016 会自动生成分页符，但有时用户希望将某些段落保持在同一页中，或控制孤行，就需对换行和分页进行设置。操作步骤如下。

① 将插入点置于需要调整的段落中。

② 在"段落"对话框中，选择"换行和分页"选项卡。

③ 在"换行和分页"选项卡中勾选需要的复选框。

④ 在预览框中观察效果，然后单击"确定"。

"换行和分页"选项卡中复选框的说明如下。

• 孤行控制：不允许顶部（或底部）出现段落的最后一行（或第一行）。

• 与下段同页：使选定段落与下一个段落之间不出现分页符，确保两个段落在同一页中。

• 段中不分页：使段落内不出现分页符，避免同一个段落被放在不同页面中。

• 段前分页：在选定段落前插入分页符。

- 取消行号：使后续行不出现行号。
- 取消断字：使选定段落不自动断字。

（3）中文版式的设置

设置中文版式的操作步骤如下。

① 将插入点置于需要调整的段落中。

② 在"段落"对话框中，选择"中文版式"选项卡。

③ 在"中文版式"选项卡中勾选需要的复选框。

④ 在预览框中观察效果，然后单击"确定"。

"中文版式"选项卡中复选框的说明如下。

- 按中文习惯控制首尾字符：防止在行的头部或尾部出现不正确的符号。用户可以单击"选项"，在弹出的对话框中自行定义。
- 允许西文在单词中间换行：根据用户在"页面设置"对话框中设置的字符长度等相关因素，允许西文在单词中间换行。
- 允许标点溢出边界：当行尾出现标点时，Word 2016 允许个别标点出现在文字区域外。
- 允许行首标点压缩：如果一行的开头是标点符号，则 Word 2016 将把该标点符号的宽度设置为正常字宽的一半。
- 自动调整中文与西文的间距：Word 2016 会自动在中文与英文之间添加一个空格的间隙。
- 自动调整中文与数字的间距：Word 2016 会自动在中文与数字之间添加一个空格的间隙。

3．首字下沉

为了增强文字的可读性，报纸或杂志常将文章开头的第一个字放大数倍，这样的效果就是首字下沉。在 Word 2016 中设置首字下沉的操作步骤如下。

① 打开文档窗口，将插入点置于要设置首字下沉的段落。

② 选择"插入"选项卡，在"文本"组中单击"首字下沉"的下拉按钮。在下拉列表中选择"首字下沉"选项，打开"首字下沉"对话框。

③ 在"首字下沉"对话框的"位置"栏中选择所需的形式，在"字体"下拉列表中选择首字下沉的字体，在"下沉行数"框中选择或输入首字下沉的字符行数，在"距正文"框中输入或选择首字下沉的字符与正文文字之间的距离。

4．项目符号和编号、多级列表的设置

项目符号和编号是放在文本前的符号或数字，起到强调作用。多级列表可以形成不同级别的项目符号列表。三者的灵活运用，可以使文档的层次结构更清晰，并能提高用户编辑文档的速度。

① 项目符号是指添加在段落前的符号，一般用于具有并列关系的段落。要同时给多个段落添加项目符号，则需选中多个段落。在含有项目符号的段落中按"Enter"键换到下一段时，下一段会自动添加相同样式的项目符号。如果直接按"Backspace"键或者再次按"Enter"键，则可以取消自动添加项目符号。项目符号可以是符号，也可以是图片。

设置项目符号的操作步骤：选择"开始"选项卡"段落"组中的"项目符号"命令，或单击该命令的下拉按钮，打开"项目符号"的下拉选项。

② 添加项目编号的操作与添加项目符号的操作一样，只是把符号变为序列编号。项目编号的使用和项目符号类似，是连续的数字或字母。不同层级的文本，可以被设置不同的编号。有时需要制作专用的项目编号，可以通过自定义项目编号来实现。

添加项目编号的操作步骤：单击"开始"选项卡"段落"组中"编号"的下拉按钮，单击"定义新编号格式"，打开"定义新编号格式"对话框。在"编号样式"框中选择数字编号的样式，即数字样式，在"编号格式"框中输入自定义的文本，这样就会使用自定义的文字内容添加项目编号，如图3-9所示。

③ Word 2016 的多级列表一般用于内容比较多、需要分级显示的场景。设置多级列表的操作步骤如下。

A. 输入最大级别的内容。

B. 单击"开始"选项卡"段落"组中"多级列表"的下拉按钮，在下拉菜单中选中需要的样式，即可设定一级列表。

C. 需要使用二级列表时，首先选中内容，然后单击"多级列表"，选择一级列表所用的样式。这时显示的是一级列表的编号，再次单击"多级列表"的下拉按钮，选择"更改列表级别"选项，选择二级，即可变成二级的编号。下一级别的设置方法相同。

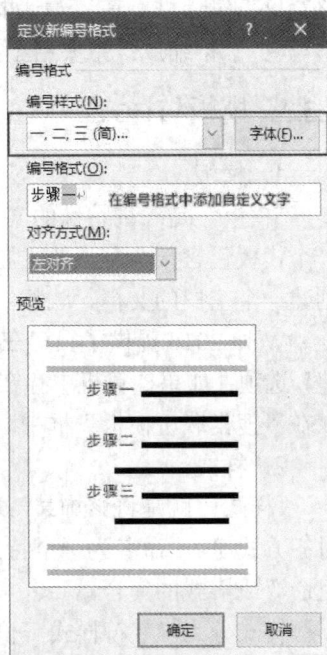

图3-9　"定义新编号格式"对话框

5. 边框和底纹

Word 2016 提供了图形边框、底纹方案和填充效果，用于强调文字、表格、图形和整个页面。这些设置可以对文档起到一定的美化作用。

单击"开始"选项卡"段落"组中"边框"的下拉按钮，在下拉菜单中选择"边框和底纹"，打开"边框和底纹"对话框。对话框中各选项卡的说明如下。

① 边框：对选定的文字或段落添加边框，有样式、颜色、宽度可供选择。

② 页面边框：主要针对整篇文档页面进行设置。选项和"边框"选项卡的选项相同，只是增加了"艺术型"选项。

③ 底纹：对选定的文字或段落添加底纹。"填充"项用于设置底纹颜色；"图案"中的"样式"项用于设置底纹内填充点的密度或图案，"颜色"项用于设置底纹内填充点或图案的颜色。

6. 中文版式

"开始"选项卡"段落"组中的"中文版式"选项提供了对中文内容的特殊处理，如纵横混排、合并字符、双行合一、调整宽度、字符缩放。

① 纵横混排：指文字向左旋转90°进行展示，以使其具有特殊的显示效果。

② 合并字符：指多个字符被合并成一个整体同时显示在一行中。合并的字符数最多

为 6 个，可被放在行中的任意位置。

③ 双行合一：输入的文字显示为长度相等的上下两列，其高度与一行正文相同。双行合一的前面不能进行正常字符的编辑，否则编辑的内容会进入双行合一状态，只能在双行合一的后面编辑正常字符。

④ 调整宽度：可调整字符之间的距离。选中文本后选择"调整宽度"命令，打开"调整宽度"对话框。在该对话框中根据实际需要输入相应的调整字符即可。

⑤ 字符缩放：主要用于调整字符大小。

3.3.3 模板与样式

1. 模板

"模板"是一种特殊的文件，使用它可以帮助用户设计有趣或专业的文档文件。通常一个模板包含一个默认的主题和一个默认的样式集。在 Word 2016 中单击"新建空白文档"创建一个空白的文档，就相当于使用 Normal 模板来创建一个新文档。

Word 2016 提供了很多在线模板，用户使用起来非常简单。选择"文件"选项卡的"新建"选项：如果计算机中存在可用文档，则会显示在选项右侧；如果没有可用的模板，可以在"搜索联机模板"框中，输入内容查找线上资源。

2. 样式

"样式"就是将修饰某一类段落的一组参数（包括字体类型、字体大小、字体颜色、对齐方式等），命名为一个特定的段落格式名称。概括地说，样式就是指同一个名称的一组命令或格式的集合。

样式分为"字符样式"和"段落样式"。"字符样式"包含字符的各种格式设置，如颜色、字体、字号、字符间距等等。"段落样式"不仅是一组段落格式的集合，还是字符格式的集合，因为每一个段落都是由若干个字符构成的。

（1）样式的使用

① 选取字符或段落。

② 单击"开始"选项卡"样式"组的 图标，打开"样式"选项窗口。在该窗口中选择需要的样式，如图 3-10 所示。

（2）自定义样式

Word 2016 提供的样式有时不能满足实际需求，用户可以修改现有样式建立新样式。

① 单击"开始"选项卡"样式"组的 图标，打开"样式"选项窗口。在该窗口中单击左下角的"新建样式"图标，打开"根据格式化创建新样式"对话框。

② 在该对话框中，在"名称"栏设置新样式名称，样式基准一般是选择基于"正文"样式，设置后续段落为"正文"，也可以将后续段落设置为其他样式。用户可以根据需要设置"格式"项内容。

3. 格式刷

格式刷可以将已经设置好的格式应用到其他字符或段落中，非常便捷。使用格式刷的操作及相关说明如下。

① 选取已经调整好格式的文字，先单击"格式刷"图标，再到准备调整格式的文字

前拖曳鼠标，在准备调整格式的文字结束处松开鼠标，即可完成设置。

② 单击格式刷后，只可使用一次。要连续使用格式刷，可以双击"格式刷"图标，操作完成后再次单击"格式刷"图标即可。

③ "格式刷"仅能对文字的格式（包括字体及段落设置）进行复制，不能复制文字本身。

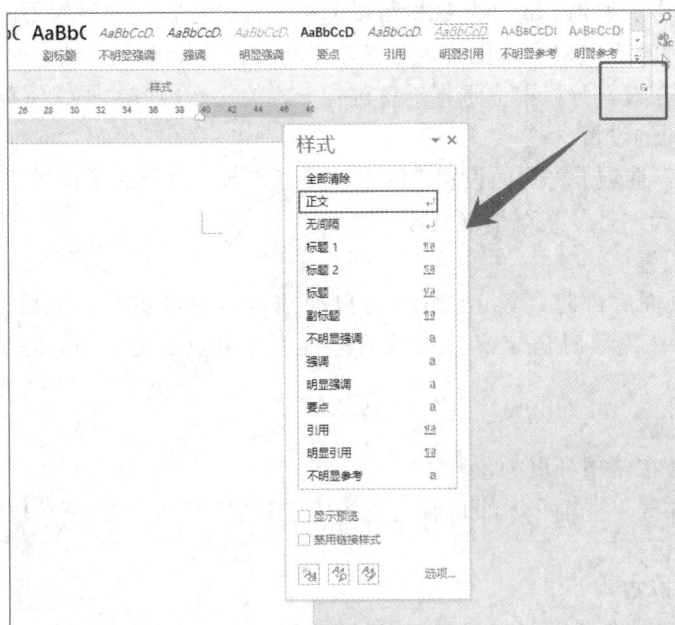

图 3-10 "样式"选项窗口

3.3.4 页面布局

页面布局主要用于设置整个文档页面的外观和输出效果，其中包括页面、分栏、文字方向、分页、页面背景、页眉、页脚、页码、脚注、尾注等多项设置内容。

1．页面的设置

设置页面可以修改文档纸张大小、方向和边距等。操作方法：直接选择"布局"选项卡"页面设置"组中的选项进行设置，或单击"页面设置"组的 图标，打开"页面设置"对话框进行设置。该对话框包括"页边距""纸张""版式""文档网格"4个选项。

① "页边距"选项用于设置文档内容和纸张上下左右边缘的距离，以及装订线位置、纸张方向、页码范围等。

② "纸张"选项用于选择纸张规格，自定义设置纸张大小。

③ "版式"选项用于设置节的起始位置、页眉页脚、页面垂直对齐方式等。

④ "文档网格"选项用于设置每行、每页的字符数，文字排列的方向，网格线是否打印。

2．分栏的设置

设置分栏可以使文档排版更灵活生动，可读性更好。操作方法如下。

① 单击"布局"选项卡"页面设置"组中"分栏"命令的下拉按钮，在下拉菜单中选择需要的分栏选项。在下拉菜单中单击"更多分栏"选项，打开"分栏"对话框，可以

在该对话框中进行更详细的设置。

② 在"分栏"对话框中，直接选择预设，可以设置分栏效果，也可以在"栏数"框内输入希望设置的分栏数，并在"宽度"和"间距"项进行调整。

③ 勾选"分隔线"复选框可以在分栏文字间增加竖线以分隔内容。"栏宽相等"复选框默认为勾选状态，取消勾选该复选框可以为每一部分分栏内容设置不同的宽度。

④ 如果分栏时不选取文本内容，分栏效果将被指定给整个文档。如果要给部分段落指定分栏，需要在设置分栏前先选择准备进行分栏的文本内容，再设置分栏。

3．文字方向的设置

单击"布局"选项卡"页面设置"组中"文字方向"命令的下拉按钮，在下拉菜单中直接选择文字方向，打开其对话框进行设置。

4．分页的设置

文字到达页面底部时，Word 2016 会自动插入一个分页符，把后续文字放到下一页。用户也可以在需要时自定义分页符的位置进行分页。设置和删除分页的操作方法如下。

（1）设置分页

① 把光标放在希望分页的位置。

② 单击"布局"选项卡"页面设置"组中"分隔符"命令的下拉按钮，在下拉菜单中直接选择"分页符"。

（2）删除分页符

将光标移至分页符上，按"Delete"键即可删除。

5．页面背景的设置

页面背景用于修改文档的背景颜色。用户可以将页面背景指定为单一颜色或渐变、纹理、图案、图片等。

设置方法：单击"设计"选项卡"页面背景"组中"页面颜色"命令的下拉按钮，在下拉菜单中直接选择"主题颜色"或"标准色"。用户也可以选择"填充效果"选项，在打开的"填充效果"对话框中设置"渐变""纹理""图案""图片"效果。

6．页眉、页脚和页码的设置

每个页面的顶部区域为页眉，页脚是页面最下方的部分，页码属于页脚的一部分。

页眉和页脚经常包含一些文字或图片信息，内容涉及文件名、日期、文章标题和章节标题等等。用户也可以将页眉、页脚和页码设置为能自动更新的域代码（如日期、页码等）。设置方法如下。

① 单击"插入"选项卡"页眉和页脚"组中"页眉"命令的下拉按钮，从下拉列表中选择需要的页眉格式，进入页眉编辑状态，同时自动打开页眉和页脚工具的设计选项。

② 输入页眉内容，或使用页眉和页脚工具的设计选项插入日期、时间、图片等特殊信息。

③ 选择页眉和页脚工具的设计选项的"导航"组中的"转至页脚"命令，转入页脚编辑；也可以单击"页眉和页脚"组中的"页脚"或"页码"命令进行相关设置。

④ 编辑完毕，选择页眉和页脚工具的设计选项的"关闭"组中的"关闭页眉和页脚"命令，退出页眉页脚的编辑模式。

7．脚注和尾注的设置

脚注是附在文章页面最底端的，对某些内容加以说明的注文。尾注是一种对文本的补充说明，一般位于文档的末尾，可以用于列出引文的出处。

（1）插入脚注

① 单击"引用"选项卡"脚注"组中的"插入脚注"命令，脚注会自动被添加到页面底部。

② 如果需要更多的设置，可以单击"引用"选项卡"脚注"组的图标，打开"脚注和尾注"对话框，设置脚注位置和格式等。

（2）插入尾注

尾注的插入方法和脚注的插入方法相同。

（3）脚注和尾注的转换

① 单击"引用"选项卡"脚注"组的图标，打开"脚注和尾注"对话框。

② 单击"转换"。

③ 在打开的"转换注释"对话框中，选择需要的转换方式，单击"确定"。

3.4　编辑 Word 表格

表格被广泛应用在通信交流、科学研究以及数据分析活动中。

处理表格是 Word 2016 的基本功能之一，相对于后面要学习的 Excel，Word 中的表格更加简单且操作便捷，相当于 Excel 的简略版。表格主要是文档中的附表，或是文档中列出的清单。

在 Word 2016 中，表格由一行或多行单元格组成。单元格是组成表格的最小单位，用户可对其进行拆分或者合并。数据的输入和修改都是在单元格中进行的。

3.4.1　创建表格

Word 2016 提供了"鼠标拖曳""插入表格""绘制表格""文本转换成表格""快速表格"等创建表格的方式。

1．鼠标拖曳

① 移动光标确定表格要插入的位置。

② 单击"插入"选项卡"表格"组中"表格"命令的下拉按钮，在下拉菜单的示意表格中移动鼠标，确定表格的行列数，确定后单击即可插入。

2．插入表格

插入表格的操作如下。

① 移动光标确定表格插入的位置。

② 单击"插入"选项卡"表格"组中"表格"命令的下拉按钮，在下拉菜单中选择

"插入表格"选项，打开"插入表格"对话框。

③ 在该对话框中输入需要的行列数，单击"确定"。

3．绘制表格

绘制表格提供了"绘制表格"和"橡皮擦"工具，用户拖曳鼠标可以手动绘制直线、斜线，也可以擦除不需要的表格线。操作方法如下。

① 单击"插入"选项卡"表格"组中"表格"命令的下拉按钮，在下拉菜单中选择"绘制表格"选项，在需要插入表格的位置拖曳鼠标，自动进入"表格工具"的"布局"选项卡。

② 利用"绘图"组中的"绘制表格"和"橡皮擦"命令绘制表格。

4．文本转换成表格

由于"文本转换成表格"是根据特定的标记符号转换文本，所以需要先在"开始"选项卡"段落"组中单击"显示/隐藏编辑标记"按钮，以便查看隐藏的符号。

Word 依据"回车符"来划分表格的行，依据"逗号、空格、制表符或自定义符号"来划分表格的列，用户可以根据实际情况选择。文本转换成表格的操作方法如下。

① 编辑要转换成表格的文本，添加回车符、逗号、制表符等划分行列。

② 单击"插入"选项卡"表格"组中"表格"命令的下拉按钮，在下拉菜单中选择"文本转换成表格"选项。

③ 在弹出的"将文字转换成表格"对话框中，在"文字分隔位置"复选框中选择需要使用的分隔符，如果文本编辑正确，Word 2016 会自动识别出表格的行列数并将其显示在表格尺寸栏，确认无误后单击"确定"按钮。

5．快速表格

使用"快速表格"的操作如下。

（1）使用快速表格插入表格

① 移动光标确定插入表格的位置。

② 单击"插入"选项卡的"表格"组中"表格"命令的下拉按钮，在下拉菜单中选择"快速表格"选项，在显示的列表中选择需要的表格样式。

（2）将表格添加到"快速表格"库

① 选择要添加的表格。

② 在"插入"选项卡的"表格"组中，在"表格"下拉菜单中选择"快速表格"中的"将所选内容保存到快速表格库"命令。

③ 在打开的"新建构建基块"对话框中补充信息，单击"确定"按钮。

3.4.2 表格内容的输入

在表格中输入内容的操作与文本的输入操作一样。表格中光标的移动方式如下。

• 按"Tab"键可以把光标移动到后一个单元格。

• 使用"Shift+Tab"组合键可以控制光标向前一个单元格移动。

• 在任意单元格中单击，可以定位光标。

• 当光标位于最后一个单元格时，按"Tab"键可以在表下方自动添加一行。

3.4.3　编辑表格

表格的编辑包括表格对象的插入、删除、合并、拆分、设置属性、设置行高列宽等，以及对表格中数据的移动、复制和删除等操作。

表格的操作要遵循"先选择、后操作"的原则，需要编辑的表格被选择后，会自动出现"表格工具"栏以及其下包含的"设计""布局"两个选项卡。

1．表格对象的选择

掌握表格对象的选择技巧，可以快速选取目标，提高工作效率。

（1）选择行

① 选择一行。将光标放到表格左侧空白处，此时光标变为向右上方的空心箭头，单击即可选择一行，如图 3-11 所示。或将光标定位在要选择行的某个单元格中，单击"表格工具"栏"布局"选项卡"表"组中的"选择"，在弹出的菜单中选择"选择行"命令即可选择一行。

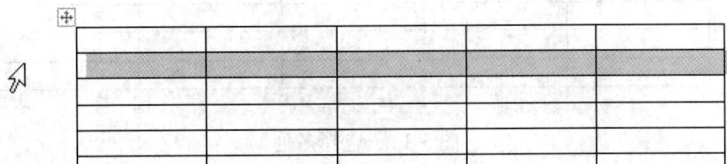

图 3-11　选择一行

② 选择多行。将光标放到表格左侧空白处，按住鼠标左键向上或向下拖曳，可选择多行，如图 3-12 所示。

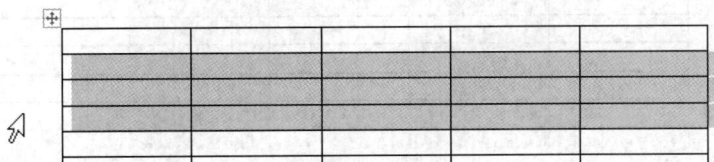

图 3-12　选择多行

③ 选择不连续的多行。按住"Ctrl"键，在表格需要选择行的左侧空白处依次单击即可选择不连续的多行，如图 3-13 所示。

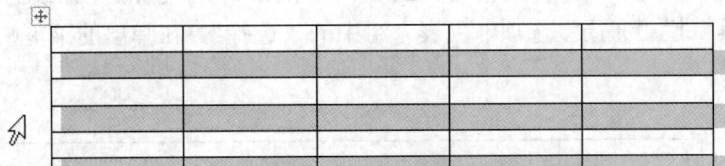

图 3-13　选择不连续的多行

（2）选择列

① 选择一列。将光标放到某列的上方，此时光标变为向下的实心箭头，单击即可

选择一列，如图 3-14 所示。或将光标定位在要选择列的某个单元格中，单击"表格工具"栏"布局"选项卡"表"组中的"选择"按钮，在弹出的菜单中选择"选择列"命令即可选择一列。

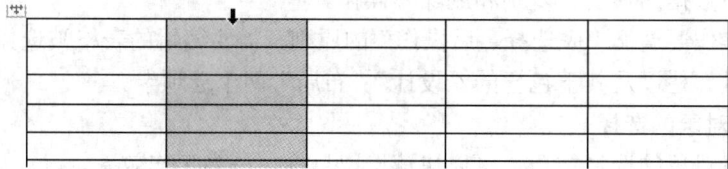

图 3-14　选择一列

② 选择多列。将光标放到某列的上方，按住鼠标左键向左或向右拖曳，可选择多列，如图 3-15 所示。

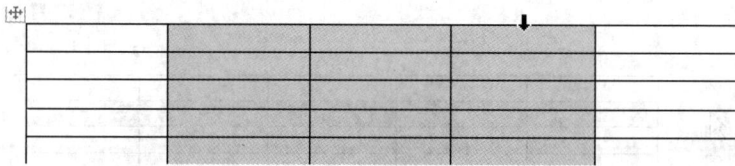

图 3-15　选择多列

③ 选择不连续的多列。将光标放到某列的上方，当光标变为向下的实心箭头时，按住"Ctrl"键，在需要选择的列的上方依次单击即可选择不连续的多列，如图 3-16 所示。

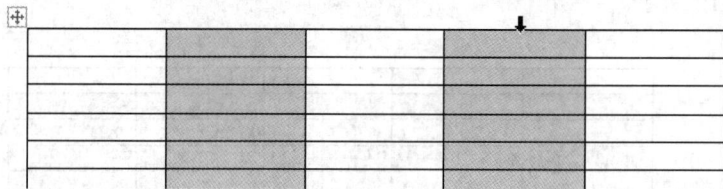

图 3-16　选择不连续的多列

（3）选择单元格

① 选择一个单元格。将光标放到单元格的左侧边缘处，此时光标变为向右上方的实心箭头，单击即可选择一个单元格，如图 3-17 所示。或将光标定位在某个单元格中，单击"表格工具"栏"布局"选项卡"表"组中的"选择"，在弹出的菜单中选择"选择单元格"命令。

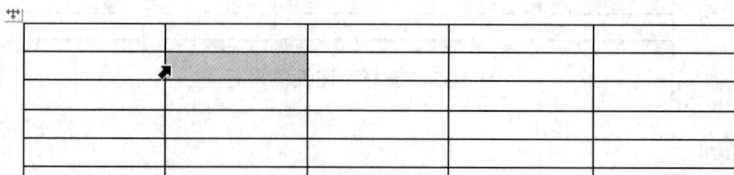

图 3-17　选择一个单元格

② 选择多个单元格。单击某个单元格，然后按住鼠标左键向上、下、左、右拖曳，可选择多个单元格，如图 3-18 所示。

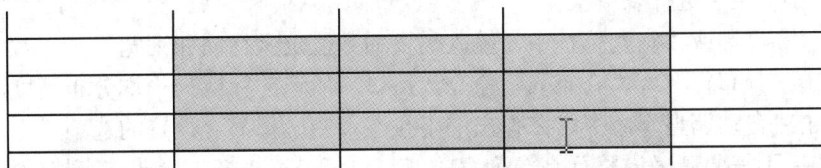

图 3-18　选择多个单元格

③ 选择多个不连续的单元格。先选择一个单元格，再按住"Ctrl"键依次选择其他单元格即可选择多个不连续的单元格，如图 3-19 所示。

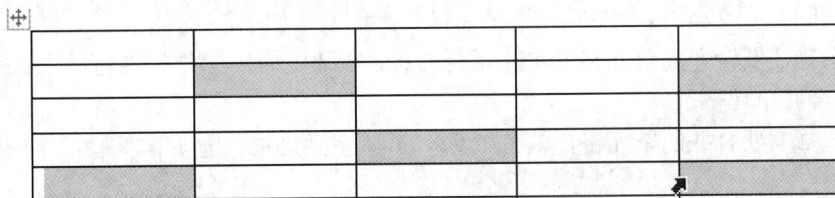

图 3-19　选择多个不连续的单元格

（4）选择整个表格

• 把光标移动到表格的左上角，单击表格左上角的"✛"标记，或在单元格中单击并拖曳鼠标至右下角也可快速选择整个表格，如图 3-20 所示。

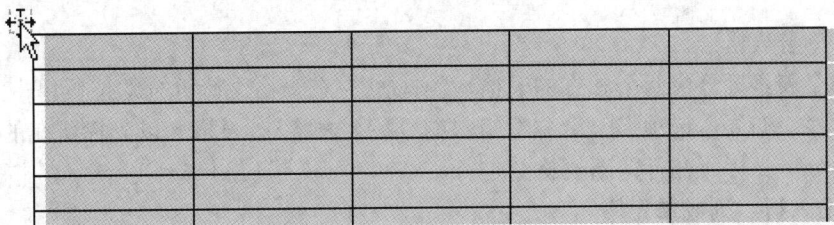

图 3-20　选择整个表格

• 将光标定位到单元格中，单击"表格工具"栏"布局"选项卡"表"组中的"选择"，在弹出的菜单中选择"选择表格"命令即可选择整个表格。

2．调整行高、列宽

行高、列宽的设置也要遵循"先选择、后操作"的原则，首先选取要调整的行或列，然后按照以下方法进行调整。

① 在需要调整的行或列中单击鼠标右键，在弹出的快捷菜单中选择"表格属性"命令，打开"表格属性"对话框。或在"表格工具"栏"布局"选项卡中，单击"单元格大小"组的▫图标，打开"表格属性"对话框。

• 选择"行"选项卡，勾选"指定高度"复选框，在其中可以设置行高参数。

- 选择"列"选项卡，勾选"指定宽度"复选框，在其中可以设置列宽参数。

② 在需要调整的行或列中单击以定位光标，在"表格工具"栏"布局"选项卡中的"单元格大小"组中进行以下操作。

- 在"高度"或"宽度"栏中，输入需要的数值定义行高和列宽。
- 单击"分布行"或"分布列"命令，可以对所选的行或列平均分布高度或宽度。
- 单击"自动调整"命令，在弹出的下拉菜单中选择需要设置的选项。

③ 如果不需要精确调整行高、列宽的值，也可以直接把光标放在表格的横线或竖线上，当光标变成上下相对的两个小箭头时，单击鼠标左键拖曳进行调节。

3. 合并和拆分

合并和拆分的操作如下。

（1）合并单元格

把相邻的多个单元格合并成一个单元格，操作方法如下。

① 选择需要合并的单元格并单击鼠标右键，在弹出的快捷菜单中选择"合并单元格"命令即可合并单元格。

② 选择需要合并的单元格，单击"表格工具"栏"布局"选项卡"合并"组中的"合并单元格"。

（2）拆分单元格

把一个单元格拆分成多个单元格，操作方法如下。

① 选择需要拆分的单元格并单击鼠标右键，在弹出的快捷菜单中选择"拆分单元格"命令。

② 选择需要拆分的单元格，单击"表格工具"栏"布局"选项卡"合并"组中的"拆分单元格"。

（3）拆分表格

把一个表格拆分成两个独立的表格，操作方法：在表格中待拆分的位置单击，单击"表格工具"栏"布局"选项卡"合并"组中的"拆分表格"。表格会以光标所在的这一行作为基准拆分，光标所在行即新表格的首行。

4. 插入行、列或单元格

插入行、列或单元格的操作如下。

（1）插入行

① 插入一行，有以下几种方法。

- 在表格的任意单元格中单击，定位光标。单击鼠标右键，在弹出的快捷菜单中选择"插入"选项，用户可以根据需要选择"在上方插入行"或"在下方插入行"子选项，在光标所在行的上方或下方插入一个空行。
- 在表格的任意单元格中单击，定位光标。单击"表格工具"栏"布局"选项卡"行和列"组中的"在上方插入"或"在下方插入"，在光标所在行的上方或下方插入一个空行。
- 把光标移动到表格右侧边缘的段落标记处单击，定位光标。在段落标记前，按"Enter"键，每按一次就插入一行，如图 3-21 所示。

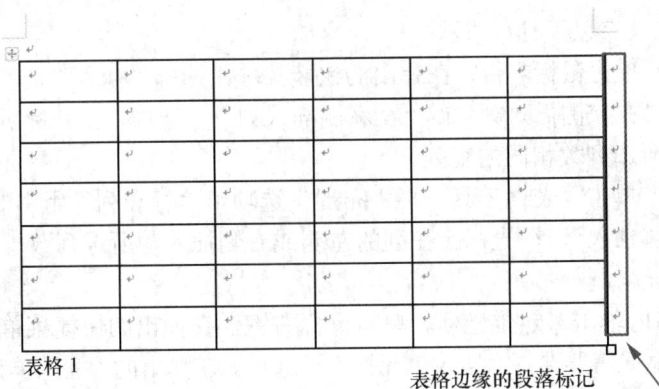

图 3-21 使用段落标记插入行

- 将光标移动到表格横线的左边，当出现带圆圈加号的图标时，单击图标即可插入新行，如图 3-22 所示。

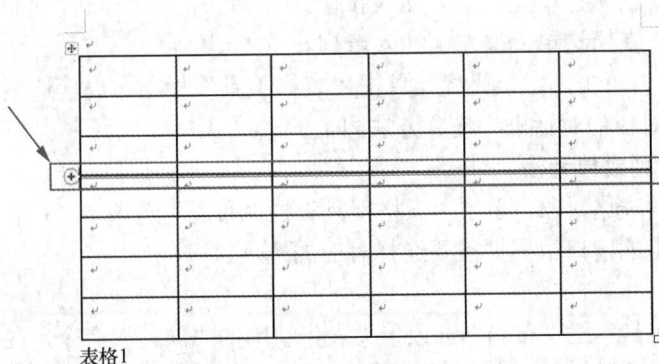

图 3-22 单击图标插入行

② 插入多行，有以下几种方法。

- 选定多行，单击鼠标右键，在弹出的快捷菜单中选择"插入"选项，用户可以根据需要选择"在上方插入行"或"在下方插入行"子选项，在光标所在行的上方或下方插入与所选行数相同的空行。
- 选定多行，单击"表格工具"栏"布局"选项卡"行和列"组中的"在上方插入"或"在下方插入"，在光标所在行的上方或下方插入与所选行数相同的空行。

（2）插入列

① 插入一列，有以下几种方法。

- 在表格的任意单元格中单击，定位光标。单击鼠标右键，在弹出的快捷菜单中选择"插入"选项，用户可以根据需要选择"在左侧插入列"或"在右侧插入列"子选项，在光标所在列的左侧或右侧插入一个空列。
- 在表格的任意单元格中单击，定位光标。单击"表格工具"栏"布局"选项卡"行和列"组中的"在左侧插入"或"在右侧插入"，在光标所在列的左侧或右侧插入一个空列。

② 插入多列，有以下几种方法。

- 选定多列，单击鼠标右键，在弹出的快捷菜单中选择"插入"选项，用户可以根据需要选择"在左侧插入列"或"在右侧插入列"子选项，在光标所在列的左侧或右侧插入与所选列数相同的空列。
- 选定多列，单击"表格工具"栏"布局"选项卡"行和列"组中的"在左侧插入"或"在右侧插入"，在光标所在列的左侧或右侧插入与所选列数相同的空列。

（3）插入单元格

① 在单元格内单击，定位光标。单击鼠标右键，在弹出的快捷菜单中选择"插入"选项，用户可以根据需要选择"插入单元格"子选项。在弹出的"插入单元格"对话框中，选择需要的选项并单击"确定"。

"插入单元格"对话框中各选项的说明如下。

- 活动单元格右移：在所选单元格左边插入新的单元格，原有单元格向右方移动。
- 活动单元格下移：在所选单元格上方插入新的单元格，原有单元格向下方移动。
- 整行插入：在所选单元格上方插入新行。
- 整列插入：在所选单元格左侧插入新列。

② 在单元格内单击，定位光标。单击"表格工具"栏"布局"选项卡"行和列"组的 ⌐ 图标，打开对应的对话框，设置方法同上。

5. 删除行、列或单元格

选择要删除的表格对象，单击"表格工具"栏"布局"选项卡"行和列"组中的"删除"命令，在弹出的窗口中根据需要选择对应的选项。

6. 表格属性

单击"表格工具"栏"布局"选项卡"表"组中的"属性"命令，在弹出的"表格属性"对话框中进行设置。设置内容包括表格尺寸、对齐方式、文字环绕方式、行尺寸、列尺寸、单元格大小等。

3.4.4 美化表格

1. 表格内容的格式

表格内容的格式设置方法和 Word 文档的字符格式设置方法相同，此处不再赘述。

2. 表格对齐

表格对齐是指表格整体在页面中的对齐方式，操作方法和文本段落的对齐方法相同，此处不再赘述。单元格内数据的对齐是指数据在单元格内的对齐方式，其中包括 9 种对齐方式。操作步骤如下。

① 选定要对齐的单元格。

② 单击"表格工具"栏"布局"选项卡"对齐方式"组中的对齐方式。

3. 表格边框和底纹的设置

表格边框和底纹的设置步骤如下。

（1）设置边框

① 选择表格或要编辑的区域。

② 单击"表格工具"栏"设计"选项卡"边框"组中"边框"命令的下拉按钮，在下拉菜单中选择"边框和底纹"选项。

③ 在弹出的"边框和底纹"对话框中选择"边框"选项卡。

④ 在"样式"选项栏中选择线型，在"颜色"选项栏中选择边框颜色，在"宽度"选项栏中选择线宽。

⑤ 在"设置"或"预览"栏中分别设置边框的位置或布置方式。

⑥ 设置完毕单击"确定"。

（2）设置底纹

① 选择表格或要编辑的区域。

② 单击"表格工具"栏"设计"选项卡"边框"组中"边框"命令的下拉按钮，在下拉菜单中选择"边框和底纹"选项。

③ 在弹出的"边框和底纹"对话框中选择"底纹"选项卡。

④ 在"填充"选项栏中选择需要填充的颜色，在"图案"选项栏的"样式"中选择需要填充的图案。

⑤ 设置完毕单击"确定"。

4．自动套用格式

Word 2016 提供了 105 种预设的表格样式，这些样式包括边框、底纹字体、颜色等。操作方法：单击"表格工具"栏"设计"选项卡"表格样式"组中的样式列表，在下拉菜单中选择需要的样式。

3.4.5　表格数据的计算与管理

1．表格的计算

在 Word 2016 中表格单元格的命名规则和 Excel 中的命名规则相同，即列命名使用英文字母"A、B、C…"，行命名使用阿拉伯数字"1、2、3…"，如 A2 表示第一列第二行单元格。对表格进行计算的操作如下。

① 在放置结果的单元格中单击。

② 单击"表格工具"栏"布局"选项卡"数据"组中的"公式"命令，在弹出的"公式"对话框的"公式"栏中会默认显示"求和"（SUM）公式。

③ 在 SUM 后面的括号中可以输入求和的单元格范围，例如"=SUM (A1:A3)"，表示对 A1 到 A3 单元格范围内的数据进行求和。

④ 用户也可以根据需要选择"粘贴函数"栏中的其他函数公式。

⑤ 设置完毕单击"确定"。

2．表格的排序

Word 2016 提供了将表格内容按照字母、数字或日期升序、降序的功能。对表格排序的操作如下。

① 单击"表格工具"栏"布局"选项卡"数据"组中的"排序"按钮，打开"排序"对话框。

② 在该对话框中设置关键字，并选择排序类型（笔画、数字、日期、拼音）。

③ 在该对话框中选择升序或降序。

3. 把表格转换成图表

在 Word 2016 中，用户可以把表格的全部或部分数据转换成图表，以便更形象地展示数据内容。把表格转换成图表的操作如下。

① 在希望插入图表的位置单击。

② 单击"插入"选项卡"插图"组中的"图表"命令，打开"插入图表"对话框，选择需要的图表类型，并单击"确定"。

③ 在出现的 Excel 窗口中将示例数据修改为表格中的真实数据。

3.5 图文混编

3.5.1 插入元素

1. 插入图片

插入图片的操作如下。

① 在准备插入图片的位置单击。

② 单击"插入"选项卡"插图"组中的"图片"命令，打开"插入图片"对话框。

③ 选择要插入的图片文件，单击"插入"。

④ 插入图片后，用户可以利用自动出现的图片工具"格式"选项卡中的选项对图片进行编辑。

2. 插入形状

插入形状的操作如下。

① 在准备插入形状的位置单击。

② 单击"插入"选项卡"插图"组中"形状"命令的下拉按钮，在下拉菜单中选择需要的图形。

③ 在插入形状的位置按住鼠标左键并拖曳，将图形调整到合适的大小后松开鼠标左键确定插入。在拖曳鼠标的同时按住 Shift 键，可以保证图形被等比例缩放。

④ 插入形状后，用户可以利用自动出现的绘图工具"格式"选项卡中的选项对形状进行编辑。

3. 插入屏幕截图

插入屏幕截图的操作如下。

① 在准备插入屏幕截图的位置单击。

② 单击"插入"选项卡"插图"组中"屏幕截图"命令的下拉按钮，在下拉菜单中选择"可用的视窗"或"屏幕剪辑"选项。

- 可用的视窗。在"可用的视窗"选项下，打开的程序窗口均被显示为缩略图，单击即可插入整个程序窗口。

- 屏幕剪辑。使用"屏幕剪辑"可以通过按住鼠标左键并拖曳的方式选择部分窗口。

选择"屏幕剪辑"时，当屏幕变得不透明且指针变成"十"字形时，按住鼠标左键并拖曳可以选定要捕获的屏幕部分。这种截图方式只能用于捕获未被最小化到任务栏的窗口。如果打开了多个窗口，首先需要单击待捕获的窗口，然后开始屏幕截图。

③ 插入截图后，用户可以利用自动出现的图片工具"格式"选项卡中的选项对截图进行编辑。

4．插入艺术字

插入艺术字的操作如下。

① 在准备插入艺术字的位置单击。

② 单击"插入"选项卡"文本"组中"艺术字"命令的下拉按钮，在下拉菜单中单击需要添加的艺术字样式。

③ 在"请在此放置您的文字"框中输入需要的文字。

④ 插入艺术字后，用户可以利用自动出现的绘图工具"格式"选项卡中的选项对艺术字进行编辑。

5．插入文本框

插入文本框的操作如下。

① 在准备插入文本框的位置单击。

② 单击"插入"选项卡"文本"组中"文本框"命令的下拉按钮，在下拉菜单中单击一个预设格式的文本框。

③ 用户也可以从下拉菜单中选择其他文本框或绘制文本框。

- 用户可以横排或竖排文本框中的文字，如果要竖排文字，可以选"绘制竖排文本框"。
- 使用"绘制文本框"，需要先在文档中单击，再拖曳鼠标以绘制文本框的大小。若要添加文本，在文本框中选择，然后输入或粘贴文本。

④ 插入文本框后，用户可以利用绘图工具"格式"选项卡中的选项对文本框进行编辑。（注意：在编辑文本框时，请确保鼠标指针悬停在文本框的边框上，而不是在文本框内。如果鼠标指针位于文本框内，编辑的对象将是文本框内的文本，而不是文本框。）

6．插入公式

插入公式的操作如下。

① 在准备插入公式的位置单击。

② 单击"插入"选项卡"符号"组中"公式"命令的下拉按钮，在下拉菜单中单击需要插入的公式。或者在下拉菜单中选择"插入新公式"选项，在插入文档的"在此处键入公式。"框中，利用自动显示的公式工具"设计"选项卡中的各组工具编辑公式内容。

7．插入 SmartArt 图形

用户可以使用 SmartArt 图形创建各种图形图表，从而快速、轻松、有效地传达信息。

（1）插入 SmartArt 图形

① 在准备插入 SmartArt 图形的位置单击。

② 单击"插入"选项卡"插图"组中的"SmartArt"命令，打开"选择 SmartArt 图形"对话框。

③ 在"选择 SmartArt 图形"对话框中，单击所需的类型和布局，单击"确定"。

④ 在 SmartArt 工具的"设计"选项卡中，单击"创建图形"组中的"文本窗格"，在弹出的窗格中单击"文本"，输入文本。

（2）在 SmartArt 图形中添加或删除形状

① 单击待添加另一个形状的 SmartArt 图形。

② 在自动显示 SmartArt 工具的"设计"选项卡中，单击"创建图形"组"添加形状"的下拉按钮。（如果没有出现 SmartArt 工具或"设计"选项卡，那么请确保选中了 SmartArt 图形，此时需要双击 SmartArt 图形才能打开"设计"选项卡。）

③ 根据需求单击"在后面添加形状"或"在前面添加形状"。

（3）更改整个 SmartArt 图形的颜色

① 单击 SmartArt 图形。

② 在 SmartArt 工具的"设计"选项卡中，单击"SmartArt 样式"组中的"更改颜色"。

（4）将 SmartArt 样式应用于 SmartArt 图形

① 单击 SmartArt 图形。

② 在 SmartArt 工具"设计"选项卡的"SmartArt 样式"组中，单击所需的 SmartArt 样式。

3.5.2 编辑图片

在日常编辑文档中，我们经常需要将图片排版到文档中。Word 2016 提供了对图片文件的简单编辑和美化功能，完全能够满足用户日常编辑文档的需要。

1．图片的选取

单击图片后，图片周围会显示 8 个句柄，图片上方会显示圆弧形空心箭头。

2．图片的裁剪

裁剪图片有以下几种方法。

（1）使用调节手柄裁剪

① 选择图片。

② 选择图片工具的"格式"选项卡，在"大小"组中单击"裁剪"图标。

③ 拖动侧面或角落的手柄，随意裁剪图片。

④ 单击"裁剪"图标。

（2）使用"裁剪为形状"选项裁剪

① 选择图片。

② 选择图片工具的"格式"选项卡，在"大小"组中单击"裁剪"的下拉按钮。

③ 选择"裁剪为形状"选项，在显示的形状库中选择需要的形状。

3．删除图片背景

删除图片背景的操作如下。

① 选择要删除背景的图片。

② 选择图片工具的"格式"选项卡，在"调整"组中单击"删除背景"。

③ 选择框线上的一个控点，然后拖曳鼠标以确定要保留的图片部分。对于较为复杂的图片，用户很难准确删除背景，需要手动进行以下修改。

- 如果不希望自动删除图片的哪些部分，请选择"标记要保留的区域"选项。
- 如果除自动标记的部分外，还希望删除图片的哪些部分，请选择"标记要删除的区域"选项。

④ 完成后，选择"保留更改"或"放弃所有更改"选项。

4．调整图片大小

调整图片大小的操作方法如下。

① 单击图片后，图片周围会显示 8 个句柄。拖动任一边或任一角上的手柄即可调整图片大小，这种调整适用于对尺寸要求不太精细的调整。

② 如果要更精确地调整图片的大小，可以直接在图片工具"格式"选项卡的"大小"组中进行调整。或者单击"大小"组的 图标，打开"布局"对话框，在对话框中不仅可以直接输入尺寸，也可以按照百分比进行缩放。

5．旋转图片

旋转图片的操作方法如下。

① 单击图片后，图片上方会显示圆弧形空心箭头，按所需方向拖动旋转手柄旋转图片即可。

② 单击"大小"组的 图标，打开"布局"对话框，在对话框中输入旋转角度直接进行设置。

6．设置图片边框和图片样式

设置图片边框和图片样式的操作方法如下。

（1）设置图片边框

① 选择图片。

② 选择图片工具的"格式"选项卡，在"图片样式"组中单击"图片边框"的下拉按钮。

③ 在下拉菜单中设置边框的颜色、粗细和线型。

（2）设置图片样式

① 选择图片。

② 选择图片工具的"格式"选项卡，在"图片样式"组中单击样式库的下拉按钮。

③ 在下拉选项中选择需要的样式。

7．设置图片更正、颜色和艺术效果

设置图片更正、颜色和艺术效果的操作方法如下。

（1）设置图片更正

① 选择图片。

② 选择图片工具的"格式"选项卡，在"调整"组中单击"更正"的下拉按钮。

③ 在弹出的下拉菜单中选择锐化/柔化、亮度/对比度样式。

（2）设置图片的颜色

① 选择图片。

② 选择图片工具的"格式"选项卡，在"调整"组中单击"颜色"的下拉按钮。

③ 在弹出的下拉菜单中选择颜色饱和度、色调和重新着色等样式，用户还可以设置透明度。

（3）设置图片的艺术效果

① 选择图片。

② 选择图片工具的"格式"选项卡，在"调整"组中单击"艺术效果"的下拉按钮。

③ 在弹出的对话框中选择需要的效果。

3.5.3 图文混排

图文混排主要用于设置文字在图片周围的环绕方式、叠放方式，图片的组合方式。

1. 文字环绕

① 选择图片。

② 选择图片工具的"格式"选项卡，在"排列"组中单击"环绕文字"的下拉按钮。

③ 在弹出的下拉菜单中选择需要的布局效果。布局效果包括以下几种。

- 嵌入型。
- 四周型。
- 紧密型环绕。
- 穿越型环绕。
- 上下型环绕。
- 衬于文字下方。
- 浮于文字上方。

2. 设置叠放次序

当文档中存在多张图片时，用户可以设置图片的前后次序。操作步骤如下。

① 选择图片。

② 选择图片工具的"格式"选项卡，在"排列"组中单击"上移一层"或"下移一层"。

3. 图片组合

当文档中存在多张图片时，用户可以通过组合图片的方式来操作。需要编辑单张图片时，再取消组合。

① 确保图片的"环绕文字"的方式不是"嵌入型"，按住"Shift"键的同时勾选两张或两张以上图片。

② 选择图片工具的"格式"选项卡，在"排列"组中单击"组合"的下拉按钮，选择"组合"子选项，完成图片的组合。

③ 再次单击"组合"的下拉按钮，选择"取消组合"选项，即可取消图片的组合。

3.5.4 设置水印

1. 插入预设水印

插入预设水印的操作如下。

① 选择"设计"选项卡，在"页面背景"组中单击"水印"的下拉按钮。

② 选择预配置的水印，如"草稿"或"机密"等。

2．插入自定义水印

插入自定义水印的操作如下。

（1）插入图片水印

① 选择"设计"选项卡，在"页面背景"组中单击"水印"的下拉按钮。

② 选择"自定义水印"选项。

③ 在弹出的"水印"对话框中勾选"图片水印"选项，单击"选择图片"，选择想要插入的图片。

④ 单击"确定"完成操作。

（2）插入文字水印

① 选择"设计"选项卡，在"页面背景"组中单击"水印"的下拉按钮。

② 选择"自定义水印"选项。

③ 在弹出的"水印"对话框中勾选"文字水印"选项，在"文字"栏中输入想要作为水印的文字，设置字体、字号、颜色等。

④ 单击"确定"完成操作。

3．删除水印

① 选择"设计"选项卡，在"页面背景"组中单击"水印"的下拉按钮。

② 选择"删除水印"选项完成操作。

3.6　Word 2016 的高级功能

3.6.1　保护文档

保护文档可以通过设置密码和限制编辑两种方式来实现。

1．使用设置密码保护文档

① 选择"文件"选项卡。

② 单击"信息"选项"保护文档"的下拉按钮，在弹出的下拉菜单中选择"用密码进行加密"选项。

③ 在弹出的"加密文档"对话框中输入密码，并再次输入密码进行确认。

④ 保存文件以确保密码生效。

2．使用限制编辑保护文档

① 选择"文件"选项卡。

② 单击"信息"选项"保护文档"的下拉按钮，在弹出的下拉菜单中选择"限制编辑"选项，打开"限制编辑"对话框。

③ 勾选"格式设置限制"下的复选框，以限定文档中的样式，防止别人更改文档中的样式。单击复选框下面的"设置"选项，可以打开"格式设置限制"对话框，对格式设置限制。

④ 在"限制编辑"对话框中，勾选"编辑限制"下的复选框，并在复选框下面的下

拉框中对编辑进行设置，其中主要包括修订、批注、填写窗体和不允许任何更改。（例如设置批注后，别人对该文档只能进行批注，而不能更改文本内容。）

⑤ 在"限制编辑"对话框中，设置"例外项"，可以针对每个人提出不同的限制，为文档添加不同的用户限制。

⑥ 在"限制编辑"对话框中，选择"是，启动强制保护"，可以在弹出的对话框中设置文件打开的密码。设置文件的打开密码后，只有知道密码的人才能对文件进行编辑。

3.6.2　编制目录

有时候由于文档页数较多，我们需要添加一个目录以便于查看文档的梗概。要给一个文档编制目录，需要这个文档层次清晰。各级标题需要按照 Word 要求的标题格式进行设置。

1．格式化文档

① 选中文档中一级标题的文字，在"开始"选项卡"样式"组中将其格式设置成"标题 1"，同理将文档中其他一级标题的文字也设置成"标题 1"。

② 选中文档中二级标题的文字，在"开始"选项卡"样式"组中将该文字格式设置成"标题 2"，同理将文档中所有的二级标题均设置成"标题 2"。

③ 选中文档中三级标题的文字，在"开始"选项卡"样式"组中将该文字格式设置成"标题 3"，同理将文档中所有的三级标题均设置成"标题 3"。

2．编制自动目录

单击"引用"选项卡"目录"组中"目录"的下拉按钮，在弹出的下拉菜单中选择一种目录样式即可。

3．编制自定义目录

① 单击"引用"选项卡"目录"组中"目录"的下拉按钮，在弹出的下拉菜单中选择"自定义目录"选项，打开"目录"对话框。

② 如果三级目录不是"标题 1""标题 2""标题 3"的次序，必须在"目录"对话框中先单击"选项"，在打开的"目录选项"对话框中选择不同级的标题。

3.6.3　合并邮件

有时我们处理的邮件内容大部分相同，只是有些具体数据发生变化。在填写大量这类邮件时，我们只要修改少数相关内容，就可以灵活运用 Word 邮件合并功能。该功能不仅操作简单快捷，而且可以用于设置各种邮件格式，满足用户的各种需求。

首先建立两个文档：一个是包括所有文件共有内容的主文档（如未填写的信封等），另一个是包括变化信息的数据源文件[通常是 Excel 文件（用于填写收件人、发件人、邮编等信息）]；然后使用邮件合并功能在主文档中插入数据源文件，用户可以将合并后的文件保存为新的文档打印出来或以邮件的形式发出去。合并邮件的具体操作步骤如下。

① 准备好需要合并的邮件（即主文档和数据源文件）。

② 单击"邮件"选项卡"开始邮件合并"组中"开始邮件合并"的下拉按钮，在弹出的下拉菜单中选择"邮件合并分步向导"选项。

③ 在弹出的对话框中依次单击"下一步：开始文档""下一步：选择收件人""下一

步：撰写信函"，将弹出"选取数据源"对话框。

④ 打开数据源文件，弹出"邮件合并收件人"对话框，选择需要的内容，单击"确定"。

⑤ 把光标放到需要插入变量的位置，在"编写和插入域"组中单击"插入合并域"。在弹出的菜单中，选择要在主文档中插入的合并域内容。

⑥ 在功能区"完成"组中单击"完成并合并"，在弹出的下拉菜单中选择需要的选项。系统会将数据源文件中的可变数据和主文档中的共有文本合并，生成一个合并文档。如果选择生成文档，则可以保存生成的合并文档。

习　题

操作题

1．设置字符的实例练习。打开"Word 2016 文档排版实例练习文字材料.docx"文档，并完成以下练习。

（1）设置标题"关于 59 国人员入境旅游免签政策注意事项的通告 Notice About Visa Free Policy for 59 Countries"的字体为黑体，字号为三号；设置字体颜色为红色；文本效果为阴影–外部–右下偏移，发光–发光变体–金色，发光属性为 8 磅。

（2）设置标题中文部分"关于 59 国人员入境旅游免签政策注意事项的通告"的字符间距为加宽、1.2 磅。

（3）设置标题英文部分"Notice About Visa Free Policy for 59 Countries"为全部大写、全角。

（4）设置正文"为用好用足我省 59 国免签政策……Visa Free Information."，中文字体为宋体、加粗、四号，英文字体为 Arial、倾斜、四号。

（5）为正文中的"新加坡……俄罗斯 7 国"添加拼音；添加粗下画线，下画线颜色为红色。

（6）保存文档，并自定义文档名。

完成后的文档效果如图 3-23 和图 3-24 所示。

2．设置段落的实例练习。打开"Word 2016 字符设置实例练习效果.docx"文档，完成以下练习。

（1）设置标题"关于 59 国人员入境旅游免签政策注意事项的通告 NOTICE ABOUT VISA FREE POLICY FOR 59 COUNTRIES"居中对齐。

（2）设置正文"为用好用足我省 59 国免签政策……Visa Free Information."中的所有中文段落为首行缩进 2 字符，所有英文段落为悬挂缩进 2 字符。

（3）设置正文"为用好用足我省 59 国免签政策……Visa Free Information."的行间距为 1.25 倍，段前间距为 0.5 行，段后间距为 0.5 行，右侧缩进 1 字符。

（4）设置正文第一段"为用好用足我省 59 国免签政策……注意事项通告如下："第一行首字下沉，下沉行数为 2，距离正文 0.5 cm。

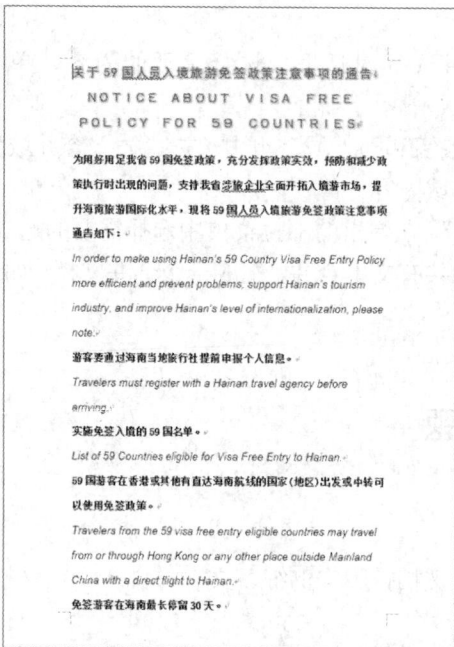

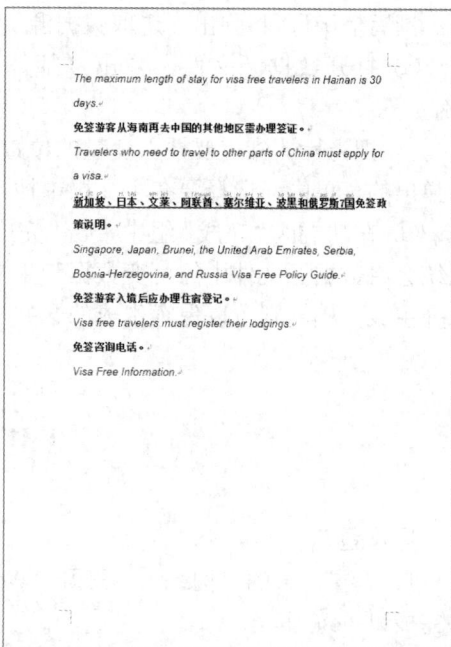

图 3-23　题目 1 完成后的文档效果 1　　　　图 3-24　题目 1 完成后的文档效果 2

（5）为正文中所有的中文段落"游客要通过海南当地旅行社……免签咨询电话。"添加编号"1""2"…。为正文中所有的英文段落"Travelers…Visa Free Information."添加飞机形象项目符号。

（6）为正文"In order to make…please note:"添加边框，颜色为红色，宽度为 1.5 磅；添加底纹，颜色为蓝色，淡色为 60%。添加页面边框为艺术型–红心，宽度为 10 磅。

（7）保存文档，并自定义文档名。

完成后的文档效果如图 3-25 和图 3-26 所示。

3．页面布局实例练习。打开"Word 2016 段落设置实例练习效果.docx"文档，完成以下练习。

（1）设置上下左右页边距分别为 3 cm、3 cm、2.5 cm、2.5 cm；装订线为 2 cm，装订线位置在左边。

（2）选择正文"6.新加坡、日本……register their lodgings."，设置分栏为两栏，并加分隔线。

（3）设置页面背景为填充效果–纹理–再生纸。

（4）在正文"8.免签咨询电话。"前插入分页，把正文"8.免签咨询电话……Information."分到第三页。

（5）添加页眉，类型为"花丝"，把页眉文字改为"免签政策"，颜色为深蓝色；在页面的下方居中位置添加页码，类型为"星形"，页码编号格式为"罗马字符Ⅰ、Ⅱ、Ⅲ…"。

（6）在正文"2.实施免签入境的 59 国名单"后插入脚注，脚注文字为"名单见附件"。

（7）在正文"1.游客要通过海南当地旅行社提前申报个人信息"后插入尾注，尾注文字为"申报表自行下载"，尾注编号格式为"①、②…"。

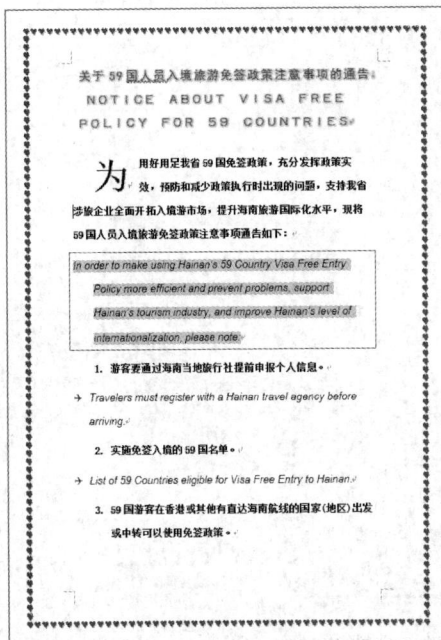

图 3-25　题目 2 完成后的文档效果 1

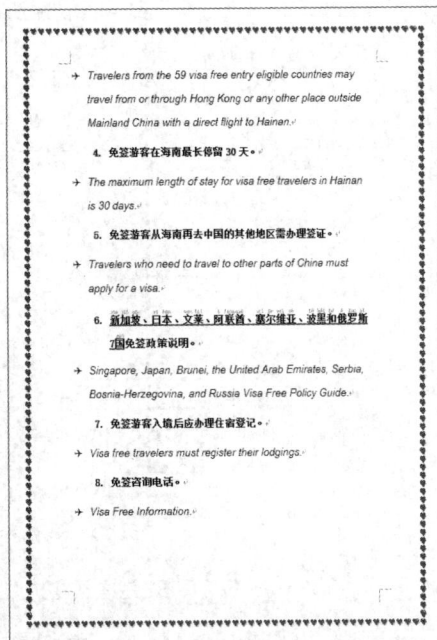

图 3-26　题目 2 完成后的文档效果 2

（8）保存文档，并自定义文档名。

完成后的文档效果如图 3-27～图 3-29 所示。

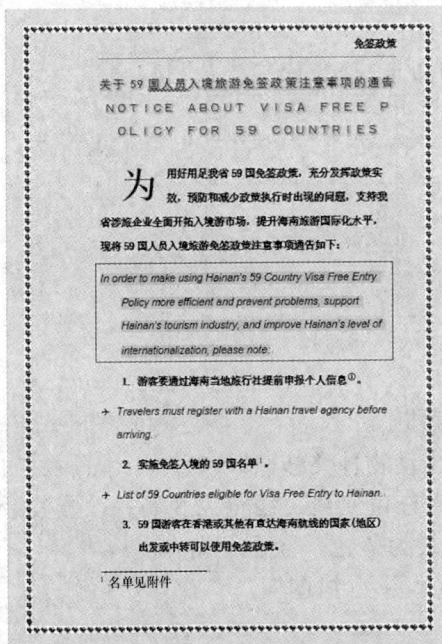

图 3-27　题目 3 完成后的文档效果 1

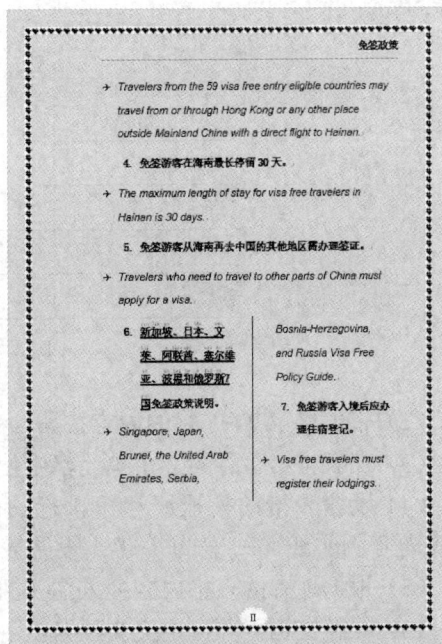

图 3-28　题目 3 完成后的文档效果 2

图 3-29　题目 3 完成后的文档效果 3

4．表格实例练习。打开"Word 2016 表格实例练习文字材料.docx"文档，完成以下练习。

（1）使用"文本转换成表格"工具，将文档中的文字生成图 3-30 所示的 5 行 3 列的表格。

海南陆生脊椎动物资源

海南陆生脊椎动物		种
两栖类	43	种
爬行类	113	种
鸟类	426	种
哺乳类	78	种

图 3-30　生成表格

（2）将表格第 2～5 行的内容按第二列的数值升序。

（3）在表格第 1 行第 2 个单元格中使用公式求动物种类总和。

（4）设置表格的外框线和第 1 行的内框线为红色实线，线宽为 3 磅；设置其余内框线为蓝色实线，线宽为 1 磅；设置表格的底纹为蓝色，淡色为 80%。

（5）根据现有的表格内容插入图 3-31 所示的"图表–饼图"。

（6）保存文档，并自定义文档名。

完成后的效果如图 3-32 所示。

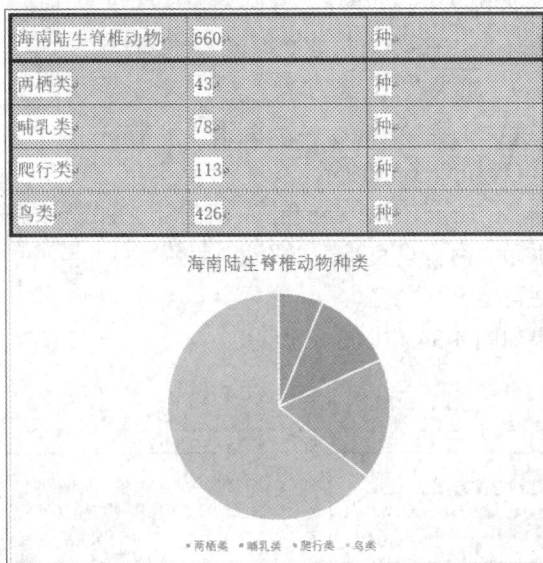

图 3-31　插入 "图表-饼图"

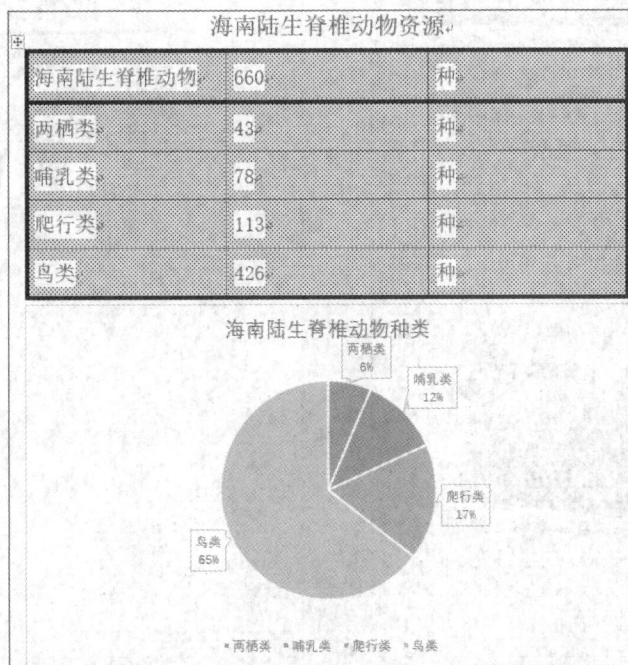

图 3-32　题目 4 完成后的效果

5．图文混编实例练习。打开"Word 2016 图文混排实例练习 文字材料.docx"文档，完成以下练习。

（1）在标题和正文之间插入"配图 1"，调整图片的宽度为 12 cm，并锁定纵横比。

（2）在正文的倒数第 4 行后插入"配图 2"，调整"配图 2"的宽度为"10 厘米"，锁定纵横比，环绕文字为"上下型环绕"，图片位置为"水平–绝对位置 2 厘米"、右侧为"栏"，"垂直–绝对位置 9.5 厘米"、下侧为"段落"。

（3）在正文后面另起一行插入 SmartArt 图形"水平多层层次结构"，填写的内容如图 3-33 所示。

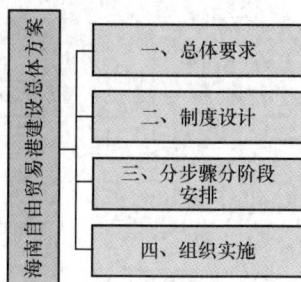

图 3-33　填写的内容

（4）更改 SmartArt 图形的颜色为"彩色–个性色"，样式为"强烈效果"。

（5）为文档添加水印"海南自贸港"，颜色为蓝色。

（6）保存文档，并自定义文档名。

完成后的文档效果如图 3-34 和图 3-35 所示。

图 3-34　题目 5 完成后的效果 1

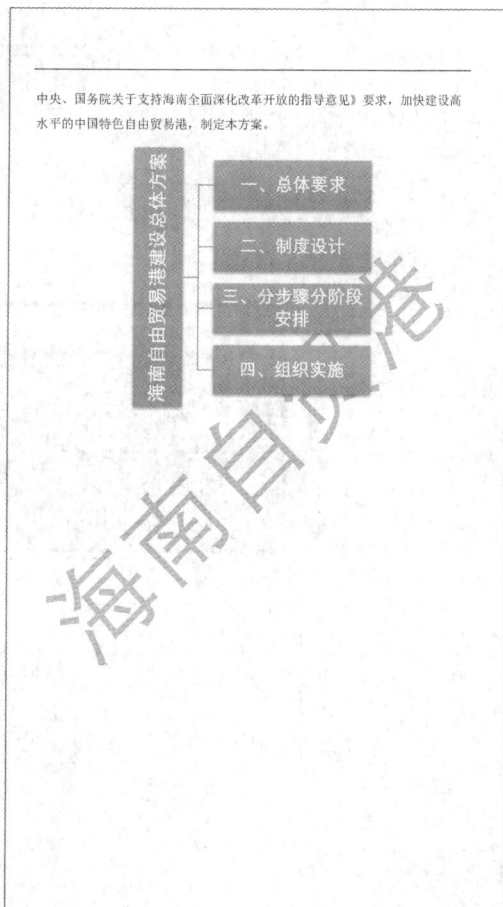

图 3-35　题目 5 完成后的效果 2

第4章

Excel 2016

【知识目标】

    1. 掌握 Excel 2016 的基础知识。

    2. 熟悉 Excel 2016 的操作界面。

【技能目标】

    1. 能够快速制作 Excel 表格。

    2. 熟练对数据进行处理、分析和可视化操作。

    3. 能够灵活运用 Excel 处理实际问题。

【素质目标】

    1. 培养学生信息归纳整理能力。

    2. 培养运用工具简化流程的能力。

    3. 培养多方位多角度考虑问题的能力。

4.1 Excel 概述

4.1.1 Excel 简介

Microsoft Excel 是微软公司开发的办公软件的组件之一，是微软公司为使用 Windows 和 macOS 操作系统的计算机编写的一款试算表软件。随着 Windows 操作系统图形化界面被广泛使用，Excel 组件成为销售量最大的 Windows 操作系统的应用软件。

Excel 的主要功能是能够使用户完成表格的输入、统计、分析等工作，制作出各种精美直观的电子表格、图表，拥有强大的计算、分析、传输和共享能力。由于具有十分友好的人机界面和强大的计算功能，Excel 已经成为国内外广大用户管理公司和个人财务、统计数据、绘制各种专业化表格的得力助手。

1. Excel 2016 的启动方法

① 单击"开始"按钮，在所有程序中选择 Excel 2016。

② 双击桌面上的 Excel 2016 快捷方式图标。

③ 双击已经存在的 Excel 2016 文件。

2．Excel 2016 的退出方法

退出 Excel 2016 的方法如下。

① 单击"关闭"按钮。

② 在标题栏左上角单击鼠标右键，在弹出的快捷菜单中选择"关闭"菜单命令。

3．保存 Excel 2016 文件

在制作大型表格的过程中，用户应该养成随手保存的良好习惯，这样可以避免因操作不当或者断电造成数据丢失。保存 Excel 2016 文件的方法如下。

① 如果在制作表格的过程中没有保存过文件，选择"文件"选项卡，单击"保存"按钮，或者单击快速访问工具栏的"保存"图标，弹出图 4-1 所示的"另存为"界面。

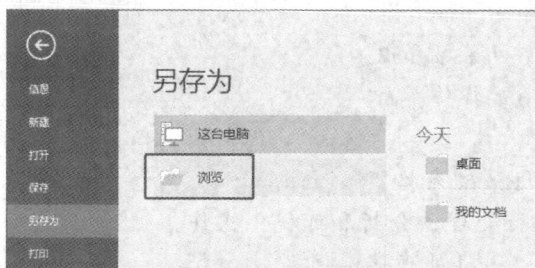

图 4-1　"另存为"界面

单击"浏览"按钮后，在弹出的"另存为"对话框中，选择保存路径；在文件名框中输入文件名（如"我的工作簿.xlsx"），在保存类型框中选择"Excel 工作簿（*.xlsx）"，如图 4-2 所示。

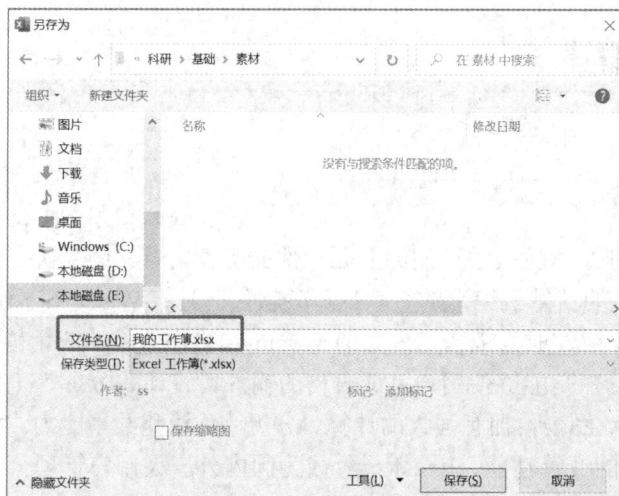

图 4-2　"另存为"对话框

② 如果在制作表格的过程中没有保存过文件，选择"文件"选项卡，单击"另存为"按钮，或者单击快速访问工具栏的"保存"图标，弹出图 4-3 所示的保存路径。选择保存路径后，保存文件。

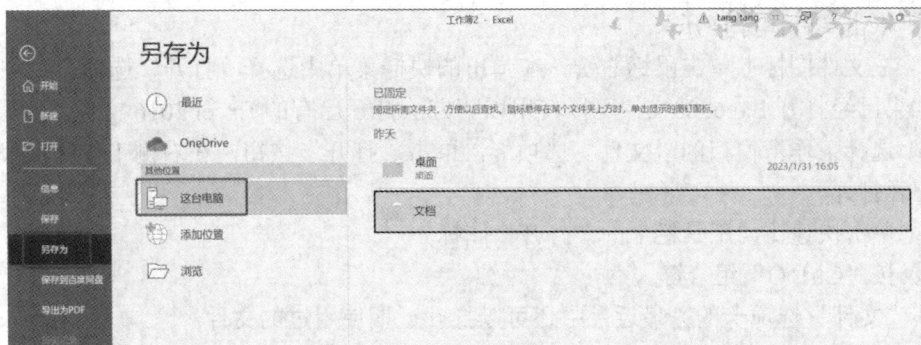

图 4-3　保存路径

③ 如果在制作表格过程中已经保存过文件，可进行以下操作。

- 选择"文件"选项卡，单击"保存"按钮。
- 单击快速访问工具栏的"保存"图标 。
- 按"Ctrl + S"组合键。

4．Excel 2016 文件的新建

启动 Excel 2016 时，系统会自动创建一个新的工作簿，包含 1 个空的工作表 Sheet1。如果要再创建新的工作簿，可以使用下列方法。

① 选择"文件"选项卡，单击"新建"按钮，在右侧出现的列表中选择"空白工作簿"，单击即可创建，如图 4-4 所示。

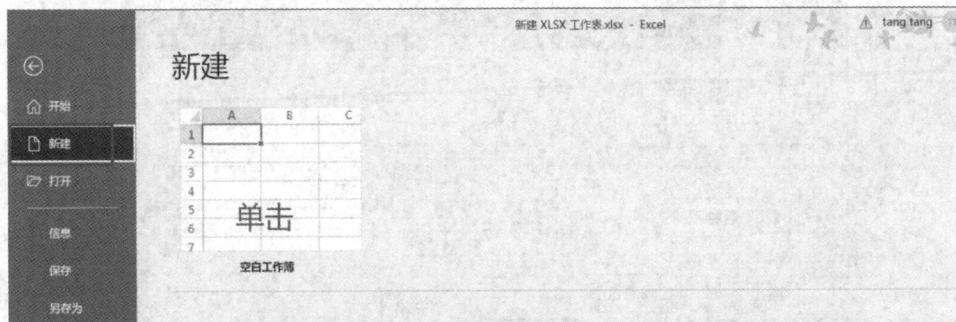

图 4-4　创建空白工作簿

② 单击快速访问工具栏上的"新建"图标，如图 4-5 所示。

图 4-5　创建新的工作簿

③ 按"Ctrl+N"组合键。

5．打开已有的 Excel 2016 文件

如果未打开 Excel 2016 文件，可以使用以下方法打开已有的 Excel 2016 文件。

① 双击文件图标打开。

② 在文件图标上单击鼠标右键，在弹出的快捷菜单中选择"打开"选项。

如果已经打开 Excel 2016，可以使用以下方法打开已有的 Excel 2016 文件。

① 选择工作簿窗口的"文件"选项卡，单击"打开"按钮，在右侧工作区域找到文件的路径打开。

② 单击快速访问工具栏上的"打开"图标。

③ 按"Ctrl+O"组合键。

在"文件"选项卡的"最近"中还可以打开近期使用过的文件。

6. Excel 2016 文件的关闭

关闭 Excel 2016 就是关闭整个工作簿窗口（包括该工作簿中含有的所有工作表），操作方法如下。

① 单击工作簿窗口右上角的"关闭"按钮。

② 按"Alt+F4"组合键。

4.1.2　Excel 2016 界面介绍

Excel 2016 使用的是图形化的界面，有利于我们记忆。Excel 2016 界面主要包括功能区、快速访问工具栏、名称框、编辑栏、工作表区、状态栏等，如图 4-6 所示。

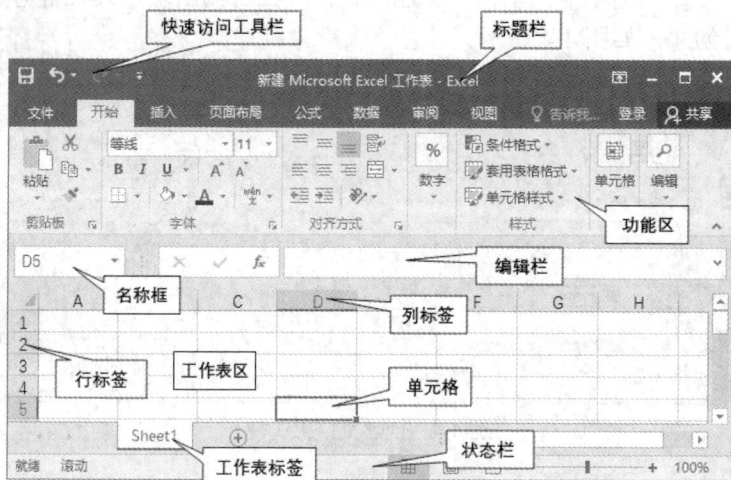

图 4-6　Excel 2016 界面

1. 功能区

功能区如图 4-7 所示。

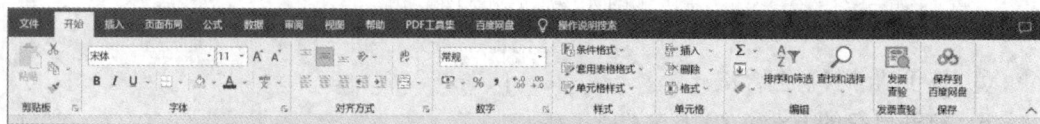

图 4-7　功能区

功能区的最大特点是将常用功能或命令以按钮、图标、下拉列表的形式分门别类地显示出来。用户可通过鼠标对功能区的选项卡及命令进行操作，也可以使用快捷键访问功能区进行操作。

根据功能的不同，可将功能区分为 3 个区域：选项卡（开始、插入、页面布局、公式、数据、审阅、视图、帮助等）、命令组（"开始"选项卡下的字体、对齐方式、样式等）、命令（字号、字体、字体颜色、左对齐、右对齐等）。用户可以对功能区进行个性化设置，按自己的需求排列选项卡和命令、隐藏或取消隐藏功能区，以及隐藏较少使用的命令。此外，用户还可以导出或导入自定义功能区。

2．快速访问工具栏

快速访问工具栏如图 4-8 所示。

"快速访问工具栏"一般在标题栏的左侧，集合了多个常用命令，但默认情况下只显示 3 个。"快速访问工具栏"上显示的工具是可选的，用户单击"快速访问工具栏"的下拉按钮，可以添加常用命令或按钮。

3．名称框

名称框如图 4-9 所示。

图 4-8　快速访问工具栏　　　　　　　　　图 4-9　名称框

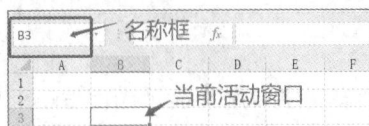

名称框用于显示当前单元格地址、选取的区域名称等。例如显示"B3"，表示第 3 行、B 列的单元格。名称框可以用于快速定位、选择（例如选择 A1～C6 区域，直接在名称框中输入"A1:C6"，按"Enter"键即可）。

4．编辑栏

编辑栏如图 4-10 所示。

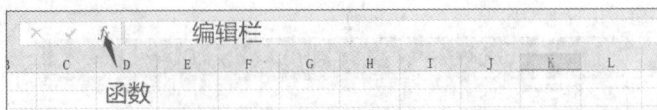

图 4-10　编辑栏

编辑栏用于显示当前单元格的数据内容，用户可以在这里输入或修改工作表单元格数据。若要往某个单元格中输入数据，首先单击单元格，然后输入数据，数据将同时显示在该单元格和编辑栏中。按"Enter"键或单击编辑栏上的"输入"按钮，数据便被输入当前单元格；如果要取消输入的数据，单击编辑栏上的"取消"按钮或按"Esc"键即可。当用户使用公式求某个单元格中的内容时，单元格会显示最终内容，编辑栏则会显示计算公式。

5．工作表区

工作表区如图 4-11 所示。

图 4-11　工作表区

工作表区是 Excel 2016 界面中最大的区域，用户对表格进行的大部分操作在这里完成，如数据处理、图表绘制、数据编辑等。

6．状态栏

状态栏如图 4-12 所示。

图 4-12　状态栏

状态栏主要用于显示当前 Excel 2016 进行的工作（例如当前是否在录制宏，选中数据区域时会显示其平均值、最大值、最小值、求和、计数等）和视图模式（如普通视图、页面布局、分页预览）。状态栏中还有缩放滑块，放大缩小只是为了方便用户看清楚工作表中的内容，并不会影响打印效果。

4.1.3　Excel 2016 的组成

Excel 2016 由工作簿、工作表和单元格组成，如图 4-13 所示。

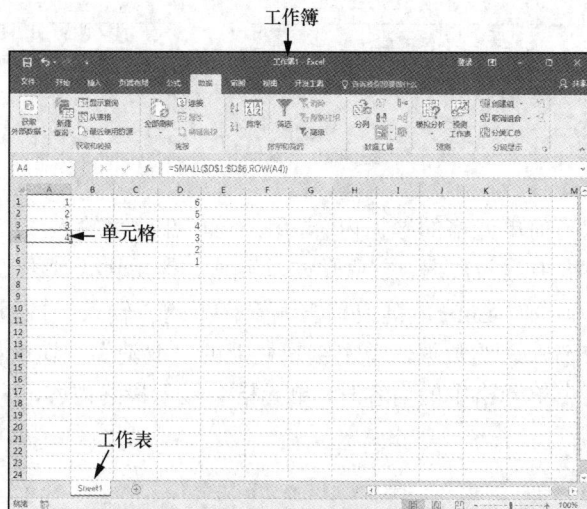

图 4-13　Excel 2016 的组成

1．工作簿

一个 Excel 2016 文件就是一个工作簿。一个工作簿由若干个工作表组成，工作簿的名称显示在标题栏上。在以前版本的 Excel 中，一个工作簿最多包含 255 个工作表，Excel 2016 没有对工作表数量的限制。

2．工作表

工作表是一种二维表，是一张表格。我们可以把工作簿想象成一个笔记本，工作表是这个笔记本中的页面。工作表的名字显示在标签上，用户可以通过单击工作表的标签来切换工作表。在使用工作表时，只有一个工作表是当前活动的，在工作表标签处显示为白色，其余工作表标签显示为灰色。每张工作表都由行和列组成，通常被称为电子表格。每一行都有"行号"，用阿拉伯数字 1、2、3…表示；每一列都有"列号"，用大写英文字母 A、B…表示。

3．单元格

行、列交叉构成的工作表中的小方格称为"单元格"。单元格是工作表的基本元素，也是用户对 Excel 进行操作的最小单位。用户可以在单元格中输入数据，并对其进行各种设置。单元格的名称叫作单元格的地址，地址由单元格所处的行号和列号组成。例如第 3 行和第 2 列交叉处的单元格地址为 B3，该地址会在名称框中显示。

4.2　Excel 2016 的基本操作

4.2.1　编辑数据

使用 Excel 2016 编辑数据是比较简单的，直接在相应单元格输入即可，如图 4-14 所示。初学者输入数据时，可能会遇到一些问题，下面对 Excel 2016 的基本操作进行讲解。

	A	B	C	D
1	2023年春节假日 海南自贸港各地酒店入住率统计			
2	序号	时间	地区	入住率
3	01	2023/1/22	三亚	84.9%
4	02	2023/1/22	陵水	83.0%
5	03	2023/1/22	保亭	81.1%
6	04	2023/1/22	万宁	79.1%
7	05	2023/1/22	琼海	74.7%

图 4-14　输入数据

1．选择单元格

在单元格中编辑数据，首先需要选择单元格。选择一个单元格的方法如下。

- 单击单元格。
- 按"Enter"键切换到下面一个单元格。
- 按"Tab"键切换到右面一个单元格。

- 按上、下、左、右方向键切换单元格。

当需要连续编辑单元格时，我们使用上述方法会非常方便。那么选择多个单元格有哪些方法呢？选择多个单元格的方法如下。

- 按住鼠标左键拖曳选择。
- 按住"Shift"键并单击对角单元格。
- 按住"Shift"键加方向键、Page Up 键、Page Down 键。
- 按住"Ctrl"键并单击多个单元格。
- 单击行标或列标选择整行或整列。

2．输入数据

在 Excel 2016 中输入数据时，首先选中需输入数据的单元格对象，然后向其中输入数据，输入的数据会显示在该单元格和编辑栏中。输入数据的方法如下。

方法一：单击需要输入数据的单元格，该单元格出现加粗边框，即被选中为当前单元格。输入数据后按"Enter"键确认，或者单击其他处确认。

方法二：选中单元格后，单击"编辑栏"，编辑栏出现闪烁的小光标，即可输入数据。按"Enter"键确认，或者单击其他处确认，或者单击编辑栏上 ✕ ✓ ƒx 图标中的"✓"。其中"✕"为取消操作，"ƒx"为插入公式。

方法三：双击单元格，进入单元格编辑状态，单元格中出现闪烁的小光标，将光标调整到需要输入数据的位置后，输入数据。这种方式一般多用于对单元格内容进行修改。

在 Excel 2016 中输入不同的数据时，可能会出现不同的情况。下面就几种常见的情况进行分析。

（1）文本型数据的输入

文本型数据包括汉字、字母与数字的组合，可以由用户直接输入。这些文本型数据被输入后，系统默认其在单元格内靠左对齐。

输入文本型数据时，可能会有一些特殊的文本（如身份证号码、银行账户、手机号码等），这些数据看上去是数字，实际上它们并不能用于计算，是有特定意义的文本。输入比较长的数字文本（如 6228480402××××××××18 银行账户）时，输入确认后会出现 6.22848E+18 。出现这种情况是因为系统默认的数据为数值型，所以采用了科学记数法。我们可以采取以下操作避免出现上述情况。

方法一：在输入的数字文本前添加"'"（英文输入法的单引号）。

方法二：选中需要输入数字文本的单元格，单击鼠标右键，在弹出的快捷菜单中选择"设置单元格格式"选项。在"设置单元格格式"对话框中，选择"数字"选项卡中的"文本"选项，如图 4-15 所示。确定后就可以输入长数字文本了。

（2）数值型数据的输入

在工作表的制作中，数值型数据是使用频率最高的数据类型。输入数值型数据时，在"设置单元格格式"对话框中，选择"数字"选项卡中的"数值""货币""日期""时间"等相关选项即可，如图 4-16 所示。同时在对话框的右边选择"小数位数"和负数的显示格式、货币符号、日期时间格式等。输入数据后，系统默认其在单元格中右对齐。例如，我们将图 4-14 中的时间调整为日期格式显示，效果如图 4-17 所示。

图 4-15　设置单元格格式 1

图 4-16　设置单元格格式 2

3. 合并单元格

制作 Excel 表格时，很多时候需要制作表头，而表头一般需要跨越行或列，这就需要进行单元格的合并。合并的单元格必须是相连的，如图 4-14 中的第一行。单元格的合并方法如下。

方法一：选取需要合并的单元格，单击鼠标右键（注意，鼠标一定放在选中区域的阴影区中），在弹出的快捷菜单上选择"设置单元格格式"选项，弹出"设置单元格格式"对话框。在对话框中选取"对齐"命令，勾选"合并单元格"选项，单击"确定"按钮，如图 4-18 所示。

图 4-17　日期格式

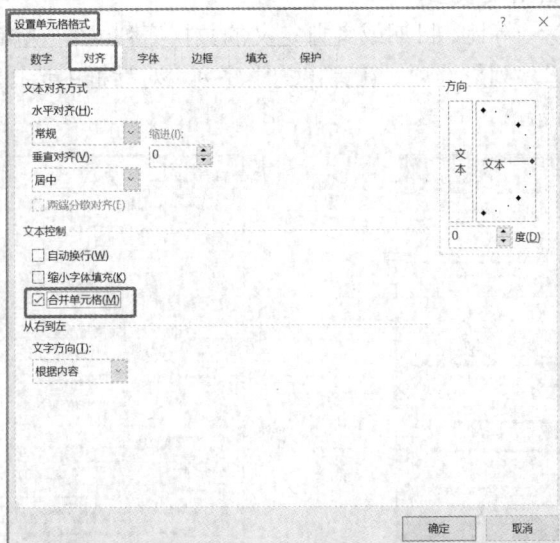

图 4-18　合并单元格

方法二：选取需要合并的单元格，单击"开始"选项卡"对齐方式"命令中的"合并"图标，选择相应操作，如图4-19所示。

图4-19　单击"合并"图标

注意：合并单元格后只保留第一个单元格中的内容，并且合并单元格会影响数据的排序以及数据透视表的创建，因此请谨慎使用。

4．数据的填充

制作 Excel 表格时，我们会输入一些有规律或相同的数据。例如图4-14中的"序号"是一个递增的数列，"时间"可以是等差、等比序列，或者是用户自定义的新序列。

（1）填充序列数据

输入文本"01"，此时"01"所处的单元格是当前单元格，有加粗框线，将鼠标指针放在黑色框线的右下角，鼠标指针变成一个黑色的"＋"；按住鼠标左键不放，向下拖曳鼠标，直至需要添加序列的最后一行，松开鼠标左键；单击序列数据右下角出现的"自动填充选项"按钮，选择"填充序列"选项，如图4-20所示。

（2）填充相同的数据

如果要填充相同的内容，可以单击"自动填充选项"按钮，选择"复制单元格"命令。如果填充的表格中间没有空白单元格，也可双击填充柄"＋"，快速完成填充。

（3）填充系统或自定义数据

用户还能填充等差、等比、日期或者自定义的数据序列。在"开始"选项卡中选择"编辑"区"填充"中的"序列"选项。在弹出的"序列"对话框中选择填充的类型和步长值等选项，如图4-21所示。

图4-20　填充序列

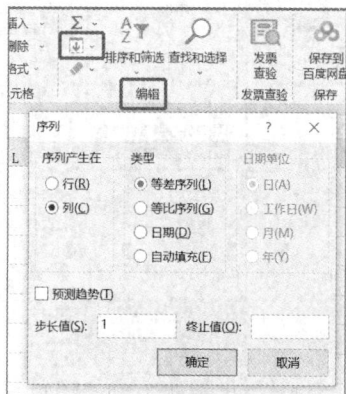

图4-21　填充自定义数据

5．单元格内容的编辑

单元格内容的编辑包括对单元格内容的删除、清除、更改操作。

（1）单元格内容的删除

重新输入单元格数据时，可以全部删除原数据，操作方法如下。

方法一：选择该单元格或者单元格区域，按"Delete"键，即可删除所选单元格中的内容。

方法二：选择单元格后，单击鼠标右键，在弹出的快捷菜单中选择"清除内容"选项。

注意：上述方法只能对单元格的内容进行删除，不能删除已经设置好的单元格格式等属性。例如删除学号"05"后，再输入的单元格内容还是文本格式。如果要彻底删除内容和格式，需要进行内容的"清除"操作。

（2）单元格内容的清除

选择需要清除内容的单元格或单元格区域，单击"开始"选项卡的"编辑"区中的"清除"图标，在下拉列表中选择相应的选项，如图 4-22 所示。

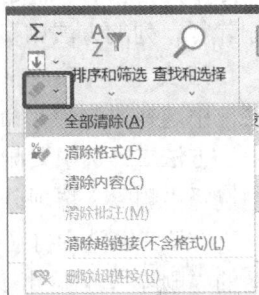

"清除"下拉列表中各项命令的作用如下。

图 4-22　"清除"命令

"全部清除"命令：彻底清除单元格中的全部内容、格式和批注。

"清除格式"命令：删除格式，保留单元格中的数据。

"清除内容"命令：删除单元格中的内容，保留其他属性。

"清除批注"命令：删除单元格附带的注释。

"清除超链接（不含格式）"命令：删除单元格附带的超链接。

（3）单元格内容的更改

更改单元格内容的操作方法如下。

方法一：单击单元格，使其成为当前单元格，直接输入新的内容。

方法二：单击单元格，在编辑栏中输入新的内容。

方法三：双击单元格，进入单元格的编辑状态，调整单元格中闪烁的光标，在相应位置进行文档的修改。

6．单元格的插入和删除

（1）单行（列）的插入

如果需要在录入的数据中间插入新的行，可以使用以下方法。

方法一：选中需要插入行的单元格，单击鼠标右键，在弹出的快捷菜单中选择"插入"选项，在弹出的对话框中选择"整行"选项。

方法二：选中单元格后，在"开始"选项卡中，选择"单元格"区的"插入"下拉菜单中的"插入工作表行"选项，如图 4-23 所示。

方法三：选择需要插入行的工作表行，单击行号，单击鼠标右键，在快捷菜单中选择"插入"即

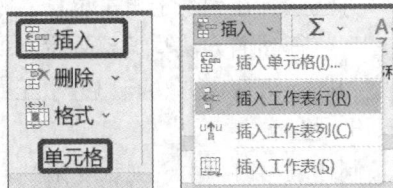

图 4-23　插入工作表行

可。以上方法都是在被选中单元格的上方插入一行，原有内容自动下移。

单列的插入方法同上。插入后的新列在被选中单元格的左侧，原有内容自动右移。

（2）多行（列）的插入

如果要插入多行或者多列，只需要在选择单元格或单元格区域时选定多行或多列，要插入几行（列）就选中几行（列）。

（3）行、列、单元格的删除

制作表格时，如果不需要一些数据单元格，可以将其删除。这里的删除不同于前面的删除单元格内容，而是连同该行、列、单元格所在的位置一起删除，由旁边的位置来替代。删除行、列的方法如下。

方法一：单击行（列）号，选中需要删除的行（列），单击鼠标右键，在弹出的快捷菜单中选择"删除"命令。

方法二：选中要删除的行（列）内的任意单元格，单击鼠标右键，在弹出的快捷菜单中选择"删除"选项，在弹出的"删除文档"对话框中选择相应的选项，如图 4-24 所示。

方法三：选中行（列）或行（列）内的任意单元格，单击"开始"选项卡中"单元格"区的"删除"，在下拉菜单中选择相应选项即可，如图 4-24 所示。

删除单元格，选择需要删除的单元格，然后按照上述的方法二和方法三即可。

7．调整行高列宽

制作表格时，我们经常需要设置行高和列宽，否则无法正常显示数据，如图 4-25 所示。

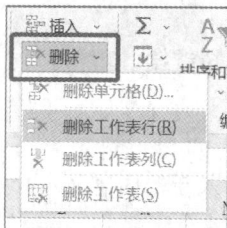

图 4-24　删除行、列

图 4-25　数据无法正常显示

调整列宽的方法有以下 3 种。

方法一：将鼠标指针悬停到两个列号之间，鼠标指针变为 ✛ 后，按住鼠标左键拖曳调整。

方法二：将鼠标指针悬停到两个列号之间，鼠标指针变为 ✛ 后双击，Excel 2016 根据内容自动调整列宽。

方法三：在列号上单击鼠标右键，在快捷菜单中选择"列宽"选项，输入数值。

调整行高的方法与调整列宽相似；调整多个列前需要选择所有要调节的列；要使所选列宽相同，可使用方法一和方法三。

8．换行

制作表格时，由于列宽受限制，很多时候需要将数据换行显示。在单元格中，用户可以自动设置也可以手动设置文本换行。自动换行就是数据长度达到单元格长度时会自动切换到下一行。自动换行如图 4-26 所示。

	A	B	C	D
1	2023年春节假日海南自贸港各地酒店入住率统计			
2	序号	时间	地区	入住率

图 4-26　自动换行

我们可以用以下几种方法实现自动换行。

方法一：选中需要自动换行的单元格或单元格区域，单击"开始"选项卡，在"对齐方式"区中单击"自动换行"图标，如图 4-27 所示。

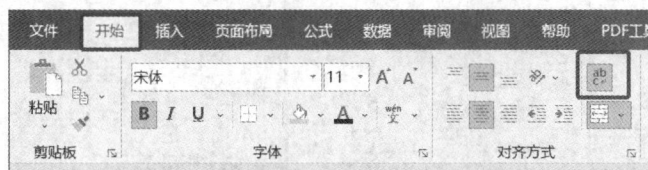

图 4-27　单击"自动换行"图标

方法二：选中需要自动换行的单元格或单元格区域，单击鼠标右键，在弹出的快捷菜单中选择"设置单元格格式"选项。在"设置单元格格式"对话框中选择"对齐"选项卡，在"文本控制"中勾选"自动换行"，单击"确定"按钮，如图 4-28 所示。

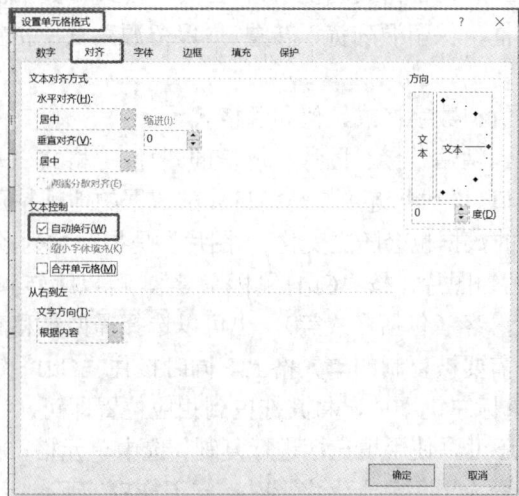

图 4-28　设置自动换行

在 Word 中，我们习惯用"Enter"键换行；但在 Excel 中，在一个单元格内换行要用"Alt+Enter"组合键。

9．单元格内容的复制、移动和粘贴

（1）单元格内容的复制

在 Excel 中，用户不仅可以复制单元格的内容，还可以选择性地复制格式、公式等。

单元格内容的复制操作步骤如下。

① 选择需被复制的单元格或单元格区域，单击鼠标右键，在弹出的快捷菜单中选择"复制"。

② 在要填入数据的单元格中，单击鼠标右键，在弹出的快捷菜单中选择"粘贴"。

③ 根据复制的内容的不同，在"粘贴"时选择不同的选项。

Excel 中的"粘贴"选项比较多，如图 4-29 所示。

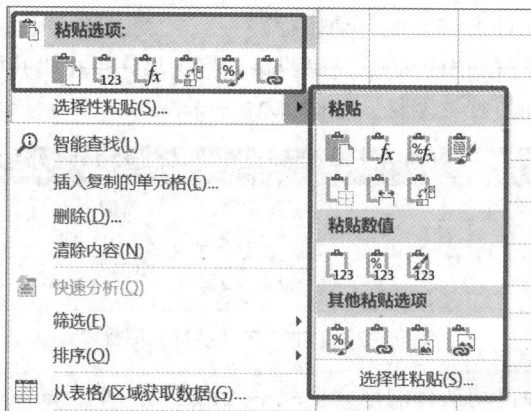

图 4-29　粘贴选项

第一行分别是粘贴（默认带格式的粘贴）、公式、公式和数字格式、保留源格式。

第二行分别是无边框、保留源列宽、转置。"保留源列宽"指粘贴后单元格的列宽与源列宽相同。

第三行分别是值、值和数字格式、值和源格式。

第四行分别是格式、粘贴链接、图片、链接的图片。"格式"是指只复制原表格的格式，不改变粘贴范围的值。"粘贴链接"是指将外部数据的地址粘贴到 Excel 中，当外部数据发生变化时，粘贴的数据也会随之变化。"图片"是指粘贴为图片，并将其插入表格。"链接的图片"是指粘贴为图片，按"Ctrl+鼠标左键"，可以跳转到源数据位置。

复制单元格的所有内容（包括格式等），也可以选择需要被移动的单元格或单元格区域，将鼠标指针放置在需要被复制的单元格上，同时按住"Ctrl"键，当鼠标指针变成带"＋"的箭头时，按住鼠标左键不放，将其拖曳到相应位置即可。

除了复制粘贴外，还可以使用填充柄进行复制。选中单元格，将鼠标指针移动到单元格右下角，当鼠标指针变成黑色"十"字形时，向下拖曳即可。

快速复制一个区域的内容有以下 3 种方法。

方法一：选中需要被复制的单元格或单元格区域，将鼠标指针移动到区域右下角，当鼠标指针变成黑色"十"字形后按住鼠标右键拖曳，松开鼠标右键选择"复制单元格"。

方法二：选中需要被复制的单元格或单元格区域，将鼠标指针移动到区域右下角，按下"Ctrl+鼠标左键"拖动。

方法三：选中需要被复制的单元格或单元格区域，将鼠标指针移动到区域右下角，当鼠标指针变成黑色"十"字形后双击。

（2）单元格内容的移动

将单元格内容移动到其他区域的操作方法如下。

方法一：选择需要被移动的单元格或单元格区域，单击鼠标右键，在弹出的快捷菜单中选择"剪切"；在需要填入内容的单元格上单击鼠标右键，在弹出的快捷菜单中选择"粘贴"。

方法二：选择需要被移动的单元格或单元格区域，将鼠标放置在边框线上，当鼠标指针变成黑色的四向箭头"✛"时，按住鼠标左键不放，将其拖曳到相应位置即可。

4.2.2　单元格格式的设置

在 Excel 2016 中输入数据后，用户可以进一步对表格进行美化修饰，使表格更加清晰美观。如图 4-30 所示，表格设计了双线外边框、虚线内边框、字体加粗等，这些都属于格式的设置。接下来我们学习单元格字体、对齐方式、边框、底纹、条件格式、样式、套用表格格式的设置方法，工作表冻结窗口、拆分窗口的设置方法。

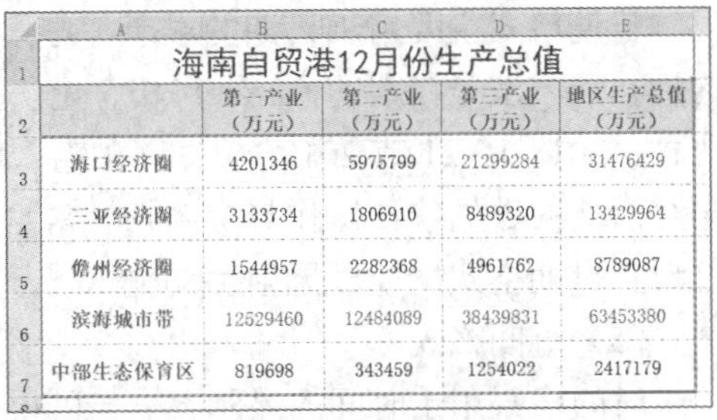

图 4-30　美化修饰表格

1. 单元格格式"数字"分类

前面我们设置序号时已经使用过鼠标右键快捷菜单中的"设置单元格格式"命令，文本设置属于格式设置中的"数字"命令区。"数字"命令区还有其他分类，如图 4-31 所示。

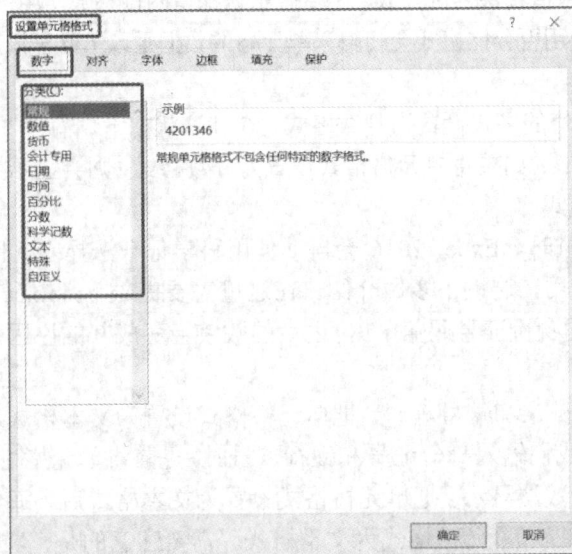

图 4-31　单元格格式"数字"分类

（1）常规格式

常规格式不包含特定的数字格式，一般而言，输入什么数据就显示什么数据，它能自动识别输入的数据是文本还是数字，并且设置文本左对齐、数字右对齐。

（2）数值格式

数值格式可以用于选择小数位数，提高计算的精度。数值格式下的数字能进行加、减、乘、除四则运算，而文本格式下的数字不能进行四则运算。另外，数值格式还有针对负数的显示格式，以便与正数进行区分。

（3）货币格式和会计专用格式

财务工作人员使用货币格式和会计专用格式比较多。货币格式主要用于货币的显示，会自动加上货币符号和千分位符并保留两位小数。

（4）日期格式

日期格式主要用于日期的显示。很多人习惯用"."分隔"年月日"，如 2018.10.22，这种输入方法是错误的，Excel 2016 无法按照日期格式显示这些数据。正确的输入方法有两种：2018-10-21 或 2018/10/21。在输入数据时，千万不要把数字和汉字混在一起，否则会给后期的数据统计操作带来麻烦。常见的带有"年月日"汉字的日期显示方式，可以通过设置日期格式生成，无须手动输入。

（5）时间格式

时间格式用于时间的显示，用户可根据具体的需求设置。正确的时间输入方法是以冒号隔开，如 12:10:12，其他输入方式都是错误的，Excel 无法按照时间格式显示。与日期格式一样，带有汉字的时间显示方式，如 12 时 10 分 12 秒，可以通过设置时间格式实现，无须手动输入。

（6）百分比格式

百分比格式是将数值转换为百分数的格式，默认保留两位小数（用户可设置需要保留的小数位数）。要注意，使用百分比格式会将输入单元格的数据乘以 100 再添加"%"符号。

（7）分数格式

输入分数前将数值的格式设置为分数格式。在默认状态下，输入"1/4"会被 Excel 2016 默认显示为"1 月 4 日"；如果将单元格格式设置为分数格式，则会显示为"1/4"（四分之一）。

（8）科学记数格式

当数值超过 11 位时，Excel 2016 会自动使用科学记数法显示。因为科学记数格式有损精度，所以不常使用，这里不多做介绍。在这里需要提一下，Excel 2016 的默认精度为15 位，这就是输入的身份证号码第 15 位之后的数字会变成 0 的原因。

（9）文本格式

文本包括字母、数字和符号等。当把单元格格式设置为文本格式后，输入的内容与显示的内容完全一致。我们输入身份证号和银行卡号时，提前将单元格格式设置为文本格式，它们就不会以科学记数法显示。把单元格格式设置为文本格式后，每个单元格左上角都有一个绿色的小三角，提示单元格格式为文本格式。需要注意的是，文本格式不能进行加、减、乘、除四则运算。

（10）特殊格式

特殊格式有邮政编码、中文小写数字、中文大写数字等，此内容了解即可。用户遇到输入的数据显示不对的情况，要先考虑单元格格式是否正确。

单元格格式可以在"开始"选项卡的"数字"中进行设置；也可以在单元格上单击鼠标右键，在弹出的快捷菜单中选择"设置单元格格式"，在相应的对话框中进行设置；还可以单击"数字"命令区右下角的图标，如图 4-32 所示。随后在弹出的"设置单元格格式"对话框中进行设置。

图 4-32　设置单元格格式

2．单元格"字体"的设置

单元格"字体"的设置方法如下。

① 单击"开始"选项卡"字体"区的工具按钮可以设置字体，如图 4-33 所示。

图 4-33　"字体"区工具按钮

② 选中需要设置的单元格，单击鼠标右键，在弹出的快捷菜单中选择"设置单元格格式"。在弹出的"设置单元格格式"对话框中选择"字体"选项卡，按需要设置"字体""字形""字号""颜色"以及一些特殊效果，如图 4-34 所示。

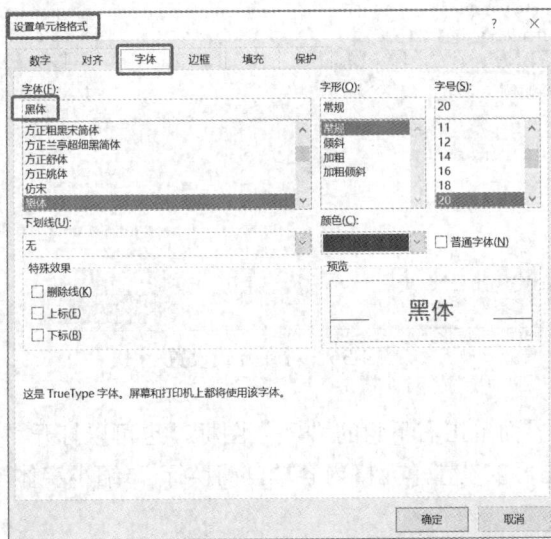

图 4-34　设置字体格式

3．单元格"对齐方式"的设置

单元格内容的对齐是指单元格的内容相对于单元格所处的位置，在默认的情况下，文本靠左对齐，数字靠右对齐，逻辑值和错误值居中对齐。单元格"对齐方式"的设置方法如下。

① 对于简单的对齐设置，选定单元格后，可以单击"开始"选项卡中的"对齐方式"

区的相关按钮完成，如图 4-35 所示。

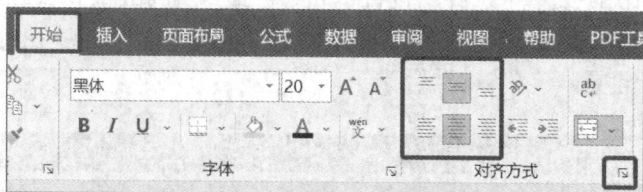

图 4-35　简单对齐方式设置

② 选定需要进行设置的单元格或单元格区域，单击鼠标右键，在弹出的快捷菜单中选择"设置单元格格式"。在弹出的"设置单元格格式"对话框中选择"对齐"选项卡，按需要设置文本对齐方式，包括水平对齐和垂直对齐，如图 4-36 所示。

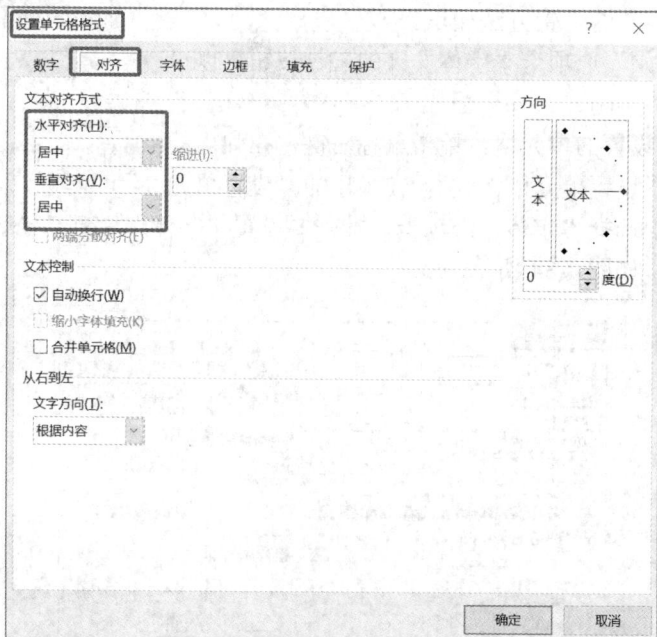

图 4-36　对齐方式设置

在图 4-35 所示的界面单击右下角的"⌐"图标，也可以打开"设置单元格格式"对话框。在此对话框中还可以设置单元格内容"自动换行""缩小字体填充""合并单元格"，以及调整文字方向等。

4．单元格"边框"的设置

在 Excel 表格的制作过程中，如果不进行边框的设置，系统默认没有边框，打印出来的文档没有框线，这样对于阅读表格非常不便。适当地添加表格边框，不仅美化了表格，还使表格内容更加清晰、明了。单元格"边框"的设置方法如下。

① 对于简单的边框设置，可以单击"开始"选项卡"字体"区工具按钮完成，如图 4-37 所示。

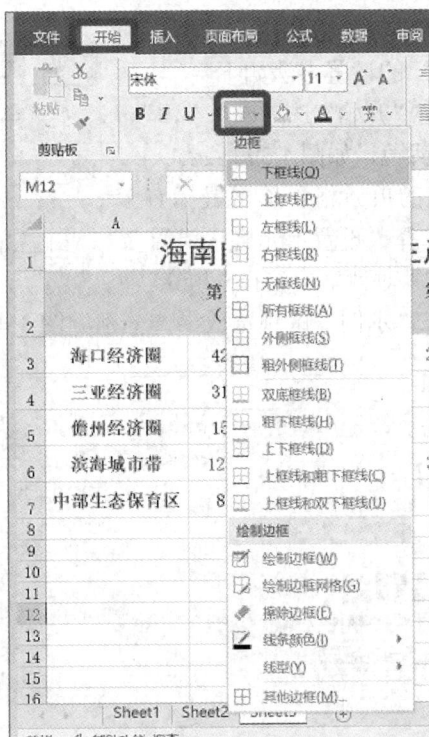

图 4-37 边框的设置按钮

② 选中需进行设置的单元格，单击鼠标右键，在弹出的快捷菜单中选择"设置单元格格式"。在弹出的"设置单元格格式"对话框中选择"边框"选项卡，按照需要设置"样式"（即线条的粗细、虚实、点画线、双线等）、"颜色"、"边框"。一定要注意看右边的预览框，预览框的效果就是设置完成后的效果，其中包括外边框、内边框、斜线边框效果。用户可以单击预览边框的小图标进行设置，也可以直接单击预览框进行设置，如图 4-38 所示。

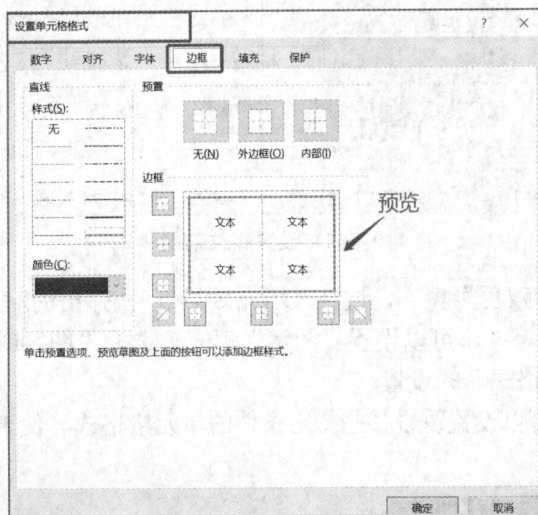

图 4-38 设置边框

5. 单元格"底纹"（填充）的设置

单元格"底纹"（填充）的设置方法如下。

① 选中单元格后，单击"开始"选项卡"字体"区的工具按钮下拉菜单中的颜色，如图 4-39 所示。

② 选中需要进行设置的单元格，单击鼠标右键，在弹出的快捷菜单中选择"设置单元格格式"。在弹出的"设置单元格格式"对话框中选择"填充"选项卡，按照需要设置，在"示例"区预览效果，分别如图 4-40 和图 4-41 所示。

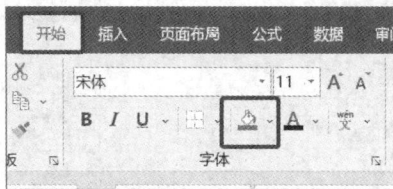

图 4-39 选择下拉菜单中的颜色

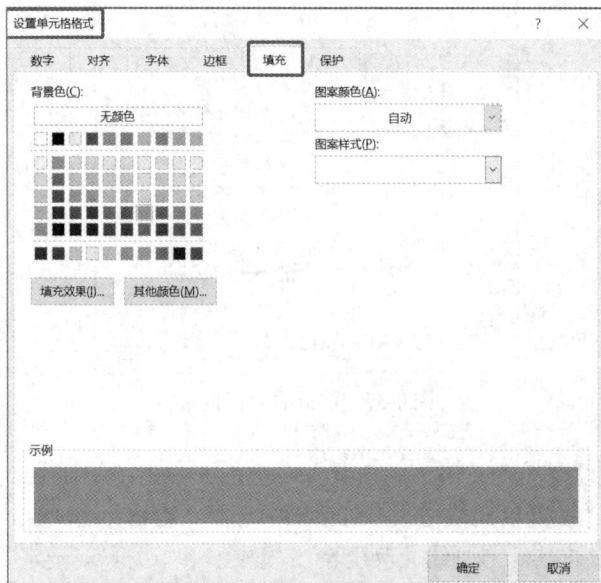

图 4-40 设置底纹

4201346	5975799	21299284	31476429
3133734	1806910	8489320	13429964
1544957	2282368	4961762	8789087
12529460	12484089	38439831	63453380
819698	343459	1254022	2417179

4201346	5975799	21299284	31476429
3133734	1806910	8489320	13429964
1544957	2282368	4961762	8789087
12529460	12484089	38439831	63453380
819698	343459	1254022	2417179

图 4-41 设置底纹效果

在②中可以设置"双色"填充，选择"填充效果"，在弹出的对话框中选择"颜色 1""颜色 2""底纹样式"等；还可以设置"图案"填充，选择"图案颜色""图案样式"。

6. 单元格"条件格式"的设置

在 Excel 2016 中可以设置符合某些特定条件的单元格格式，使表格数据突出显示，方法如下。

（1）设置条件突出显示数据

当规定单元格中的数据满足预先设定好的条件时，单元格中的数据会以设置的特定格式突出显示。

选中要设置的单元格或单元格区域；选择"开始"选项卡中"样式"区的"条件格式"，如图 4-42 所示；在"条件格式"下拉菜单中选择第一个"突出显示单元格规则"，选择所需的规则，如图 4-43 所示，或者单击"其他规则"，在打开的对话框中进行设置。

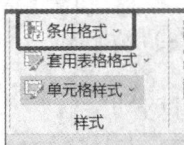

图 4-42　条件格式

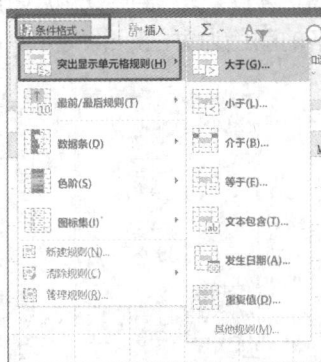

图 4-43　突出显示单元格规则

例如，设置红色加粗显示出表格中"＞10000000"的数据，操作方法如下。

选中数据区域；选择"开始"选项卡中"样式"区的"条件格式"；在"条件格式"下拉菜单中选择第一个"突出显示单元格规则"；在下拉菜单中选择"大于"；在弹出的"大于"对话框中，设置值为"10000000""自定义格式"，如图 4-44 所示；在"设置单元格格式"对话框中进行文本格式设置，字形为"加粗"，颜色为红色，如图 4-45 所示。

图 4-44　条件"大于"对话框设置

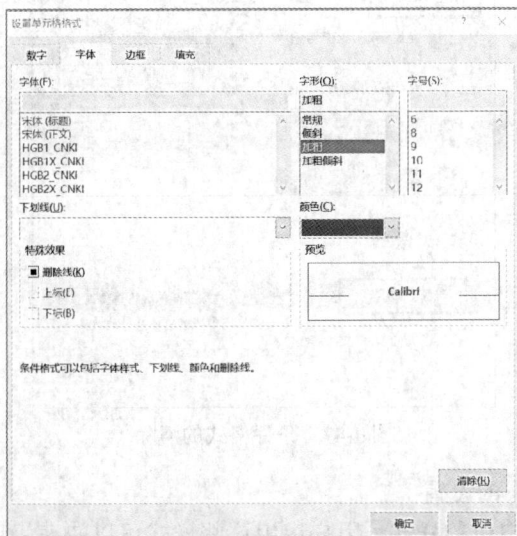

图 4-45　设置字形和颜色

（2）以图标样式突出显示

Excel 2016 提供了数据条、色阶、图标集 3 种方式来突出显示单元格。

- 数据条：用色块的长度来代表单元格中的值，色块越长，单元格的值越大。
- 色阶：用颜色的渐变来表示单元格值的区域，颜色的深浅表示值的高、低。例如，在绿色、黄色、红色的三色分度中，可以指定最高值单元格的颜色为绿色，中间值单元格的颜色为黄色，最低值单元格的颜色为红色，如图 4-46 所示。

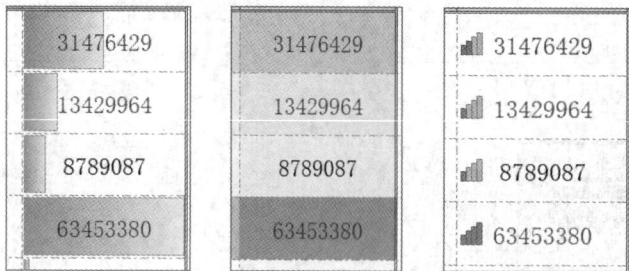

图 4-46　数据条、色阶、图标集

- 图标集：用不同的形状表示数据的大小，可以按阈值将数据分为 3～5 个类别，每个图标表示一定的值范围。

（3）条件格式的清除

清除已经设置的条件格式的操作方法如下。

选中需要清除条件格式的单元格；选择"开始"选项卡中"样式"区的"条件格式"；在"条件格式"下拉菜单中选择"清除规则"，可以清除所选单元格的条件格式，也可选择删除整个工作表的条件格式，如图 4-47 所示。

图 4-47　条件格式的清除

7. 单元格"样式"的设置

Excel 2016 有多种自带的样式，用户运用这些样式可以快速为单元格设置效果，也可以根据需要创建自定义的单元格样式。

选择"开始"选项卡中"样式"区的"单元格样式"，在下拉菜单中按需要选择相应样式或者新建单元格样式，如图 4-48 所示。

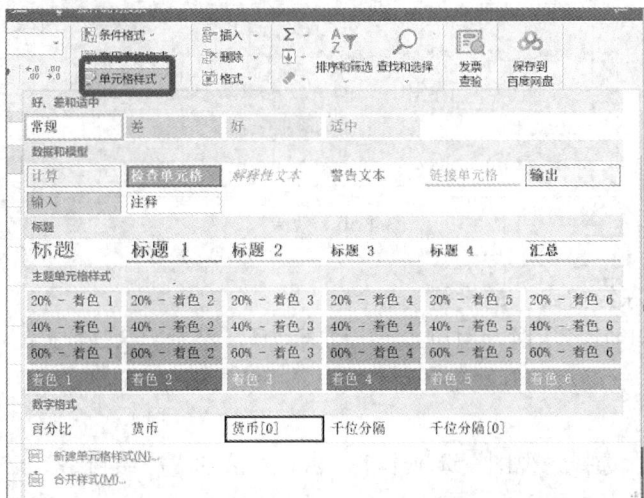

图 4-48　单元格样式的设置

8．单元格"套用表格格式"的设置

Excel 2016 除了自带多种应用样式外，还内置了大量的工作表格式，这些格式中预先设置了单元格字体、对齐方式、边框、底纹、行高、列宽等属性。直接套用这些格式，节约了用户的时间，提高了效率。

选择"开始"选项卡中"样式"区的"套用表格格式"；在下拉菜单中按需要选择相应样式或新建新样式，如图 4-49 所示；在弹出的对话框中确定表数据的来源。效果如图 4-50 所示。

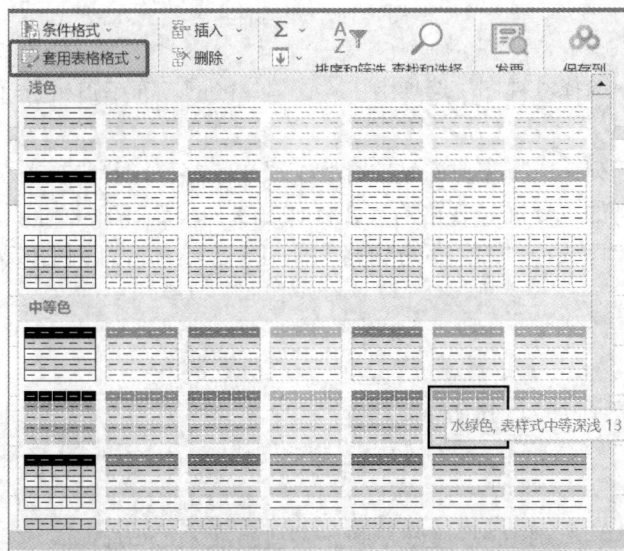

图 4-49　套用表格格式

图 4-50　效果图

9. 工作表"冻结窗口"的设置

当 Excel 工作表比较大时，用户如果拖动滚动条，不希望某些数据随着工作表的移动而消失（例如表头行），可以将其固定在当前页面显示的上部和左边，以便对工作表进行分析。

（1）冻结方式

① 冻结首行：选择"视图"选项卡中"窗口"区的"冻结窗格"；在下拉菜单中选择"冻结首行"，如图 4-51 所示。

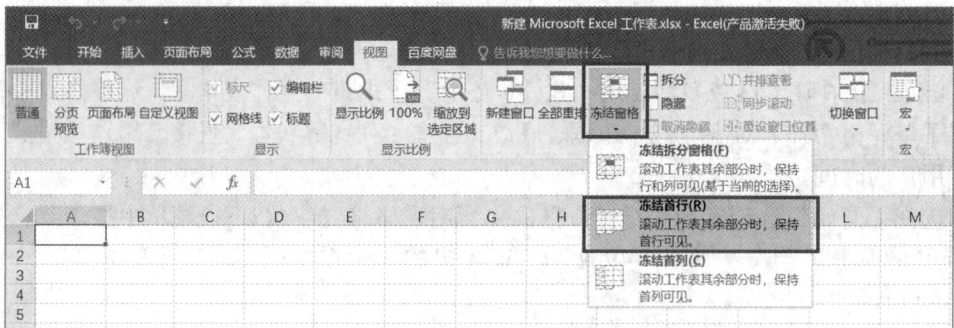

图 4-51　冻结窗格

② 冻结首列：选择"视图"选项卡中"窗口"区的"冻结窗格"；在下拉菜单中选择"冻结首列"。

③ 冻结部分行列：选择需要冻结的行列交叉单元格；选择"视图"选项卡中"窗口"区"冻结窗格"。例如，要冻结表格的上 2 行、左 3 列，选择交叉的第 3 行、第 4 列单元格，即单元格 D3，再选择"冻结拆分窗格"即可。冻结部分行列的效果如图 4-52 所示。

图 4-52　冻结部分行列的效果

（2）撤销冻结

选择"视图"选项卡中"窗口"区的"冻结窗格"；在下拉菜单中选择"取消冻结窗格"。

10．工作表"拆分窗口"的设置

拆分窗口是指将工作表拆分成几个窗口，每个窗口都显示同一张工作表，类似于 Word 的并排窗口，便于同张表格数据的对比。

（1）拆分方式

类似于冻结窗口的冻结方式③，找到需要拆分的行列交叉单元格，选择"视图"选项卡中"窗口"区的"拆分"工具按钮，如图 4-53 所示。拆分窗口的效果如图 4-54 所示。

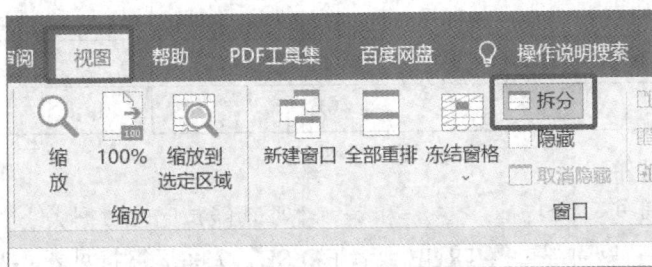

图 4-53　拆分窗口

图 4-54　拆分窗口的效果

（2）撤销拆分

选择"视图"选项卡中"窗口"区的"拆分"工具按钮，单击取消高亮显示即可。

4.2.3　公式与函数的基本操作

公式是 Excel 的核心功能，以"="开头，对地址进行引用的计算形式。公式的作用是确立数据之间的关联关系，使用一种算法并通过其结果来描述这种关联关系。

函数实际上是 Excel 预定义的一种内置公式，它通过使用一些称为参数的特定数值，按特定的顺序或结构执行计算。

1．运算符

Excel 2016 包含算术运算符、关系运算符、文本运算符、引用运算符 4 种类型。

（1）算术运算符

算术运算符用于完成基本的数学运算，其中有+、−、*、/、%、^。算术运算符见表 4-1。

表 4-1　算术运算符

算术运算符	含义	示例
+（加号）	加	3+2
−（减号/负号）	减/负值	3−2，−2
*（星号）	乘	3*2
/（斜杠）	除	3/2
%（百分号）	百分比	30%
^（插入符）	乘方	3^2（与 3*3 相同）

（2）关系运算符

关系运算符包括=、<>、>、<、>=和<=，主要功能是比较数据大小（包括数字值、文本值或逻辑值等），返回逻辑值 TRUE 或者 FALSE。关系运算符见表 4-2。

表 4-2　关系运算符

关系运算符	含义	示例
=（等号）	等于	A1=B1
>（大于号）	大于	A1>B1
<（小于号）	小于	A1<B1
>=（大于等于号）	大于等于	A1>=B1
<=（小于等于号）	小于等于	A1<=B1
<>（不等于号）	不等于	A1<>B1

（3）文本运算符

文本运算符（&）的功能是合并多个文本字符串，返回文本值。例如，在单元格 I3 中输入公式"=A3&""年总值""&H3"，用文本运算符"&"连接 2 项数据生成一个新的字符串，效果如图 4-55 所示。

	A	B	C	D	E	F	G	H	I
1	海南省历年地区生产总值（单位：亿元）								
2	年份	第一产业	第二产业	第三产业	农业	工业	建筑业	总值	列1
3	2018	985.96	1053.14	2871.59	1020.23	582.04	475.2	6988.16	2018年总值6988.16
4	2019	1079.01	1083.75	3168.08	1117.99	597.86	490.22	7536.91	2019年总值7536.91
5	2020	1135.98	1072.24	3358.02	1178.39	557.42	518.66	7820.71	2020年总值7820.71
6	2021	1254.44	1238.8	3981.96	1300.67	683.6	560.67	9020.14	2021年总值9020.14
7									

图 4-55　文本运算符

（4）引用运算符

引用运算符包括区域运算符（:）、联合运算符（,）和交叉运算符（空格），是 Excel 特有的运算符，主要作用是对工作表的单元格或者区域进行引用。

例如，区域运算符引用冒号两端两个单元格形成的连续矩形区域。在单元格 C7 中输入公式"=SUM(B3:G6)"，即可返回蓝色框区域内数据的和，效果如图 4-56 所示。

年份	第一产业	第二产业	第三产业	农业	工业	建筑业
		海南省历年地区生产总值（单位：亿元）				
2018	985.96	1053.14	2871.59	1020.23	582.04	475.2
2019	1079.01	1083.75	3168.08	1117.99	597.86	490.22
2020	1135.98	1072.24	3358.02	1178.39	557.42	518.66
2021	1254.44	1238.8	3981.96	1300.67	683.6	560.67
4年总值合计	=SUM(B3:G6)					

图 4-56　引用运算符

如果 4 种运算符同时出现在一个公式中，那么它们也有运算优先级别。在 Excel 中，运算符及其优先级见表 4-3。

表 4-3　运算符及其优先级

运算符优先级	运算符
1	引用运算符（:）、（空格）、（,）
2	算术运算符：–（负号，非减号）
3	算术运算符：%（百分比）
4	算术运算符：^（乘方）
5	算术运算符：*（乘）、/（除）
6	算术运算符：+（加）、–（减）
7	文本运算符：&
8	关系运算符：=、<>、>、<、>=、<=

注意：括号的优先级别高于所有运算符号，但在 Excel 运算中没有大中小括号之分，均由小括号代替。

2．常用函数

在 Excel 2016 中，函数就是一个预先定义的计算公式，用一些固定的名称来代表特定的运算过程。按照这个特定的计算公式对一个或多个参数进行计算，并得出一个或多个计算结果，计算结果叫作函数值。使用函数不仅可以完成许多复杂的计算，而且可以简化公式的繁杂程度。

常用函数如下。

（1）基本函数

① SUM（求和）函数。

【语法】SUM (number1, [number2],…)。

【参数】

- number1：（必需参数）要相加的第一个数字。该数字可以是数字，也可以是 A1 等单元格引用或单元格区域。
- number2：要相加的第二个数字。

【功能】将单个值、单元格或单元格区域内的值相加。

【注意】在 Excel 2016 的函数中，字母不区分大小写。

【实例】求历年的生产总值，数据如图 4-57 所示。

年份	第一产业	第二产业	第三产业	农业	工业	建筑业	总值
\multicolumn{8}{c}{海南省历年地区生产总值（单位：亿元）}
2018	985.96	1053.14	2871.59	1020.23	582.04	475.2	
2019	1079.01	1083.75	3168.08	1117.99	597.86	490.22	
2020	1135.98	1072.24	3358.02	1178.39	557.42	518.66	
2021	1254.44	1238.8	3981.96	1300.67	683.6	560.67	

图 4-57　求历年的生产总值的数据

选中 H3 单元格，选择"开始"选项卡，选择"编辑"命令组中的"Σ·"命令，在下拉菜单中选择"求和"命令，这时在 H3 单元格中出现"=SUM(A3:G3)"函数命令，一定要注意小括号中的引用区域，将其修改为(B3:G3)区域（即需要求和的数据区域），如图 4-58 所示。如果求和的单元格（区域）不相连，则它们之间可用英文","间隔。

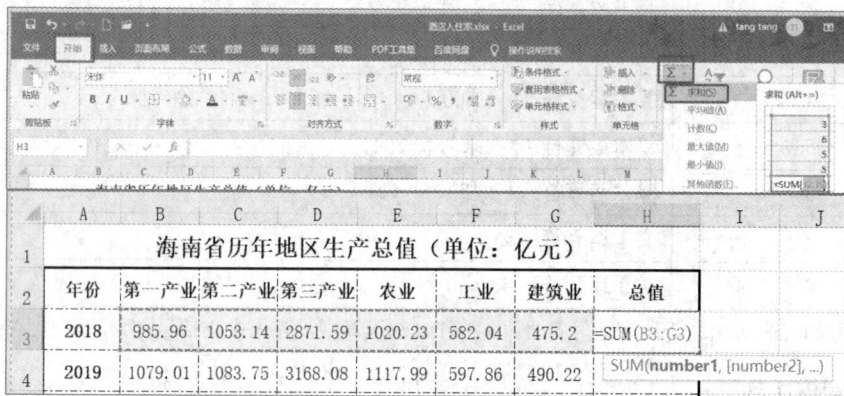

图 4-58　求和的效果

② AVERAGE（平均值）函数。

【语法】AVERAGE (number1, [number2],…)。

【参数】number1、number2：要计算平均值的参数。这些参数可以是数字，或者是涉及数字的名称、数组或引用。如果数组或单元格引用参数中有文字、逻辑值或空单元格，则 Excel 会忽略这些值。如果单元格数值为 0，那么它将参与平均值的计算。

【功能】返回参数的平均值（也叫算术平均值）。

【实例】求 2018—2021 年的生产总值平均值，数据如图 4-59 所示。

图 4-59　求 2018—2021 年的生产总值平均值的数据

选中 H7 单元格，选择"开始"选项卡，选择"编辑"命令组中的" Σ "命令，在下拉菜单中选择"平均值"命令，这时在 H7 单元格中出现"=AVERAGE(H3:H6)"函数命令，如图 4-60 所示。如果求平均值的单元格不相连，它们之间可用英文"，"间隔。

图 4-60　求平均值的效果

③ COUNT（计数）函数。

【语法】COUNT(value1,value2,…)。

【参数】

- value1：必需参数，要计算的数字的第一项、单元格引用或单元格区域。
- value2：可选参数，要计算的数字的其他项、单元格引用或单元格区域。该函数最多可包含 255 个参数。

【功能】对给定数据集合或者单元格区域中数据的个数进行计数。

【注意】如果参数为数字、日期或者代表数字的文本（例如，用引号引起的数字"1"），则将被计算在内；如果参数为错误值或不能转换为数字的文本，则不会被计算在内。

【实例】统计 2018—2021 年的生产总值的数据值个数，数据如图 4-61 所示。

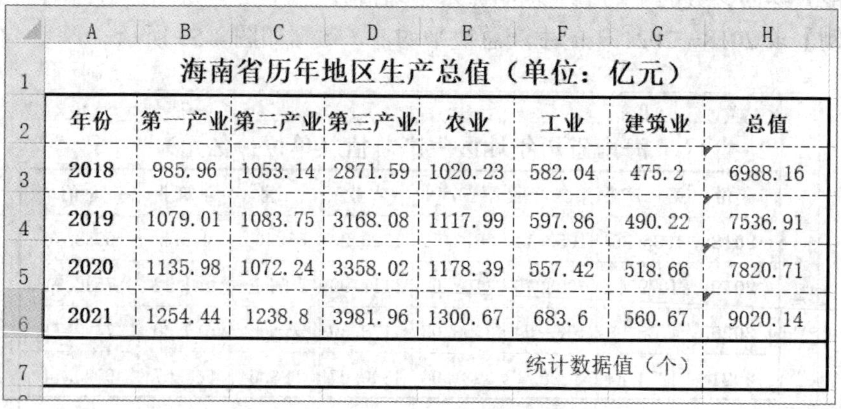

	A	B	C	D	E	F	G	H
1	海南省历年地区生产总值（单位：亿元）							
2	年份	第一产业	第二产业	第三产业	农业	工业	建筑业	总值
3	2018	985.96	1053.14	2871.59	1020.23	582.04	475.2	6988.16
4	2019	1079.01	1083.75	3168.08	1117.99	597.86	490.22	7536.91
5	2020	1135.98	1072.24	3358.02	1178.39	557.42	518.66	7820.71
6	2021	1254.44	1238.8	3981.96	1300.67	683.6	560.67	9020.14
7						统计数据值（个）		

图 4-61　统计数据值个数的数据

选中 H7 单元格，选择“开始”选项卡，选择“编辑”命令组中的“ Σ - ”命令，在下拉菜单中选择“计数”命令，这时在 H7 单元格中出现“=COUNT(B3:G6)”函数命令，如图 4-62 所示。如果求计数的单元格不相连，它们之间可用英文“,”间隔。

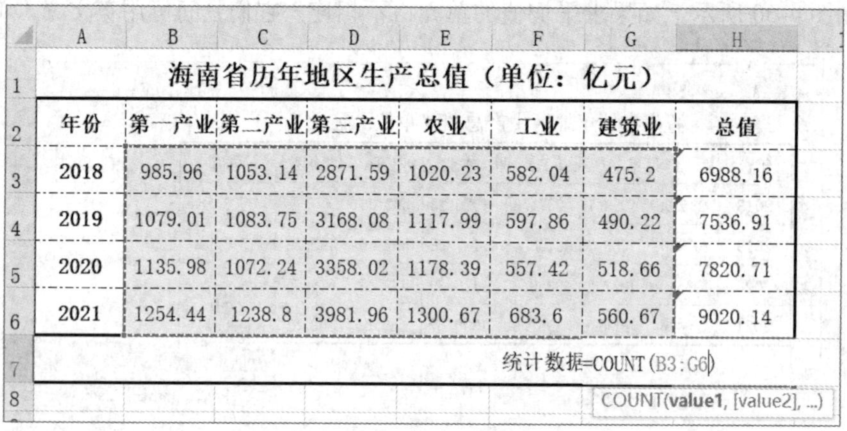

	A	B	C	D	E	F	G	H
1	海南省历年地区生产总值（单位：亿元）							
2	年份	第一产业	第二产业	第三产业	农业	工业	建筑业	总值
3	2018	985.96	1053.14	2871.59	1020.23	582.04	475.2	6988.16
4	2019	1079.01	1083.75	3168.08	1117.99	597.86	490.22	7536.91
5	2020	1135.98	1072.24	3358.02	1178.39	557.42	518.66	7820.71
6	2021	1254.44	1238.8	3981.96	1300.67	683.6	560.67	9020.14
7						统计数据		=COUNT(B3:G6)
8								COUNT(value1, [value2], ...)

图 4-62　统计数据值个数的效果

④ MAX（最大值）函数。

【语法】MAX(value1,value2,⋯)。

【参数】value1,value2：需要进行比较的数值参数。

【功能】返回一组数值中的最大值。

【注意】MAX 函数会忽略文本、空格。

【实例】求 2018—2021 年的生产总值中的最大值。

选中 G7 单元格，选择“开始”选项卡，选择“编辑”命令组中的“ Σ - ”命令，在下拉菜单中选择“最大值”命令，这时在 G7 单元格中出现“=MAX(B3:G6)”函数命令，如图 4-63 所示。如果求最大值的单元格不相连，它们之间可用英文“,”间隔。

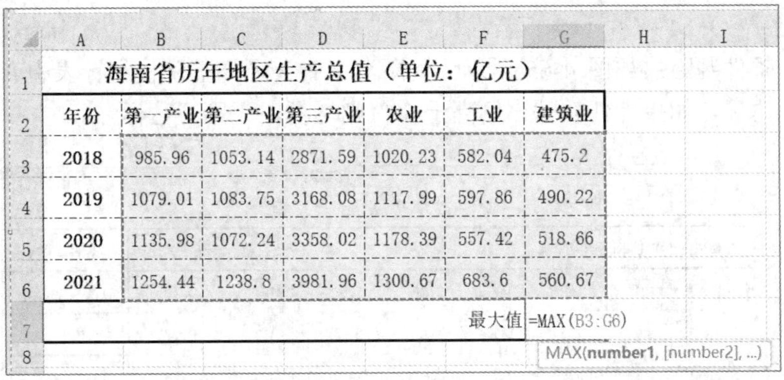

图 4-63 求最大值的效果

⑤ MIN（最小值）函数。

【语法】MIN(value1,value2,…)。

【参数】value1,value2：需要进行比较的数值参数。

【功能】返回一组数值中的最小值。

【注意】MIN 函数会忽略文本、空格。

【实例】求 2018—2021 年的生产总值中的最小值。

选中 G7 单元格，选择"开始"选项卡，选择"编辑"命令组中的"Σ"命令，在下拉菜单中选择"最小值"命令，这时在 G7 单元格中出现"=MIN(B3:G6)"函数命令，如图 4-64 所示。如果求最小值的单元格不相连，它们可用英文","间隔。

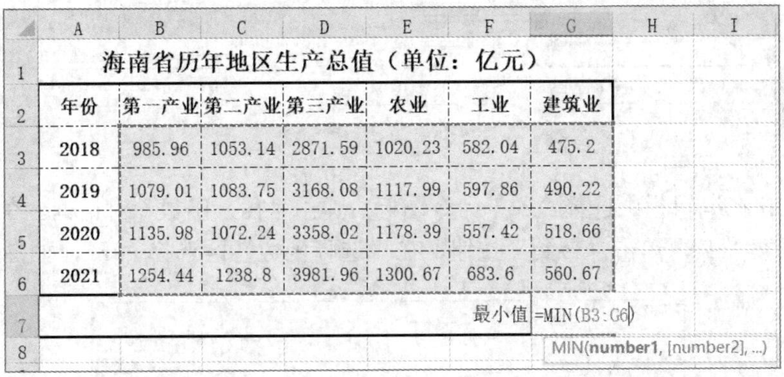

图 4-64 求最小值的效果

⑥ IF（逻辑）函数。

【语法】IF(logical_test ,value_if_true ,value_if_ false)。

【参数】

• logical_test：给定的判断条件，计算结果为 TRUE 或 FALSE 的任意值或表达式。

• value_if_true：条件成立返回的值，即 logical_test 为 TRUE 时返回的值。

• value_if_false：条件不成立返回的值，即 logical_test 为 FALSE 时返回的值。

【功能】执行真假值判断，根据逻辑计算的真假值，返回不同结果。

【实例】

- 单一条件判断：如图 4-65 所示，判断海南省普通高等院校统计表中专任教师比例是否达标，如果专任教师比例高于 60% 则达标，否则不达标。

类型	学校数	毕业生数	招生数	在校学生数	教职工数	专任教师	专任教师比例	是否达标
综合大学	4	22460	25789	94647	7053	4774	67.69%	
理工院校	4	7354	13564	41194	2596	2113	81.39%	
医药院校	3	3199	5222	16888	2058	1395	67.78%	
师范院校	2	7868	10134	33883	2908	1734	59.63%	
政法院校	1	1546	2520	6914	310	229	73.87%	

图 4-65　单一条件判断的数据

在 I3 单元格输入 IF 函数，按照以下方法操作。

方法一：在"公式"选项卡下，选择"逻辑"命令下拉菜单中的"IF"命令，如图4-66所示。

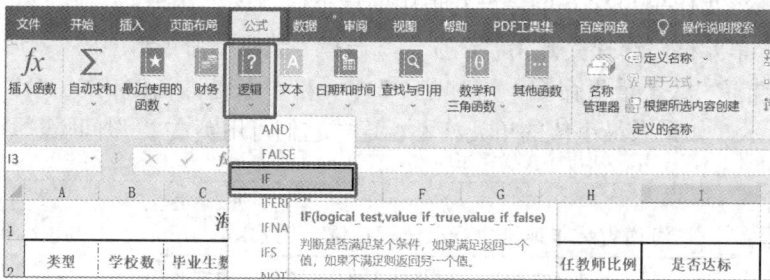

图 4-66　选择 IF 命令

方法二：在编辑栏中选择"　fx　"命令图标，弹出"插入函数"对话框。在对话框的搜索函数区搜索"if"，单击"转到"按钮，在"选择函数"区选择"IF"，如图 4-67 所示。

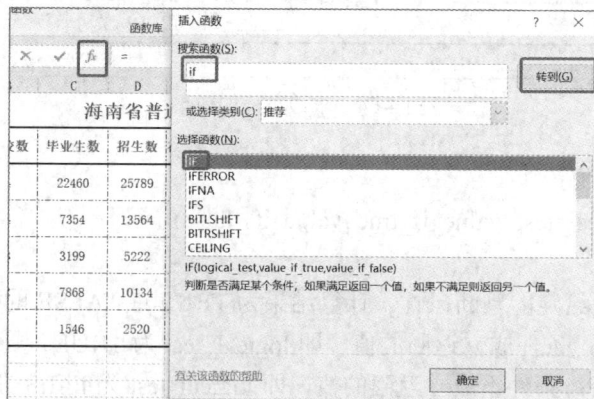

图 4-67　选择 IF 函数

在弹出的 IF "函数参数"对话框中对 3 个参数进行设置，这里的返回值是返回给 I3 单元格的值，因为 IF 函数是插入 I3 单元格的，如图 4-68 所示。

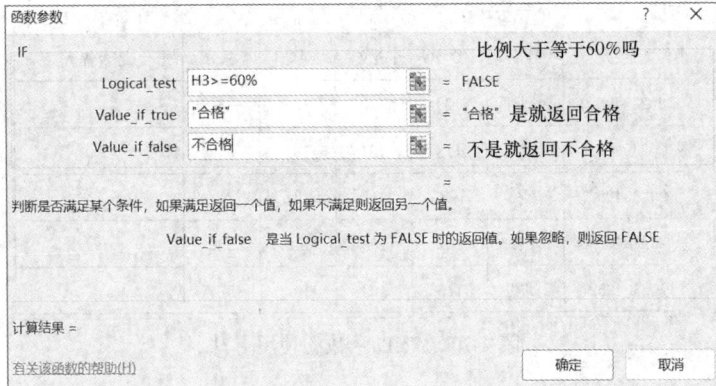

图 4-68　设置参数

- 多条件判断：IF 函数可以被嵌套使用，即 IF 函数中还可以使用 IF 函数做二次判断。基于单一条件判断的结果，在满足大于等于 60% 的基础上，如果比例大于等于 80% 则认定为"优秀"，低于 80% 大于等于 60% 则认定为"合格"。可以在 I3 单元格中使用函数"=IF(H3>=60%,IF(H3>=80%,'优秀'),'合格','不合格')"，如图 4-69 所示。

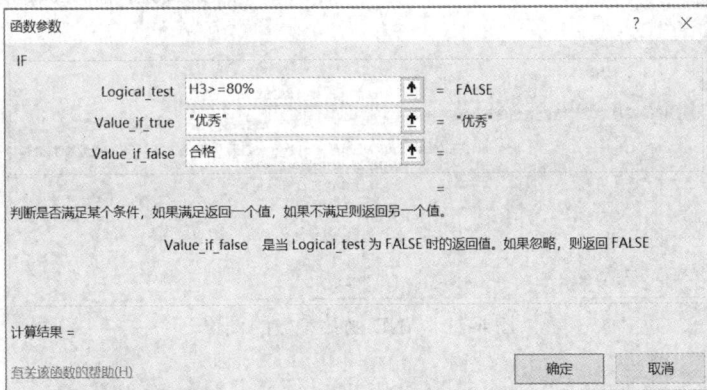

图 4-69　多条件判断

⑦ AND 函数。

【语法】AND(logical_test1, logical_test2,…)。

【参数】

- logical_test1：必需参数，要检验的第一个条件，其计算结果可以为 TRUE 或 FALSE。
- logical_test2：可选参数，要检验的其他条件，其计算结果可以为 TRUE 或 FALSE。该函数最多可包含 255 个条件。

【功能】所有参数的计算结果为 TRUE 时，返回 TRUE。只要有一个参数的计算结果为 FALSE，就返回 FALSE。

【实例】如果学生语文、数学、英语三门课的成绩都在 120 分以上，即判定其优秀，如图 4-70 所示。

	A	B	C	D	E	F	G
1	学号	姓名	数学	语文	英语	总分	是否优秀
2	2023040623	潘明明	123	110	107	340	
3	2023040624	金力	123	121	131	375	优秀
4	2023040625	李亮	98	115	131	344	
5	2023040626	李伟	102	108	110	320	
6	2023040627	石厚生	115	102	107	324	

图 4-70　AND 函数的使用方法

在 G2 单元格中插入 IF 函数"=IF(AND(C2>=120,D2>=120,E2>=120)=TRUE,'优秀')"。IF 函数的第一个参数嵌入一个 AND 函数，AND 函数参数的设置如图 4-71 所示。

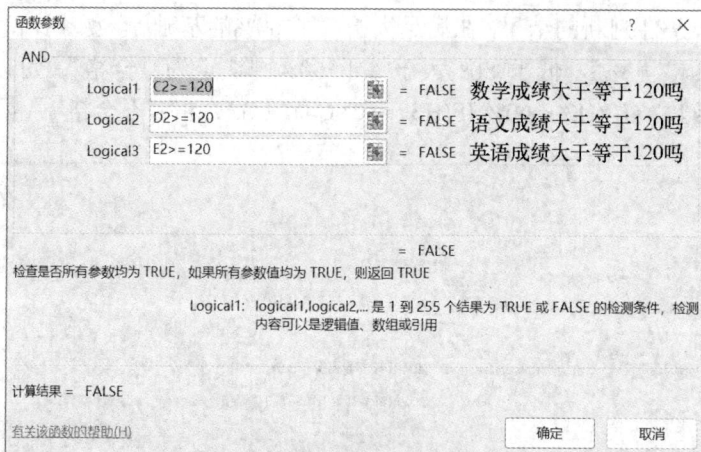

图 4-71　AND 函数参数的设置

⑧ OR 函数。

【语法】OR(logical_test1, logical_test2,…)。

【参数】

• logical_test1：必需参数，是要检验的第一个条件，其计算结果可以为 TRUE 或 FALSE。

• logical_test2：可选参数，是要检验的其他条件，其计算结果可以为 TRUE 或 FALSE，最多可包含 255 个条件。

【功能】当所有参数的计算结果中有一个为 TRUE 时，返回 TRUE；所有参数的计算结果为 FALSE 时，才返回 FALSE。

【实例】如果学生语文、数学、英语三门课的成绩有一门在 120 分以上，即判定其优秀，如图 4-72 所示。

	A	B	C	D	E	F	G
1	学号	姓名	数学	语文	英语	总分	是否优秀
2	2023040623	潘明明	123	110	107	340	优秀
3	2023040624	金力	123	121	131	375	优秀
4	2023040625	李亮	98	115	131	344	优秀
5	2023040626	李伟	102	108	110	320	
6	2023040627	石厚生	115	102	107	324	

图 4-72　OR 函数的使用方法

在 G2 单元格中插入 IF 函数 "=IF(OR(C2>=120,D2>=120,E2>=120)=TRUE, '优秀')"。IF 函数的第一个参数嵌入一个 OR 函数，OR 函数参数的设置如图 4-73 所示。

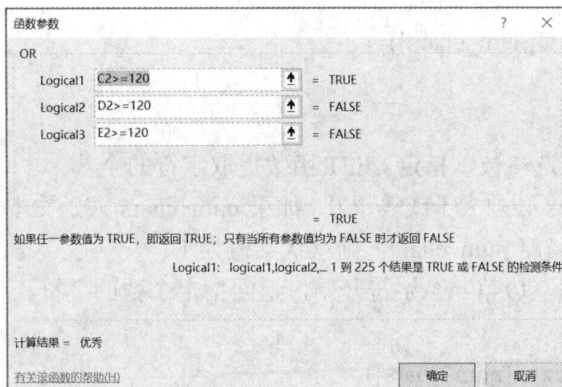

图 4-73　OR 函数参数的设置

（2）文本函数

① LEN（文本长度）函数。

【语法】LEN(text)。

【参数】text：要查找长度的文本。空格将作为字符进行计数。

【功能】返回文本串的字符数（也叫文本长度），中英文和数字都按 1 个字符计数。

【实例】求出身份证号位数，如果不是 18 位，则报异常，如图 4-74 所示。

	A	B	C	D	E
1	学号	姓名	身份证号	身份证号位数	是否异常
2	2023040623	潘明明	460002200209261002	18	
3	2023040624	金力	46402620002718323	17	异常
4	2023040625	李亮	463407200110176672	18	
5	2023040626	李伟	145302200012200035	18	

图 4-74　LEN 函数的使用方法

在 D2 单元格中输入函数"=LEN(C2)"，也可通过插入函数的方式，求出 C2 身份证号长度，并向下填充。在 E2 单元格中对 D2 的数据结果进行判断，如果不是 18 就输出"异常"，如图 4-75 所示。

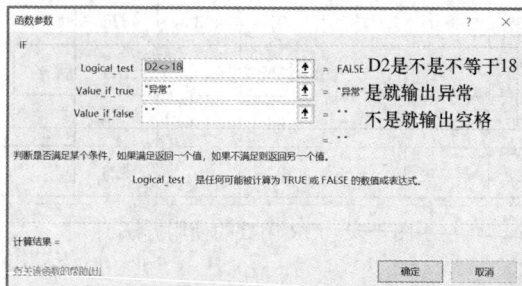

图 4-75　设置数据异常的条件

② LEFT 函数。

【语法】LEFT(text, [num_chars])。

【参数】

• text：文本内容。

• num_chars：可选参数，指定 LEFT 函数提取字符的个数。

【注意】num_chars 必须大于或等于 0。如果 num_chars 大于文本长度，则 LEFT 函数返回全部文本；如果省略 num_chars，则默认其值为 1。

【功能】从文本串左边第一个字符开始，返回指定个数的字符。

③ RIGHT 函数。

【语法】RIGHT(text , [num_chars])。

【参数】

• text：文本内容。

• num_chars：可选参数，指定 RIGHT 函数提取字符的个数。

【注意】num_chars 必须大于或等于 0。如果 num_chars 大于文本长度，则 RIGHT 返回全部文本；如果省略 num_chars，则默认其值为 1。

【功能】从文本串右边第一个字符开始，返回指定个数的字符。

④ MID 函数。

【语法】MID(text , start_num ,num_ chars)。

【参数】

• text：文本内容。

• start_num：必填，从文本中哪个位置开始提取，1 代表第 1 个位置，内容包含第 1 个位置的值。

• num_chars：必填，提取长度，也就是提取几个字符。

【功能】从文本串的指定位置提取指定长度的字符。

【实例】提取身份证号的前 6 位和最后 1 位，以及提取身份证号中的出生年份，效果如图 4-76 所示。

	A	B	C	D	E	F
1	学号	姓名	身份证号	提取前6位	提取最后1位	出生年份
2	2023040623	潘明明	460002200209261002	460002	2	2002年
3	2023040624	金力	464026200227183231	464026	1	2002年
4	2023040625	李亮	463407200310176672	463407	2	2003年
5	2023040626	李伟	145302200412200035	145302	5	2004年

图 4-76　提取身份证号的效果

在 D2 单元格中插入函数"=LEFT(C2,6)"，在 E2 单元格中插入函数"=RIGHT(C2,1)"，在 F2 单元格中插入函数 "=MID(C2,7,4)&"年""，然后向下填充，如图 4-77 所示。

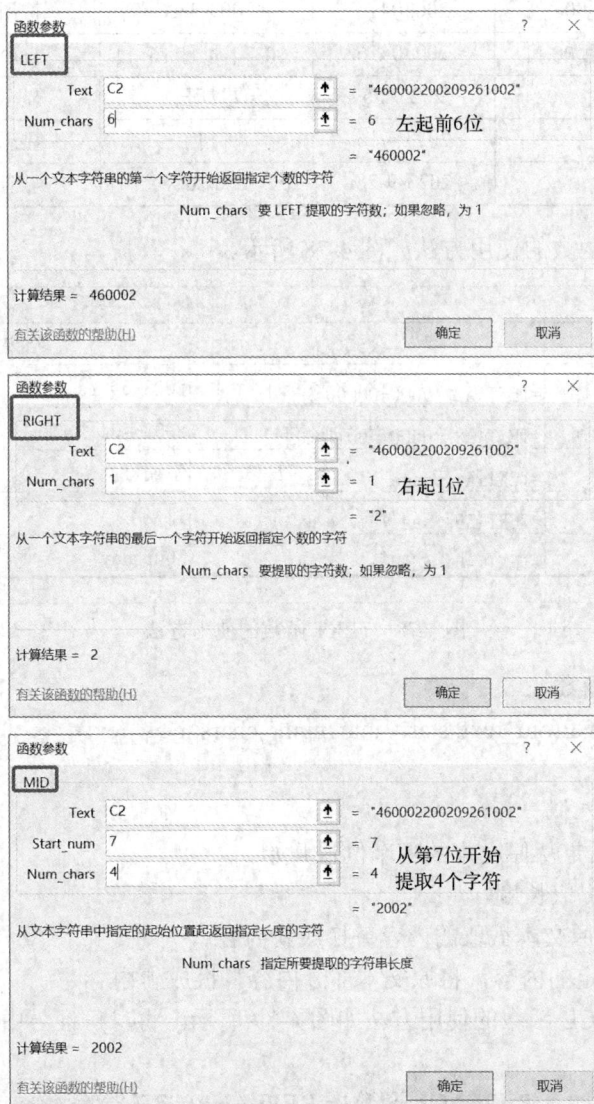

图 4-77　提取身份证号的参数设置

⑤ TEXT 函数。

【语法】TEXT(value, format_text)。

【参数】

- value：需要进行格式转换的内容，其值是某个数或计算结果为数值的公式，或对包含数值的单元格的引用。
- format_text：将数值转换成指定格式。

【功能】将数值转换为按指定数字格式表示的函数，见表 4-4。

表 4-4　将数值转换为按指定数字格式表示的函数

序号	格式	值	结果	说明
1	0000-00-00	20030416	2003-4-16	按所示形式表示日期
2	0000 年 00 月 00 日	20030416	2003 年 4 月 16 日	按所示形式表示日期
3	aaaa	2023/2/5	星期日	显示中文星期几全称
4	aaa	2023/4/16	日	显示中文星期几简称
5	dddd	2023-9-28	Thursday	显示英文星期几全称

【实例】TEXT 函数的使用方法如图 4-78 所示。

	A	B	C
1	值	公式	结果
2	20030416	=TEXT(A2,"0000-00-00")	2003-04-16
3	20030416	=TEXT(A3,"0000年00月00日")	2003年04月16日
4	2023/2/5	=TEXT(A4,"aaaa")	星期日
5	2023/4/16	=TEXT(A5,"aaa")	日
6	2023/9/28	=TEXT(A6,"dddd")	Thursday
7			

图 4-78　TEXT 函数的使用方法

⑥ REPLACE 函数。

【语法】REPLACE(old_text, start_num, num_chars, new_text)。

【参数】

- old_text：原文本。
- start_num：指定从原文本的哪个位置开始。
- num_chars：提取长度。
- new_text：把原文本截取的内容替换成新内容。

【功能】根据指定的内容，将原文本部分内容替换成新内容。

【实例】REPLACE 函数的使用方法如图 4-79 所示，将身份证号中的生日信息隐藏，以 "*" 代替。

在 D2 单元格中插入 REPLACE 函数 "=REPLACE(C2,7,8,"********")"，再向下填充，如图 4-80 所示。

	A	B	C	D
1	学号	姓名	身份证号	隐藏关键信息
2	2023040623	潘明明	460002200209261002	460002********1002
3	2023040624	金力	464026200227183231	464026********3231
4	2023040625	李亮	463407200310176672	463407********6672
5	2023040626	李伟	145302200412200035	145302********0035

图 4-79　REPLACE 函数的使用方法

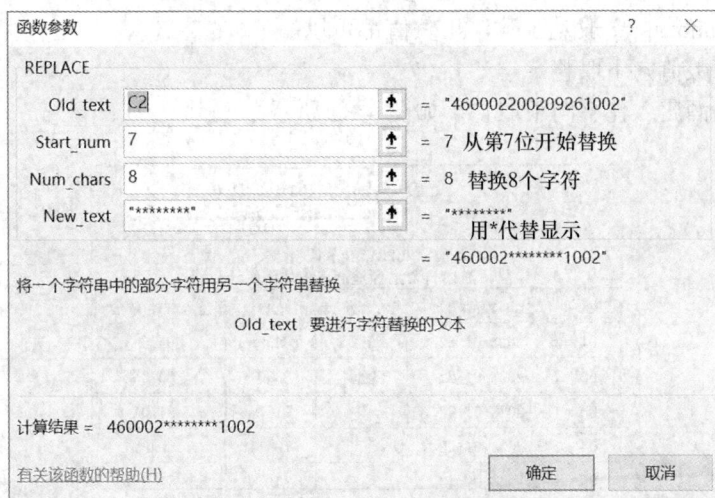

图 4-80　REPLACE 函数参数的设置

⑦ FIND 函数。

【语法】FIND(find_text, within_text, [start_num])。

【参数】

• find_text：要查找的字符串。

• within_text：包含要查找关键字的单元格，即被查找的单元格。

• start_num：可选项，指定开始查找的位，如果忽略，则假设其为 1。

【功能】对原始数据中某个字符串进行定位，从指定位置开始，返回找到的第一个匹配字符串的位置，而不管其后是否还有匹配的字符串。

【实例】找出在邮寄地址中出现"海口"字样的位置，如图 4-81 所示。

【注意】如果 find_text 是空文本()，则 FIND 函数会返回数值 1。find_text 不能包含通配符。

如果 within_text 中没有 find_text，则 FIND 函数返回错误值#VALUE!。

如果 start_num 小于或等于 0，则 FIND 函数返回错误值#VALUE!。

如果 start_num 大于 within_text 的长度，则 FIND 函数返回错误值#VALUE!。

E号	邮寄地址	E
092	海南省海口市琼山区新大洲大道	4
271	海南海口市西江路1号车友汽车装饰	3
101	海口市兰江街道西山路266号	1

=FIND("海口",D2,1)

图 4-81　FIND 函数的使用方法

（3）统计函数

① INT 函数。

【语法】INT(number)。

【参数】number：一般是小数，正负值都可以。

【功能】对数值向下取整。

【实例】对酒店入住率向下取整，如图 4-82 所示。

E3　=INT(D3*100)/100

序号	时间	地区	入住率	入住率取整
01	2023-01-22	三亚	84.9%	84.0%
02	2023-01-22	陵水	83.0%	83.0%
03	2023-01-22	保亭	81.1%	81.0%
04	2023-01-22	万宁	79.1%	79.0%
05	2023-01-22	琼海	74.7%	74.0%

2023年春节假日 海南自贸港各地酒店入住率统计

图 4-82　INT 函数的使用方法

② ROUND 函数。

【语法】ROUND(number,num_digits)。

【参数】

• number：要四舍五入的数字。

• num_digits：位数，按此位数对 number 参数进行四舍五入，即保留几位小数。

【功能】将数字四舍五入到指定的小数位。

【实例】求出每年的生产总值，并四舍五入保留 1 位小数，如图 4-83 所示。

H3　=ROUND(SUM(B3:G3),1)

海南省历年地区生产总值（单位：亿元）

年份	第一产业	第二产业	第三产业	农业	工业	建筑业	合计
2018	985.96	1053.14	2871.59	1020.23	582.04	470.2	6988.2
2019	1079.01	1083.75	3168.08	1117.99	597.86	490.22	7536.9
2020	1135.98	1072.24	3358.02	1178.39	557.42	518.66	7820.7
2021	1254.44	1238.8	3981.96	1300.67	683.6	560.67	9020.1

图 4-83　ROUND 函数的使用方法

【注意】如果 num_digits 大于 0，则将数字四舍五入到指定的小数位。如果 num_digits 等于 0，则将数字四舍五入到最接近的整数。如果 num_digits 小于 0，则在小数点左侧前几位进行四舍五入。

③ MOD 函数。

【语法】MOD(number, divisor)。

【参数】

- number：被除数。
- divisor：除数。

【功能】求得两个数值表达式进行除法运算后的余数。

【实例】某高校将新生以 45 人一个班进行分班，如图 4-84 所示。

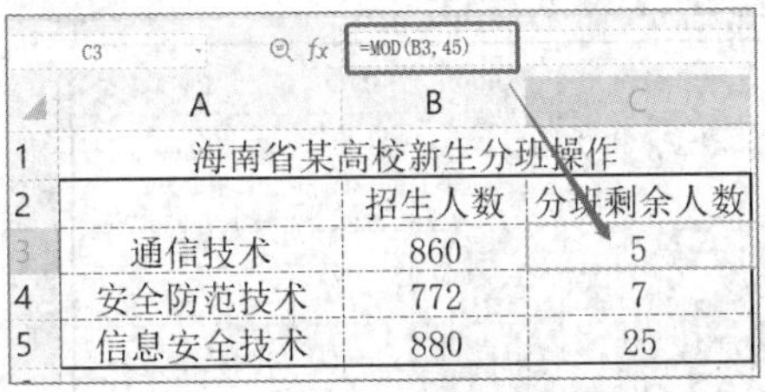

	A	B	C
1	海南省某高校新生分班操作		
2		招生人数	分班剩余人数
3	通信技术	860	5
4	安全防范技术	772	7
5	信息安全技术	880	25

图 4-84　MOD 函数的使用方法

④ RANK 函数。

【语法】RANK(number,ref, [order])。

【参数】

- number：找到数值的排位。
- ref：数字列表数组或对数字列表的引用。ref 中的非数值型值将被忽略。
- order：可选项，指明数字排位的方式，如果值为 0 或省略，则降序排列，否则升序排列。

【功能】返回一个数字在数字列表中的排位。

【实例】对生产总值按照从多到少进行排名，如图 4-85 所示。

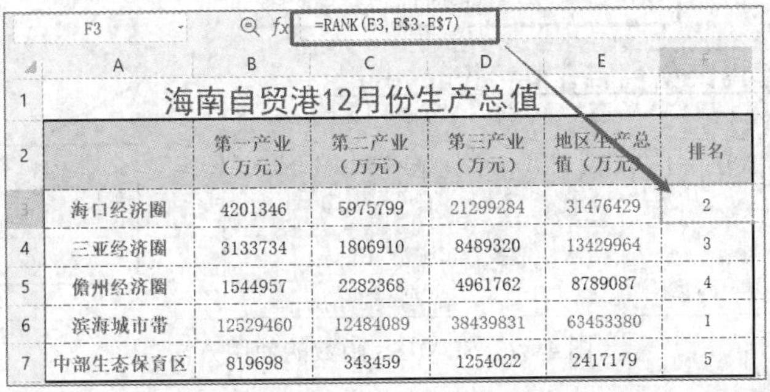

	A	B	C	D	E	F
1	海南自贸港12月份生产总值					
2		第一产业（万元）	第二产业（万元）	第三产业（万元）	地区生产总值（万元）	排名
3	海口经济圈	4201346	5975799	21299284	31476429	2
4	三亚经济圈	3133734	1806910	8489320	13429964	3
5	儋州经济圈	1544957	2282368	4961762	8789087	4
6	滨海城市带	12529460	12484089	38439831	63453380	1
7	中部生态保育区	819698	343459	1254022	2417179	5

图 4-85　RANK 函数的使用方法

【注意】如果使用填充的方式复制公式，在参数 ref 中需要使用“$”进行绝对引用。

⑤ SUMIF 函数。

【语法】SUMIF(range, criteria, [sum_range])。

【参数】

- range：用于条件判断的单元格区域。
- criteria：给定的求和条件。
- sum_range：求和区域，若省略则代表求和区域与条件所在区域一样。

【功能】对数据范围中符合指定条件的值求和。

【实例】求出各品牌总销售额，如图 4-86 所示。

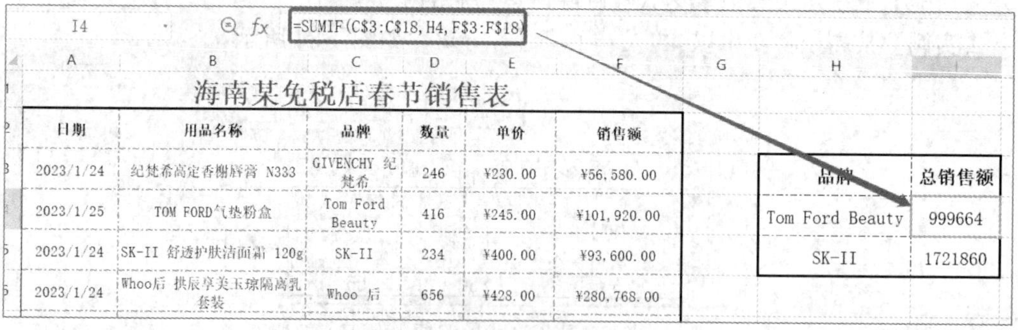

I4 =SUMIF(C$3:C$18,H4,F$3:F$18)

海南某免税店春节销售表

日期	用品名称	品牌	数量	单价	销售额
2023/1/24	纪梵希高定香榭唇膏 N333	GIVENCHY 纪梵希	246	¥230.00	¥56,580.00
2023/1/25	TOM FORD气垫粉盒	Tom Ford Beauty	416	¥245.00	¥101,920.00
2023/1/24	SK-II 舒透护肤洁面霜 120g	SK-II	234	¥400.00	¥93,600.00
2023/1/24	Whoo后 拱辰享美玉琼隔离乳套装	Whoo 后	656	¥428.00	¥280,768.00

品牌	总销售额
Tom Ford Beauty	999664
SK-II	1721860

图 4-86　SUMIF 函数的使用方法

⑥ SUMIFS 函数。

【语法】SUMIFS(sum_range, criteria_range1, criteria1, [criteria_range2, criteria2],…)。

【参数】

- sum_range：求和范围。
- criteria_range：条件范围。
- criteria：给定的求和条件。可以根据实际需要增加条件范围、求和条件。

【功能】多条件求和。

【实例】求出各品牌 25 日销售额，如图 4-87 所示。

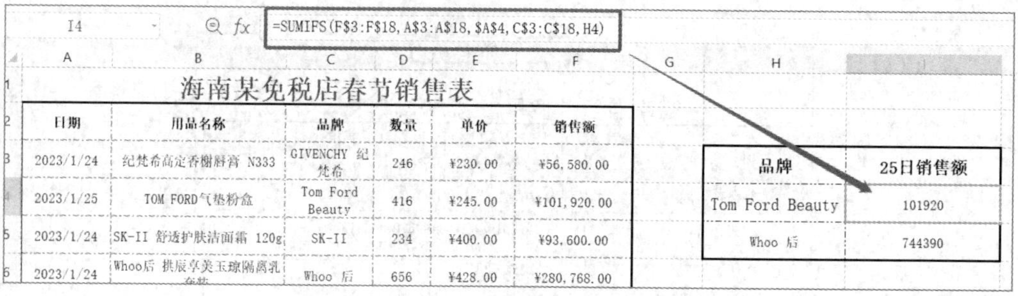

I4 =SUMIFS(F$3:F$18,A$3:A$18,$A$4,C$3:C$18,H4)

海南某免税店春节销售表

日期	用品名称	品牌	数量	单价	销售额
2023/1/24	纪梵希高定香榭唇膏 N333	GIVENCHY 纪梵希	246	¥230.00	¥56,580.00
2023/1/25	TOM FORD气垫粉盒	Tom Ford Beauty	416	¥245.00	¥101,920.00
2023/1/24	SK-II 舒透护肤洁面霜 120g	SK-II	234	¥400.00	¥93,600.00
2023/1/24	Whoo后 拱辰享美玉琼隔离乳套装	Whoo 后	656	¥428.00	¥280,768.00

品牌	25日销售额
Tom Ford Beauty	101920
Whoo 后	744390

图 4-87　SUMIFS 函数的使用方法

⑦ COUNTIF 函数。

【语法】COUNTIF(range,criteria)。

【参数】

- range：计算非空单元格数目的区域。
- criteria：给定的计数条件。

【功能】对指定区域中符合指定条件的单元格计数。

【实例】统计海南省学生人数，如图 4-88 所示。

图 4-88　COUNTIF 函数的使用方法

⑧ COUNTIFS 函数。

【语法】COUNTIFS(criteria_range1, criteria1, [criteria_range2, criteria2],…)。

【参数】

- criteria_range：条件区域。
- criteria：给定的计数条件。

【功能】与 COUNTIF 函数的用法类似，用于多条件计数。

【实例】统计出海南省女学生人数，如图 4-89 所示。

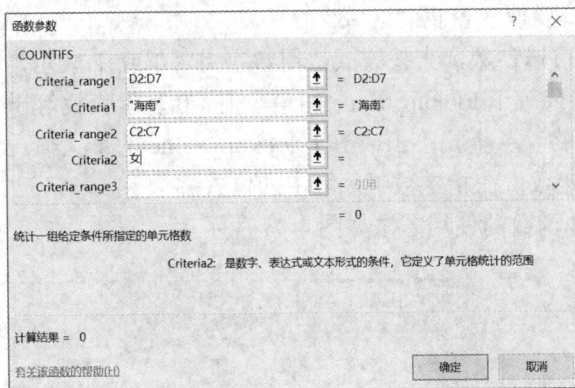

图 4-89　COUNTIFS 函数的使用方法

（4）查找与引用函数

① VLOOKUP 函数。

【语法】VLOOKUP(lookup_value,table_array,col_index_num, [range_lookup])。

【参数】

- lookup_value：需要在数据表第一列查找的值。lookup_value 可以为数值、引用或文本字符串。当 VLOOKUP 函数的第一个参数省略查找值时，表示用 0 查找。
- table_array：需要查找数据的区域。
- col_index_num：返回数据在查找区域的列数。
- range_lookup：近似匹配或精确匹配，分别表示为 1/TRUE（近似）或 0/FALSE（精确）。

【注意】查找内容必须在查找区域的第一列。

【功能】按列查找，返回查询序列对应的数据。

【实例】在左表中找出右表中学生的总分，如图 4-90 所示。

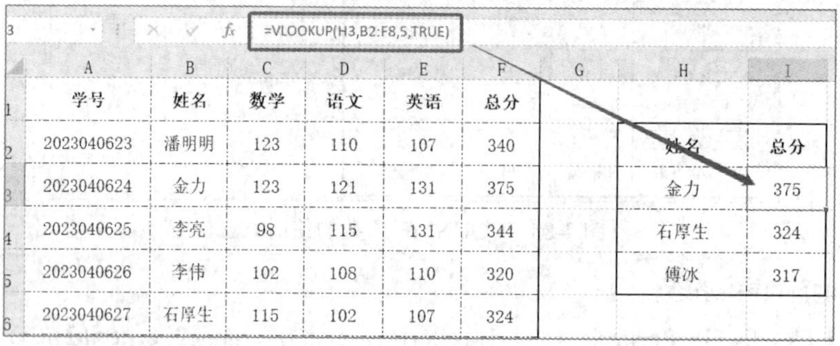

学号	姓名	数学	语文	英语	总分
2023040623	潘明明	123	110	107	340
2023040624	金力	123	121	131	375
2023040625	李亮	98	115	131	344
2023040626	李伟	102	108	110	320
2023040627	石厚生	115	102	107	324

姓名	总分
金力	375
石厚生	324
傅冰	317

图 4-90　VLOOKUP 函数的使用方法

② MATCH 函数。

【语法】MATCH(lookup_value, lookup_array, [match_type])。

【参数】

- lookup_value：需要查找的值。
- lookup_array：要搜索查找的区域。
- match_type：可选参数，查找方式，用数字−1、0 或 1 表示，默认为 1，其中，−1 表示查找大于或等于 lookup_value 的最小值，0 表示查找等于 lookup_value 的第一个值，1 或省略表示查找小于或等于 lookup_value 的最大值。

【功能】返回指定数值在指定数组区域中的位置。

【实例】MATCH 函数的使用方法如图 4-91 所示。

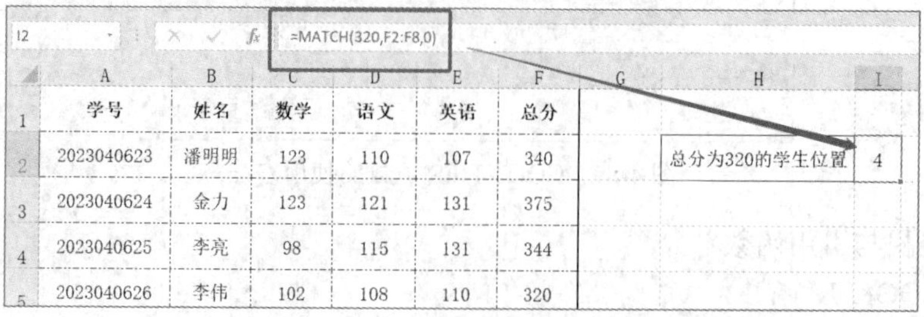

学号	姓名	数学	语文	英语	总分
2023040623	潘明明	123	110	107	340
2023040624	金力	123	121	131	375
2023040625	李亮	98	115	131	344
2023040626	李伟	102	108	110	320

图 4-91　MATCH 函数的使用方法

（5）日期函数

① TODAY 函数：返回当前的日期（不需要参数），该日期会改变。该函数的使用方法如图 4-92 所示。

② NOW 函数：返回当前系统的日期和时间（不需要参数），日期和时间会改变。该函数的使用方法如图 4-93 所示。

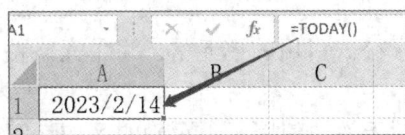

图 4-92　TODAY 函数的使用方法

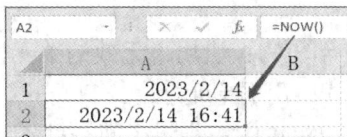

图 4-93　NOW 函数的使用方法

③ YEAR 函数：返回日期的年份值，是一个介于 1900～9999 的数字。该函数的使用方法如图 4-94 所示。

④ MONTH 函数：返回月份值，是一个介于 1～12 的数字。该函数的使用方法如图 4-95 所示。

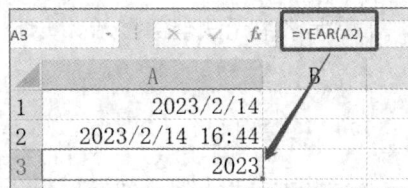

图 4-94　YEAR 函数的使用方法

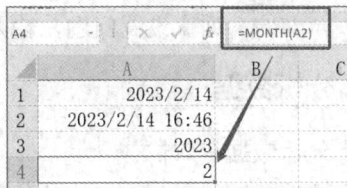

图 4-95　MONTH 函数的使用方法

⑤ DAY 函数：返回一个月中第几天的数值，是介于 1～31 的数字。该函数的使用方法如图 4-96 所示。

⑥ DATE 函数。

【语法】DATE(year,month,day)。

【参数】

• year：年。

• month：月。

• day：日。

【功能】返回日期代码中代表日期的数字。

【实例】DATE 函数的使用方法如图 4-97 所示。

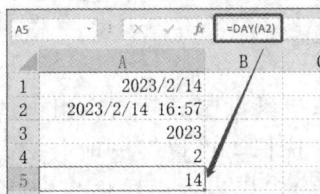

图 4-96　DAY 函数的使用方法

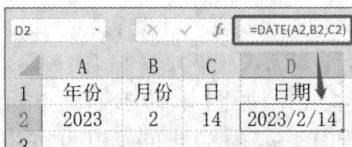

图 4-97　DATE 函数的使用方法

常见错误类型如下。

① #DIV/0!：除数为零。

② #NAME?：在公式中使用了不能识别的名称；删除了公式中使用的名称；使用了不存在的名称；函数名拼写错误。

③ #VALUE!：使用了不正确的参数或运算符；在需要输入数字或逻辑值时输入了文本。

④ #REF!：引用了无效的单元格地址；删除了公式引用的单元格；将单元格粘贴到其他公式引用的单元格中。

⑤ #NULL!：指定了两个并不相交的区域，故无效；使用了不正确的区域运算符；引用了不正确的单元格。

⑥ #N/A：函数或公式中引用了无法使用的数值；内部函数或自定义工作表函数中缺少一个或多个参数；使用的自定义工作表函数不存在；VLOOKUP 函数中的查找值 lookup_value、FALSE/TRUE 参数指定了不正确的值域。

⑦ #NUM!：数字类型不正确，在需要数字参数的函数中使用了不能接受的参数；由公式产生的数字太大或太小。

⑧ ######：列宽设置问题，输入的数值太长，在单元格中无法全部显示。

4.2.4 分析数据

1. 分析数据有效性

为了保证输入的数据符合一定的要求，我们需要验证数据的有效性。例如规定某个单元格只能输入日期为 2023/1/23—2023/1/27 的数据，如果超出时间范围则提示错误，如图 4-98 所示。

	日期	用品名称	品牌	数量	单价	销售额
			海南某免税店春节销售表			
3		迪奥花秘瑰萃乳霜	Dior 迪奥	100	¥2,560.00	
4		SK-II 赋能焕采眼霜双瓶装	SK-II	121	¥1,060.00	
5		纪梵希墨藻精华	GIVENCHY 纪梵希	123	¥2,465.00	
6		SK-II 舒透护肤洁面霜 120g	SK-II	234	¥400.00	
7		后天率丹和率提拉滋养液	Whoo 后	234	¥685.00	

图 4-98　指定单元格的输入内容

选择 A3:A7 单元格区域，选择"数据"选项卡"数据工具"命令组中的"数据验证"命令，如图 4-99 所示。在弹出的对话框中，选择"设置"选项卡，设置允许"日期""介于"有效时间。用户可根据具体需求设置输入提示或出错信息，如图 4-100 所示。

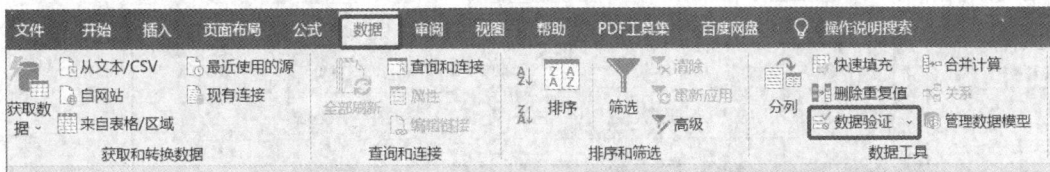

图 4-99 数据验证

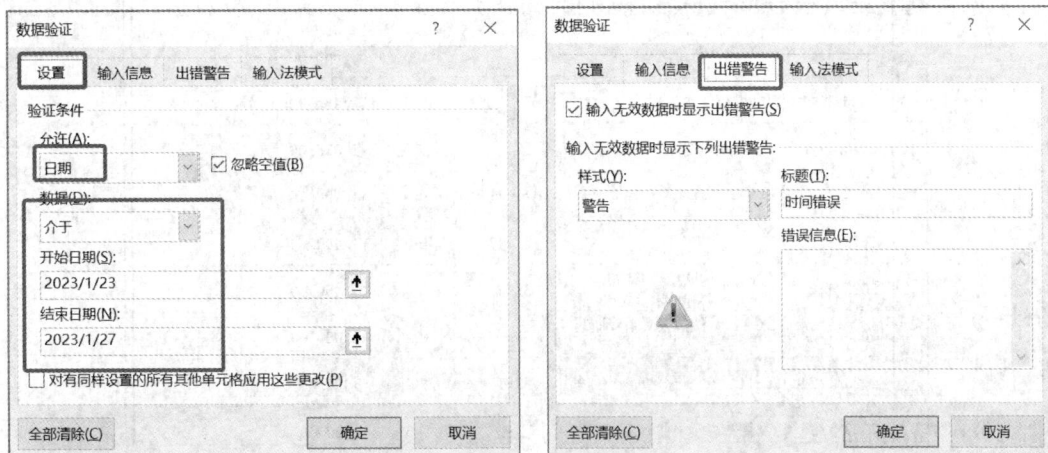

图 4-100 设置日期和出错警告

当输入的数据不在设置的数据范围内时，Excel 会弹出"时间错误"提示框，如图 4-101 所示。

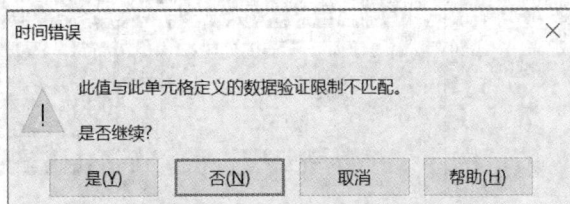

图 4-101 验证数据的有效性

2. 对数据排序

我们可以对数据进行排序，使数据看起来整齐。要排序的数据如图 4-102 所示。

（1）按升序或降序排列数据

按日期对图 4-102 中的数据进行排序，升序即按从小到大的顺序排列，降序即按从大到小的顺序排列，操作方法如下。

- 选中"日期"列的任意一个单元格，选择"开始"选项卡，在"编辑"命令组的"排序和筛选"命令下拉菜单中选择"升序"或"降序"。
- 选中"日期"列的任意一个单元格，选择"数据"选项卡，选择"排序和筛选"命令组中的" "或" "命令图标分别进行降序或升序排列，如图 4-103 所示。

图 4-102 要排序的数据

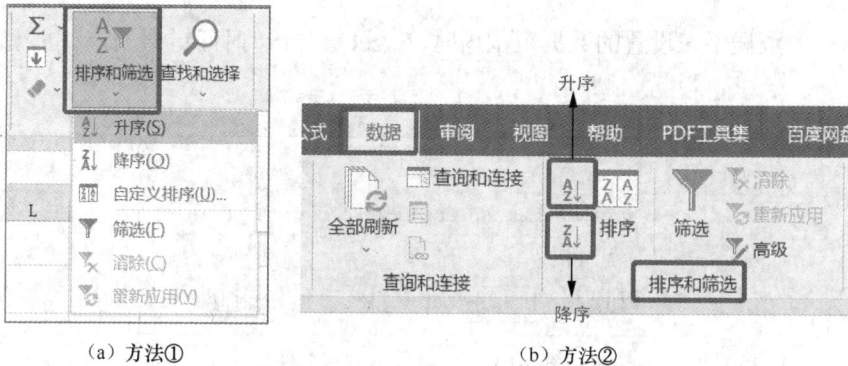

（a）方法①　　　　　　　　　（b）方法②

图 4-103 按升序或降序排列数据

（2）自定义排序

自定义排序可以用于单字段名排序，也可以用于多字段名排序。下面将表格中的数据按照"日期"和"品牌"这两个字段排序，如图 4-104 所示。

自定义排序的方法如下。

- 选中 A2:F18 单元格区域，选择"开始"选项卡，选择"编辑"命令组中的"排序和筛选"。在命令下拉菜单中选择"自定义排序"，如图 4-105 所示，在弹出的"排序"对话框中先单击"添加条件"，增加"次要关键字"设置项，然后按要求设置"排序依据"和"次要关键字"，如图 4-106 所示。

	A	B	C	D	E	F
1	海南某免税店春节销售表					
2	日期	用品名称	品牌	数量	单价	销售额
3	2023/1/23	SK-II 光蕴钻白环采精华露 50ml（小灯泡）	SK-II	450	¥1,400.00	
4	2023/1/23	SK-II 护肤精华露 250ml（神仙水）	SK-II	600	¥1,450.00	
5	2023/1/23	纪梵希墨藻精华	GIVENCHY 纪梵希	123	¥2,465.00	
6	2023/1/23	纪梵希墨藻轻润面霜	GIVENCHY 纪梵希	245	¥1,935.00	
7	2023/1/23	迪奥花秘瑰萃乳霜	Dior 迪奥	100	¥2,560.00	
8	2023/1/23	迪奥真我纯真香水	Dior 迪奥	380	¥1,190.00	
9	2023/1/24	Whoo后 拱辰享美玉琼隔离乳套装	Whoo 后	656	¥428.00	
10	2023/1/24	TOM FORD奢金柔光粉气垫 SPF50	Tom Ford Beauty	408	¥1,068.00	
11	2023/1/24	TOM FORD奢金柔光粉底液 SPF50/PA	Tom Ford Beauty	600	¥770.00	
12	2023/1/24	SK-II 赋能焕采眼霜双瓶装	SK-II	121	¥1,060.00	
13	2023/1/24	SK-II 舒透护肤洁面霜 120g	SK-II	234	¥400.00	
14	2023/1/24	纪梵希高定香榭唇膏 N333	GIVENCHY 纪梵希	246	¥230.00	

图 4-104 按照"日期"和"品牌"两个字段排序

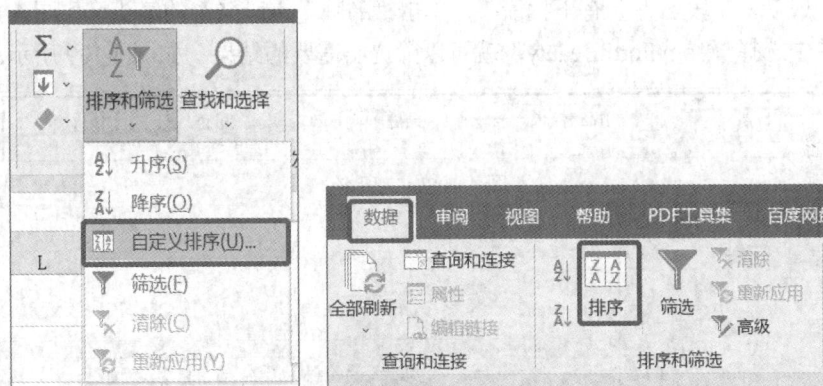

图 4-105 自定义排序

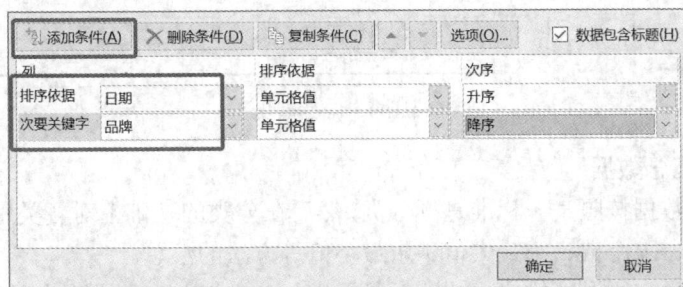

图 4-106 设置关键字

- 选中 A2:F18 单元格区域，选择"数据"选项卡，选择"排序和筛选"命令组中的"排序"命令，弹出"排序"对话框，在对话框中进行相应的设置。

3．筛选数据

当我们需要查看表格中某字段的一些具体内容时，可以使用筛选功能。例如要查看图 4-104 中"Tom Ford Beauty"品牌的所有销售情况，有以下 2 种筛选方法。

- 选中字段名行或任意表格区域的单元格，选择"开始"选项卡，在"编辑"命令组的"排序和筛选"命令下拉菜单中选择"筛选"。
- 选中字段名行或任意表格区域的单元格，选择"数据"选项卡"排序和筛选"命令组中的"筛选"图标命令，如图 4-107 所示。选中字段名行或任意表格区域的单元格，按"Ctrl+Shift+L"组合键可以快速筛选。

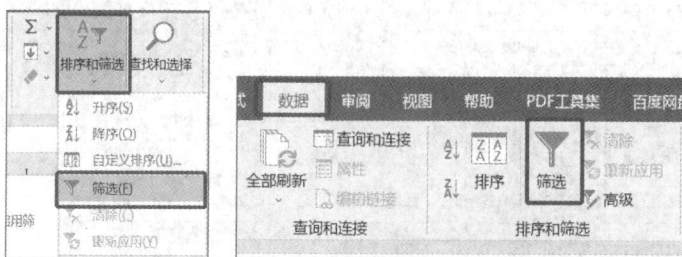

图 4-107　筛选

筛选完成后，字段名行会有下拉箭头，单击"品牌"字段名旁的箭头，如图 4-108 所示。在下拉菜单中选择"Tom Ford Beauty"就可以筛选出需要的结果，如图 4-109 所示。

图 4-108　字段名

图 4-109　筛选结果

4．分类并汇总数据

首先对表格数据按照某一标准进行分类，然后在分类的基础上对各类别相关数据进行求和、求平均数、求个数、求最大值、求最小值等方法的汇总。

只有按照分类字段进行排序，才能对数据进行分类汇总。下面根据日期统计图 4-102 中的销售额，具体操作步骤如下。

① 按"日期"字段对表格中的数据进行排序。

② 选择表格中任意一个单元格或直接选择"A2:F18"单元格区域，选择"数据"选项卡"分级显示"命令组中的"分类汇总"命令，如图 4-110 所示。

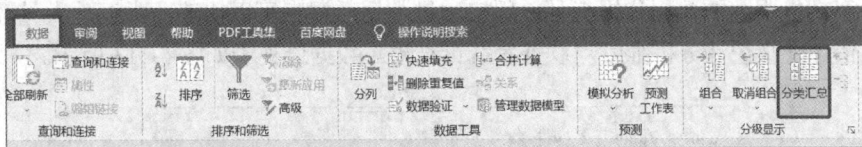

图 4-110　数据分类汇总

③ 设置"分类字段"为"日期"，"汇总方式"为"求和"，"选定汇总项"为"销售额"，如图 4-111 所示。

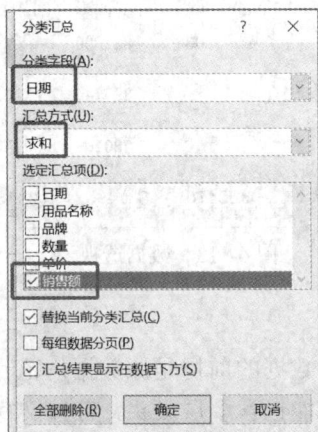

图 4-111　分类汇总

分类汇总完成后，可以单击左上角的数字进行分级显示，如图 4-112 所示。

图 4-112　分级显示

4.2.5　制作图表

1. 数据透视表

数据透视表是一种交互式的表，可以用于进行某些计算，如求和与计数等。用户可以动态地改变数据透视表的版面布置，以便按照不同方式分析数据；也可以给数据透视表重新编排行号、列号和页字段。每一次改变版面布置，数据透视表都会立即按照新的布置重新计算数据。另外，如果原始数据发生更改，则数据透视表中的数据也会随着更改。数据透视表是一个功能强大的数据分析工具，用户通过数据透视表可以快速分类汇总大量数据，并根据需求快速变换统计分析维度，以查看统计结果。数据透视表如图 4-113 所示。

求和项:销售额	列标签			
行标签	2023/1/23	2023/1/24	2023/1/25	总计
Dior 迪奥	708200	858000		1566200
GIVENCHY 纪梵希	777270	56580		833850
SK-II	1500000	221860		1721860
Tom Ford Beauty		897744	101920	999664
Whoo 后		280768	744390	1025158
总计	2985470	2314952	846310	6146732

图 4-113　数据透视表

（1）整理数据

使用数据透视表汇总、分析数据的前提是原数据规范且正确。对原数据的要求是：不能包含空白的数据行或者列；不能包含多层表头，有且仅有一行标题；不能包含对数据汇总的小计行；不能包含合并单元格；数据格式必须统一规范。

（2）处理数据

删除数据中重复值的操作步骤如下。

① 选中表格中的一个单元格。

② 选择"数据"选项卡中的"删除重复项"。

③ 选择合适的"列"，单击"确定"按钮。

（3）创建数据透视表

数据准备好后就可以创建数据透视表了，操作步骤如下。

① 选中单元格，选择"插入"选项卡。

② 选择"数据透视表"，单击"确定"按钮。

默认在一个新的工作表中生成数据透视表，我们也可以选择在现有工作表中生成数据透视表。

制作数据透视表时，一定要清楚需要分析的数据有哪些，哪些字段应该位于哪个区域，这样才能把字段添加到相应的区域。下面根据不同品牌查看图 4-102 中每天的销售额，操作步骤如下。

① 选择"插入"选项卡"表格"命令组中的"数据透视表"命令，如图 4-114 所示。在下拉菜单中选择"表格和区域"。

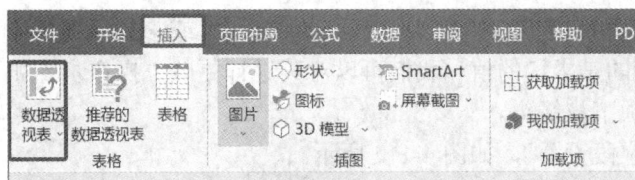

图 4-114　选择"数据透视表"

② 在弹出的对话框中，设置"表/区域"为"Sheet11!$A$2:$F$18"单元格区域，也可以通过对话框右边的选择按键进行选择；设置透视表的放置位置在"现有工作表"中，起始位置为"Sheet11!I4Sheet11!$H$2"单元格，如图 4-115 所示。

图 4-115　制作数据透视表

③ 在弹出的"数据透视表字段"窗口中选择"日期""品牌""销售额"字段，设置"日期"字段在"列"区域，"品牌"字段在"行"区域，"值"为对"求和项：销售额"的汇总，如图 4-116 所示。

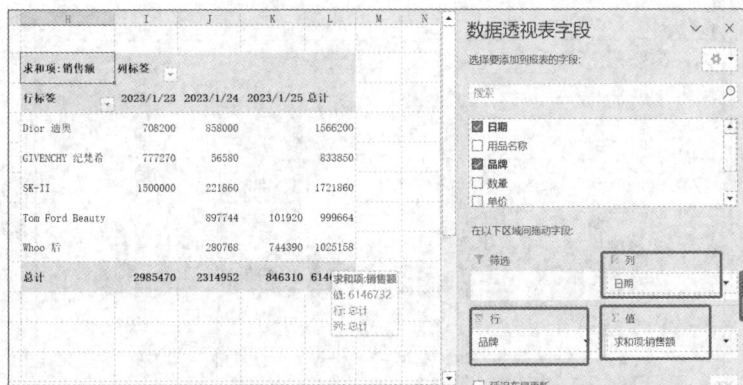

图 4-116　设置数据透视表的字段

数据透视表默认有行、列总计，我们可以自行取消这些默认项，具体操作如下。
① 在数据透视表上单击鼠标右键，在弹出的快捷菜单中选择"数据透视表选项"。

② 选择"汇总和筛选",取消勾选"显示行总计"或"显示列总计"。

值区域中默认的是求和的值,我们可以对其进行更改,操作步骤如下。

① 单击求和项下拉箭头。

② 选择"值字段设置",如图 4-117 所示。

③ 更改"值汇总方式"和"值显示方式",如图 4-118 所示。值汇总方式有最大值、最小值、平均值等,值显示方式有百分比、差异等。

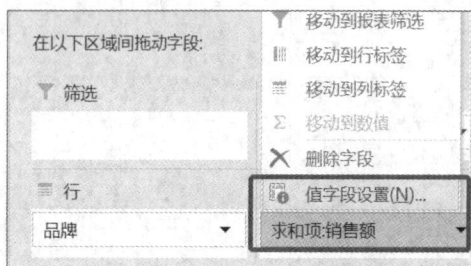

图 4-117 选择"值字段设置"

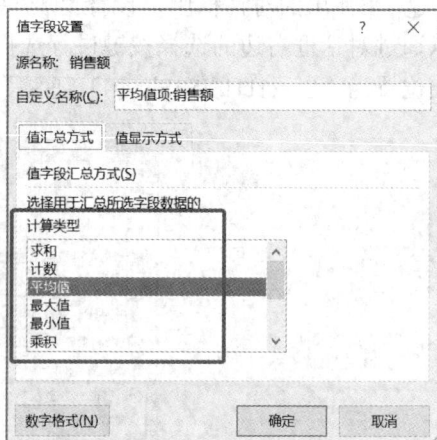

图 4-118 值汇总方式

2. 图表分析工具

图表是 Excel 的一个亮点,用户不需要设计复杂的代码即可制作出规范、美观的分析图。有时我们直接通过表格很难看出有用的信息,但是使用图表就可以很直观地发现数据的价值。使用图表的示例如图 4-119 所示。

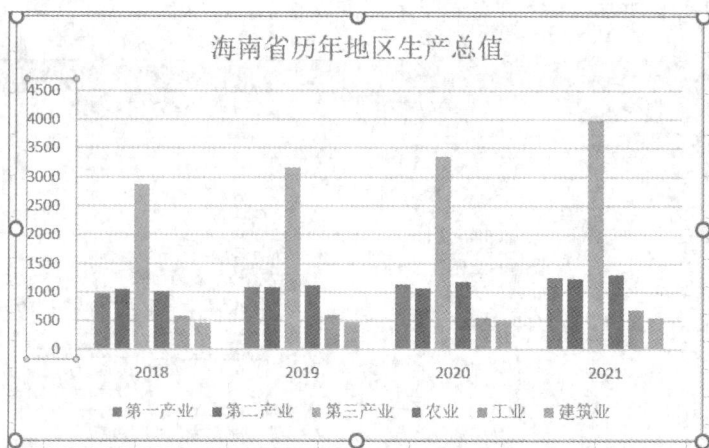

图 4-119 使用图表的示例

（1）图表类型

Excel 提供的图表类型及其用途如下。

① 柱形图或条形图：可以用于比较数据的大小，也可以用于强调类别或数据的结构（有时可代替饼图），是常用的图表类型。

② 饼图：用于进行比重分析。用户可以通过饼图查看不同数据所占的比例。

③ 折线图：便于用户查看数据的变化趋势，了解数据的变化情况，判断是否存在异常情况。

④ 面积图：便于用户查看数据的范围。

⑤ 雷达图：常用于各种指标的预警。

⑥ 股价图：又称瀑布图，便于用户查看数据的增减情况。

⑦ XY 散点图或气泡图：用于对比多组数据。

（2）创建图表

将图 4-120 所示的海南省历年地区生产总值的表格数据生成一个柱形图，操作步骤如下。

图 4-120　表格数据

① 选中表格区域"A2:G6"。

② 单击"插入"选项卡，选择"图表"命令组"插入柱形图或条形图"命令中的"簇状柱形图"命令，如图 4-121 所示。

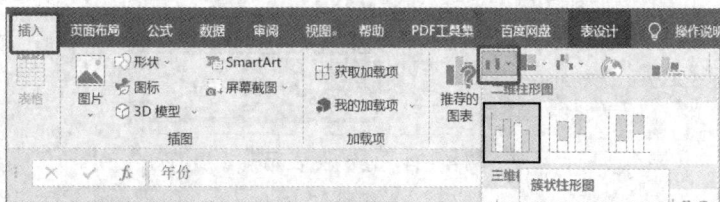

图 4-121　选择"簇状柱形图"命令

（3）设置图表

选中图表后，选项卡中会出现"图表工具"，其中包含"图表设计""格式"命令组，如图 4-122 所示。用户可以对图表进行"样式""格式"设置。

① 修改图表标题。

双击图表上的"图表标题"，进入图表标题的编辑状态，鼠标

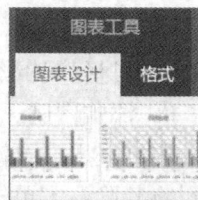

图 4-122　图表工具

指针变成闪烁的光标。此时，"图表标题"是一个文本框，可输入文本。

如果插入图表后系统默认没有标题，可以通过以下方式添加标题。

- 单击图表，图表右上角出现 "➕"，单击 "➕"，在下拉菜单中选择 "图表标题" 的 "图表上方" 命令，如图 4-123 所示。

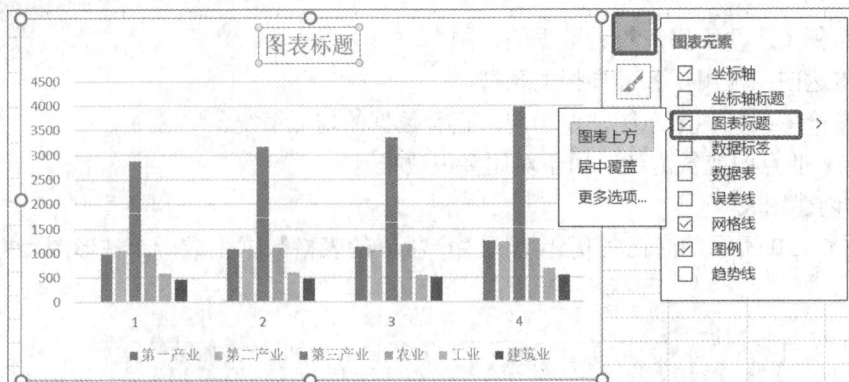

图 4-123　添加图表标题

- 单击图表，功能区会出现 "图表工具"，选择 "图表设计" 命令组，在 "图表布局" 选项中选择 "添加图表元素"，在下拉菜单中选择 "图表标题" 的 "图表上方" 命令，如图 4-124 所示。

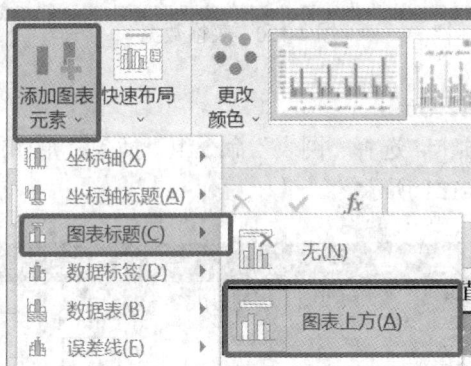

图 4-124　修改图表元素

② 添加坐标轴标题。

单击选择图表，图表右上角出现 "➕"，单击 "➕"，在下拉菜单中选择 "坐标轴标题"，用户可以根据需要选择 "主要横坐标轴" 和 "主要纵坐标轴"，然后单击图表中出现的标题框进行编辑，如图 4-125 所示。

③ 添加图例。

图例采用不同颜色、线型对图形表示的意义进行注释。用户可以调整图例的位置，也可以将其隐藏。单击图表，图表右上角出现 "➕"，单击 "➕"，在下拉菜单中选择 "图例"，根据需要进行相应的设置，如图 4-126 所示。

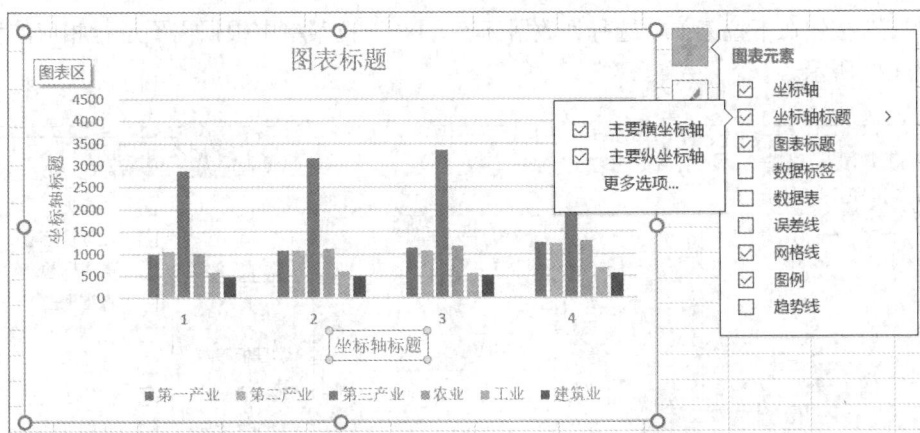

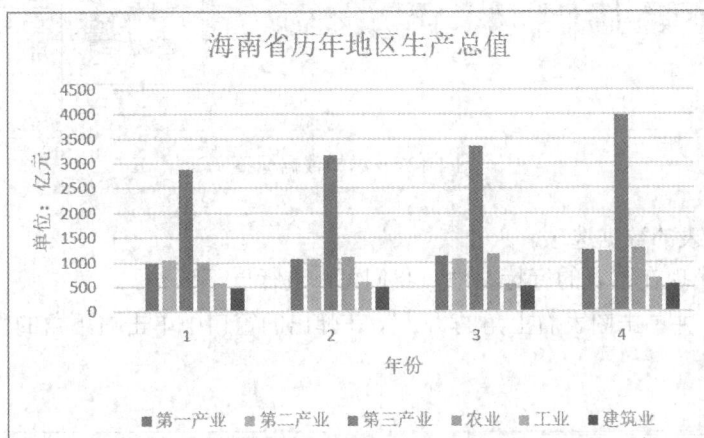

图 4-125　添加坐标轴标题

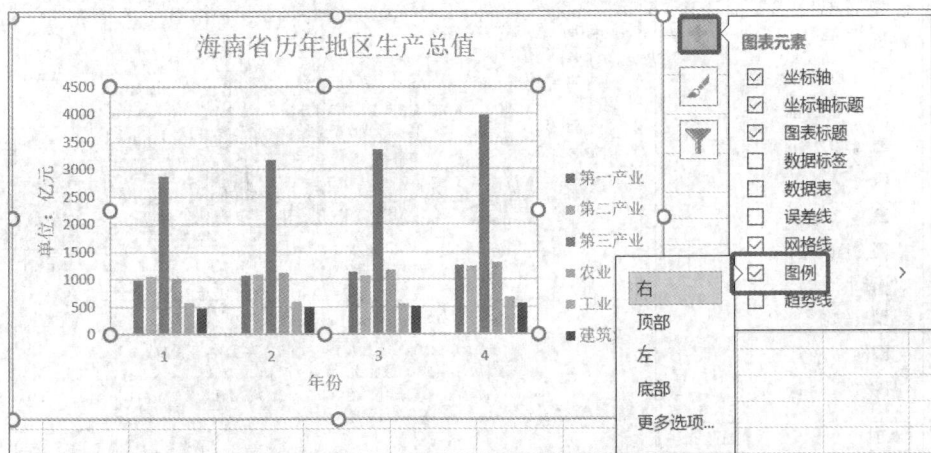

图 4-126　添加图例

④ 添加数据标签。

数据标签是将图表中图形表示的具体数值显示出来。单击图表，图表右上角出现"＋"，单击"➕"按钮在下拉菜单中选择"数据标签",在下拉菜单中根据需要进行相应的设置,如图 4-127 所示。

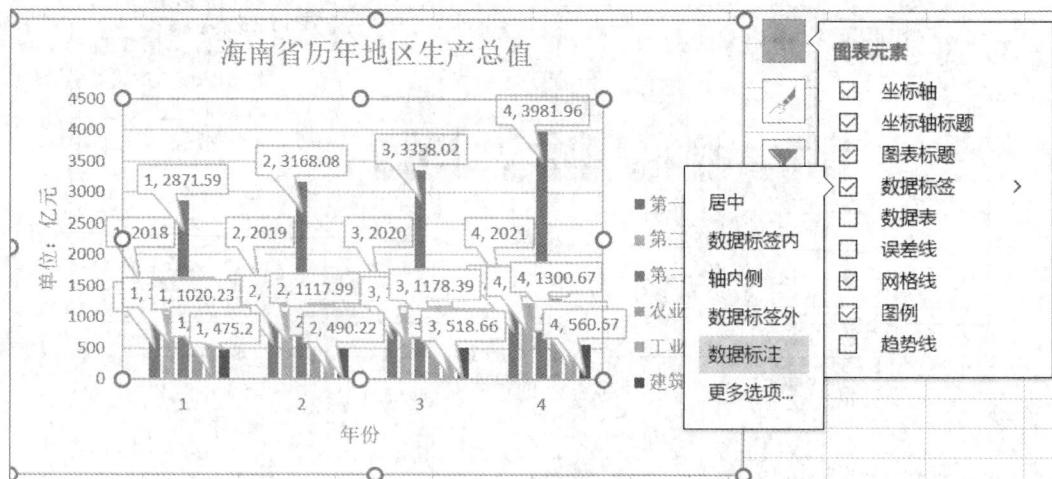

图 4-127　添加数据标签

⑤ 修改图表的数据选项。

年份应该出现在图表的行标签中,我们可以进行以下调整。

单击图表,并单击图表右上角的"🔻",在弹出的窗口中单击右下角的"选择数据…",如图 4-128 所示。

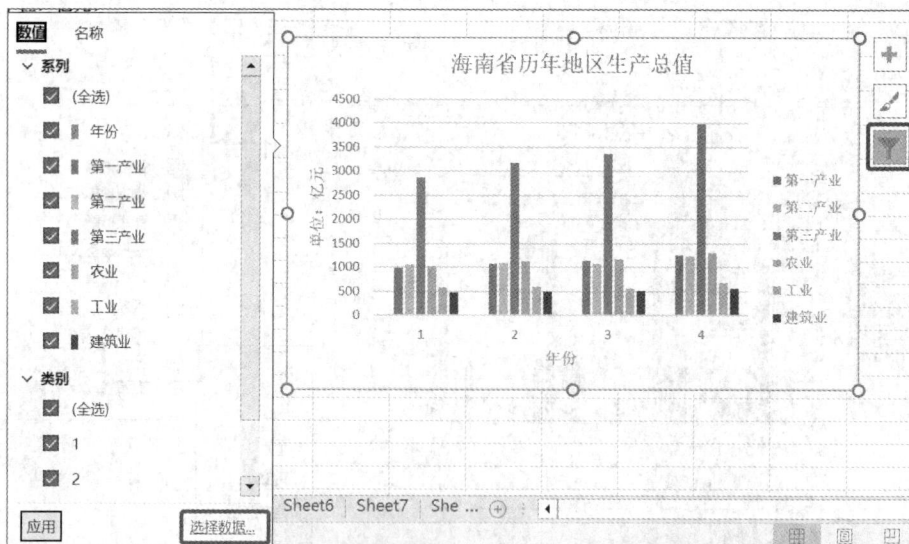

图 4-128　选择数据

在弹出的"选择数据源"对话框中,在"图例项(系列)"中删除"年份",单击"水平(分类)轴标签"下的"编辑",如图 4-129 所示。

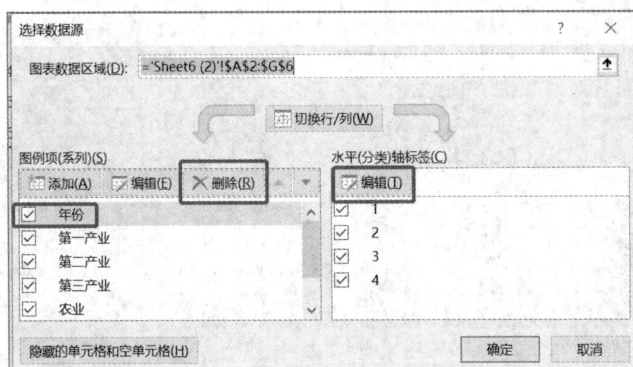

图 4-129　修改图表的数据选项

在弹出的"轴标签"对话框中添加轴标签区域"'Sheet6(2) '! $A$3:$A$6"，单击"确定"，如图 4-130 所示。修改图表的数据选项的效果如图 4-131 所示。

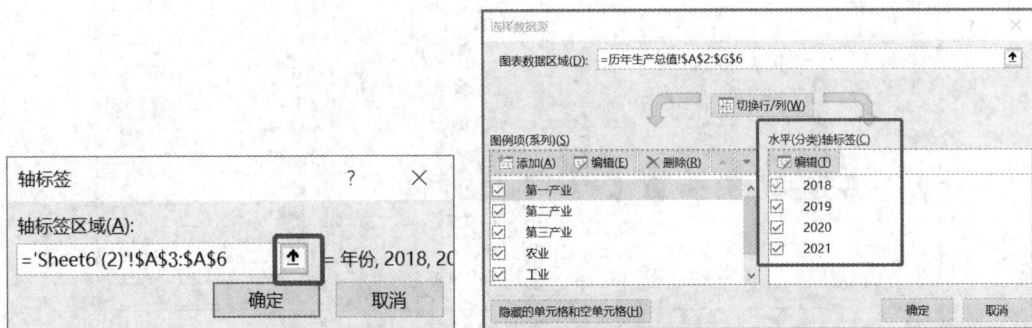

图 4-130　修改图表的数据选项

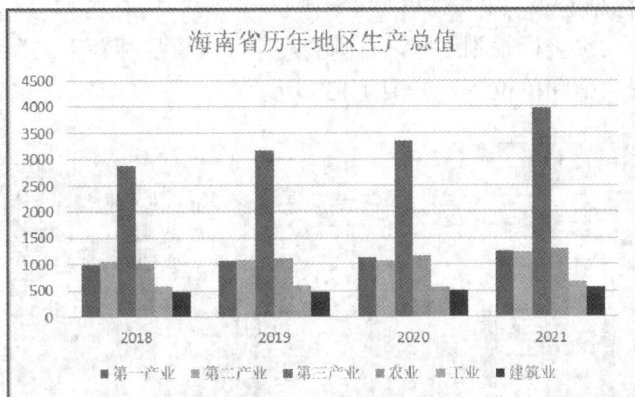

图 4-131　修改图表的数据选项的效果

⑥ 修改图表背景色。

在对图表区的格式进行设置时，我们一定要注意所选择的对象，例如，图表区和绘图区是两个不同的区域。选择不同的区域双击，右侧会显示对应的对话框，如图 4-132 所示。对话框中可以对"填充""边框"进行设置。

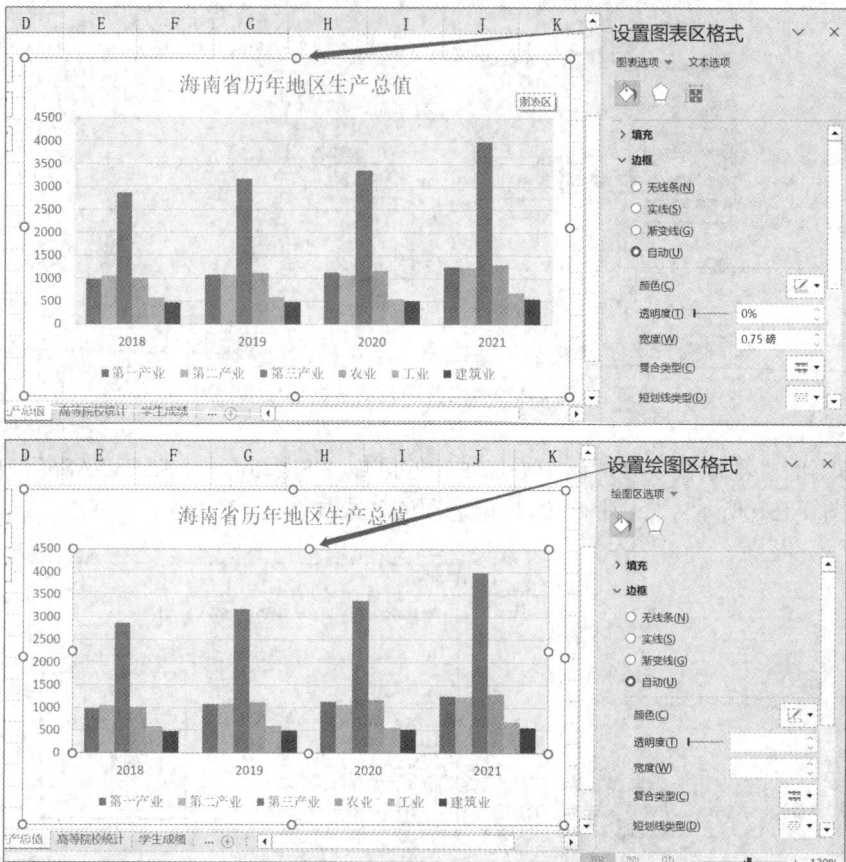

图 4-132　修改图表背景色

⑦ 修改纵坐标刻度。

在图表区中双击纵坐标轴刻度区，右侧会显示"设置坐标轴格式"对话框，在对话框中可以调整坐标最大值和单位等，如图 4-133 所示。

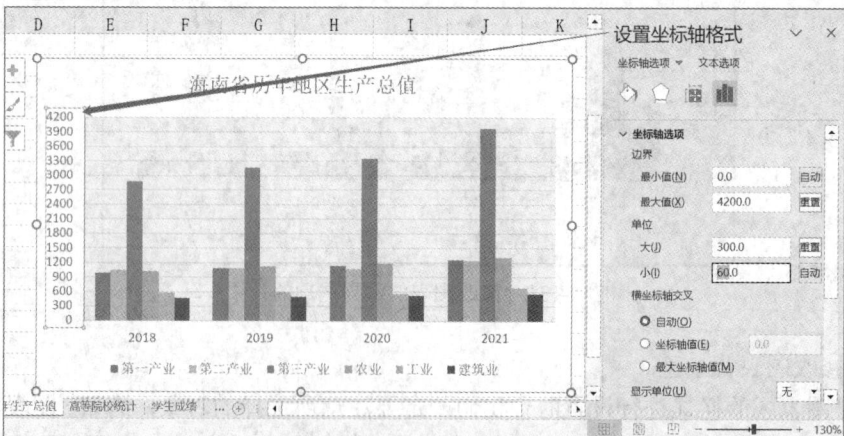

图 4-133　修改坐标轴格式

⑧ 图表的移动和缩放。

移动图表的方法：将鼠标指针放置在图表最外面的边框上，鼠标指针变成四向箭头"✛"；按住鼠标左键，拖动整个图表。缩放图表的方法为：选中图表，将鼠标指针放置在图表右下角，鼠标指针变成双向箭头"↘"，按住鼠标左键不放，拖曳鼠标，将图表设置为合适的大小后松开鼠标左键。

4.2.6 打印设置

1．页面设置

在"页面布局"选项卡中，用户可以对页边距、纸张方向、纸张大小等进行设置，如图 4-134 所示。

2．设置打印区域

若只想打印部分内容，我们可以设置打印区域，具体操作如下。

① 选中需要打印的区域。

② 选择"页面布局"选项卡，在"打印区域"下拉菜单中选择"设置打印区域"选项，如图 4-135 所示。

图 4-134　页面设置

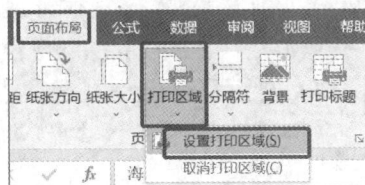

图 4-135　设置打印区域

3．隐藏行或列

我们可以隐藏一些不需要显示的行或列，隐藏的内容不会被打印出来，具体操作如下。

① 选择需要隐藏的行或列。

② 在行或列上单击鼠标右键，选择"隐藏"即可。

4．取消隐藏

取消隐藏的具体操作如下。

① 选中包含隐藏行或列的行或列。

② 在行或列上单击鼠标右键，在弹出的快捷菜单中选择"取消隐藏"即可，如图 4-136 所示。

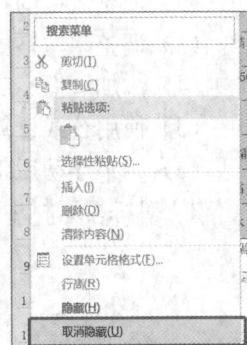

图 4-136　取消隐藏

习　　题

操作题

1．制作图 4-137 所示的表格，并将"姓名"和"政治"两列数据生成折线图表。

学号	姓名	性别	班级	政治	英语
001	郑凯	男	1班	89	90
004	王武	男	1班	55	70
007	林一伦	男	1班	63	90
010	黄俊余	男	1班	99	95
013	蒙荣	男	1班	88	90
016	秦云	女	1班	80	90
019	田军	女	1班	80	78

图 4-137　操作题 1 的最终效果

2．对练习素材中的"sheet 1"表格进行以下处理，最终效果如图 4-138 所示。

	A	B	C	D	E	F	G
1				某部门人员浮动工资情况表			
2	序号	职工号	原来工资（元）	浮动率	浮动额（元）	浮动后工资（元）	备注
3	1	H089	6000	15.50%	930	6930	
4	2	H007	9800	11.50%	1127	10927	需缴纳税款
5	3	H087	5500	11.50%	632.5	6132.5	
6	4	H012	12000	10.50%	1260	13260	需缴纳税款
7	5	H045	6500	11.50%	747.5	7247.5	
8	6	H123	7500	9.50%	712.5	8212.5	
9	7	H059	4500	10.50%	472.5	4972.5	
10	8	H069	5000	11.50%	575	5575	
11	9	H079	6000	12.50%	750	6750	
12	10	H033	8000	11.60%	928	8928	

图 4-138　操作题 2 的最终效果

（1）将标题"某部门人员浮动工资情况表"所在单元格和对应行的单元格（A1:G1）合并居中。

（2）调整表格的行高、列宽。

（3）调整字体格式。

（4）添加边框、底纹。

（5）使用公式计算工资的浮动额及浮动后工资。

（6）如果浮动后工资高于 10000 元，在"备注"列中添加"需缴纳税款"。

3．对练习素材中的"sheet2"表格进行以下处理，最终效果如图 4-139 所示。

	A	B	C	D	E	F	G
1				某网店商品销售情况表			
2	商品编号	商品单价（元）	进货数量	库存数量	已销售数量	销售额（元）	销售额排名
3	G019	111	400	231	169	18759	10
4	G020	219	400	321	79	17301	12
5	G021	236	400	234	166	39176	8
6	G022	323	400	345	55	17765	11
7	G023	431	400	123	277	119387	3
8	G024	198	400	126	274	54252	6
9	G025	341	400	89	311	106051	4
10	G026	457	400	98	302	138014	1
11	G027	412	400	75	325	133900	2
12	G028	297	400	111	289	85833	5
13	G029	154	400	121	279	42966	7
14	G030	98	400	109	291	28518	9

图 4-139　操作题 3 的最终效果

（1）对表格的格式进行调整，其中包含字体格式、行高、列宽、边框、底纹。

（2）使用公式求出"已销售数量"和"销售额"。

（3）使用 RANK 函数求出销售额排名。

4．对练习素材中的"sheet3"表格进行以下处理，最终效果如图 4-140 所示。

	A	B	C	D	E	F	G
1	某学校学生成绩表						
2	学号	组别	数学	语文	英语	平均成绩	一组人数
3	A1	一组	112	98	106	105.3	6
4	A2	一组	98	103	109	103.3	一组平均成绩
5	A3	一组	117	99	99	105.0	103.39
6	A4	二组	115	112	108	111.7	
7	A5	一组	104	96	90	96.7	
8	A6	二组	101	110	105	105.3	
9	A7	一组	93	109	107	103.0	
10	A8	二组	95	102	106	101.0	
11	A9	一组	114	103	104	107.0	
12	A10	二组	89	106	116	103.7	

图 4-140　操作题 4 的最终效果

（1）对表格的格式进行调整，其中包含字体格式、行高、列宽、边框、底纹。

（2）使用 AVERAGE 函数求出"平均成绩"，并保留 1 位小数。

（3）使用 COUNTIF 函数求出"一组人数"。

（4）使用 SUMIF 函数求出"一组平均成绩"。

5．对练习素材中的"sheet4"表格进行以下处理，最终效果如图 4-141 所示。

	A	B	C	D	E	F
1	系别	学号	姓名	考试成绩	实验成绩	总成绩
5	计算机 平均值					101.333
9	经济 平均值					94
14	数学 平均值					94
19	信息 平均值					92.5
25	自动控制 平均值					91.4
26	总计平均值					94.1579

图 4-141　操作题 5 的最终效果

（1）对表格的格式进行调整，其中包含字体格式、行高、列宽、边框、底纹。

（2）将表格数据按照"系别"进行排序。

（3）按照系别进行总成绩平均分的分类汇总。

第 **5** 章

PowerPoint 2016

【知识目标】

1. 掌握 PowerPoint 2016 的基础知识。
2. 熟悉在 PowerPoint 2016 中插入表格、艺术字、图片的操作界面。
3. 熟悉幻灯片的切换效果、放映方式。

【技能目标】

1. 熟练创建、编辑、删除幻灯片。
2. 熟练运用 PowerPoint 2016 放映幻灯片。

【素质目标】

1. 培养学生对 PowerPoint 2016 的兴趣。
2. 培养学生的合作精神。
3. 培养学生运用工具解决问题的能力。
4. 使学生养成分析任务、规划任务的习惯。

5.1 PowerPoint 2016 概述

Microsoft PowerPoint 是微软公司的演示文稿软件。使用 PowerPoint 制作的文件叫演示文稿,其格式为 ppt、pptx,也可以将演示文稿保存为 pdf、图片格式。用户可以在投影仪或者计算机上展示演示文稿,也可以将演示文稿打印出来,以便将其应用到更广泛的领域。PowerPoint 简称 PPT。PowerPoint 的特点如下。

① 具有强大的制作功能,例如文字编辑功能强、段落格式丰富、文件格式多样、绘图方法齐全、色彩表现力强等。

② 通用性强,便于用户学习使用。PowerPoint 是专门用于制作演示文稿的软件,使用方法与 Word 和 Excel 的大部分使用方法相同。

5.1.1 认识 PowerPoint 2016

1. PowerPoint 2016 的功能

PowerPoint 2016 是一个用户将文档、表格等进行统一包装、修饰,并把结果展示给观众的软件。它非常适用于学术交流、演讲、工作汇报、辅助教学和产品展示等需要多媒体演示的场合。PowerPoint 2016 具有以下功能。

① 由 PowerPoint 2016 制作的演示文稿，其核心是一套可以在计算机屏幕上演示的幻灯片。

② 这些幻灯片可以按一定顺序播放。

③ 利用 PowerPoint 2016 设计的演示文稿，可以在与计算机相连的投影仪上直接演示。

总之，丰富多彩的幻灯片能大幅提高人们接收演讲者表达的信息的效率，有助于听众了解演讲者的意向。

2．启动 PowerPoint 2016

启动 PowerPoint 2016 的方法通常有以下两种。

① 常规方法。在 Windows 10 操作系统中单击 "开始" 菜单中的 "PowerPoint 2016"，启动 PowerPoint 2016，如图 5-1 所示。

② 快捷方法。双击桌面上已经创建的 "PowerPoint 2016" 的快捷方式图标，启动 PowerPoint 2016，如图 5-2 所示。

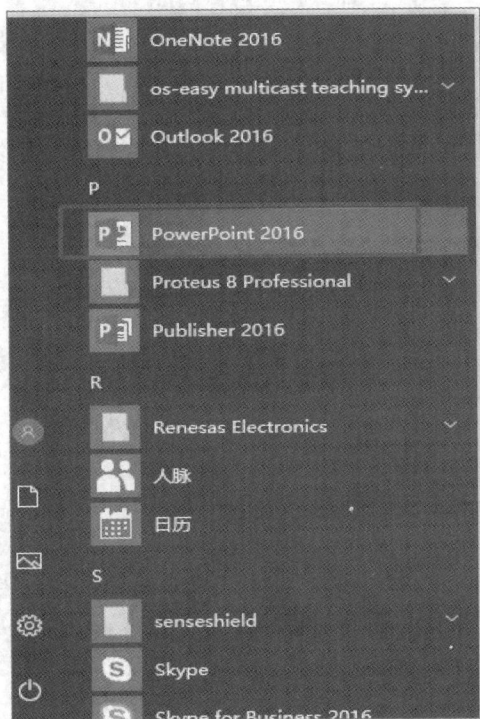

图 5-1　在 "开始" 菜单中启动 PowerPoint 2016

图 5-2　双击 PowerPoint 2016 的快捷方式图标

3．关闭 PowerPoint 2016

关闭 PowerPoint 2016 的方法通常有以下 3 种。

① 单击 "文件" 菜单中的 "关闭"，如图 5-3 所示。

② 单击 PowerPoint 2016 界面右上角的 "关闭"。

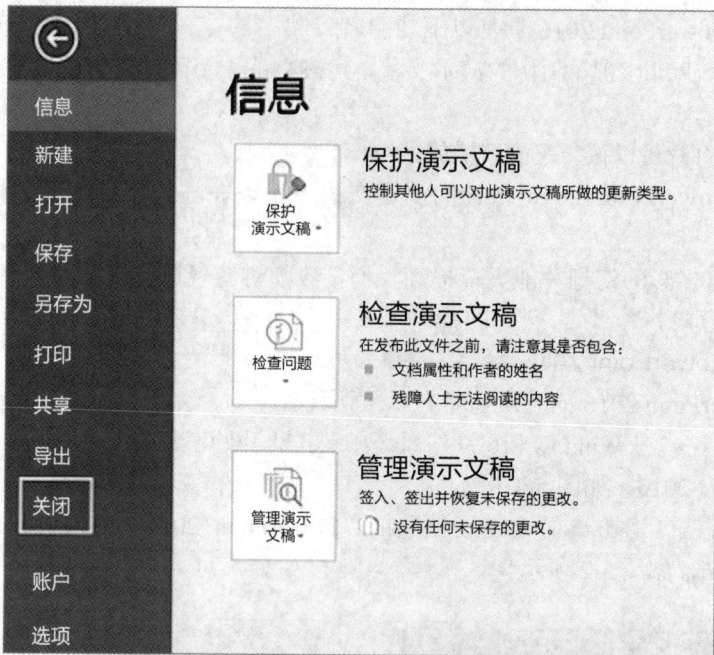

图 5-3   使用"文件"菜单关闭 PowerPoint 2016

③ 在标题栏的空白处单击鼠标右键，在弹出的快捷菜单中选择"关闭"，或者按 "Alt+F4"组合键，如图 5-4 所示。

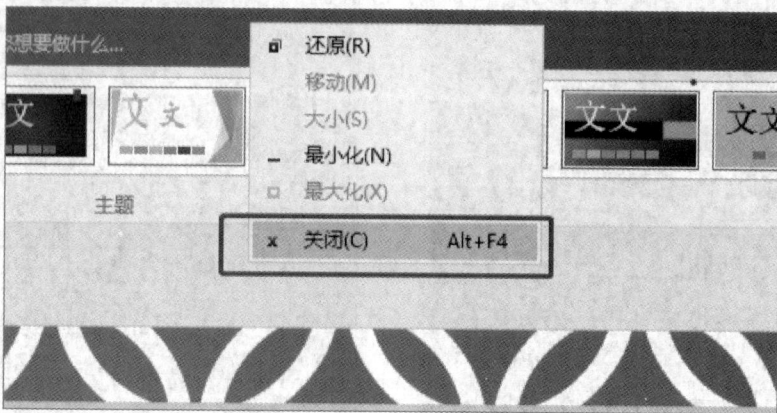

图 5-4   使用快捷菜单关闭 PowerPoint 2016

5.1.2   PowerPoint 2016 界面

在 PowerPoint 入门学习的过程中，我们要对其界面有所了解。下面以 PowerPoint 2016 版本为例，讲解其界面中最常用的区域和相应功能。

运行 PowerPoint 2016，我们可以看到其界面主要由标题栏、菜单栏、命令组、幻灯片浏览窗格、幻灯片编辑区、状态栏组成，如图 5-5 所示。

标题栏
菜单栏
命令组

幻灯片
浏览窗格

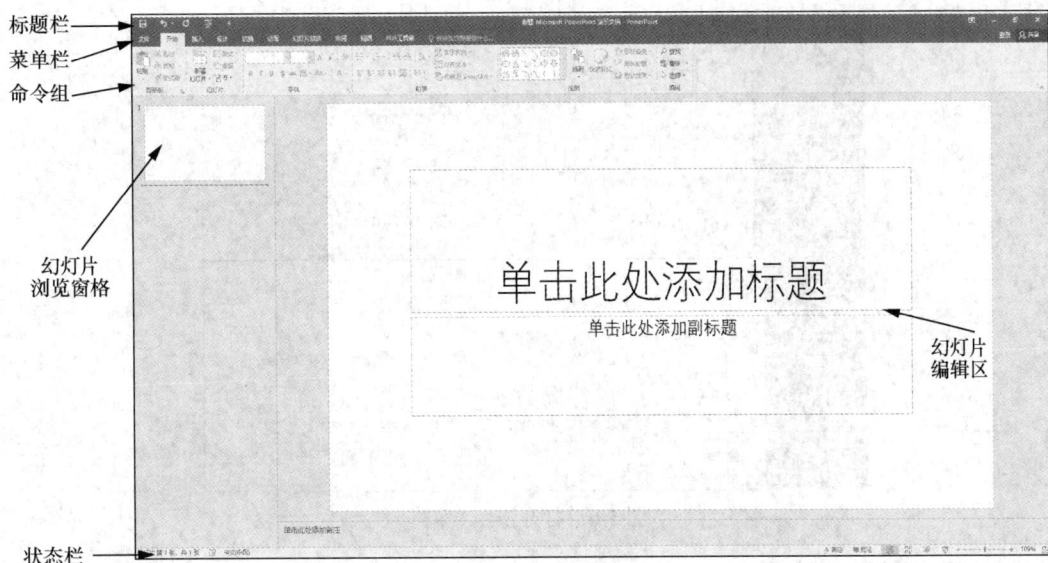

单击此处添加标题

单击此处添加副标题

幻灯片
编辑区

状态栏

图 5-5　PowerPoint 2016 界面的组成

PowerPoint 2016 界面各组成部分的说明如下。

① 标题栏：位于界面的最上方，用于显示软件的名字。

② 菜单栏：包括"文件""开始""插入""设计""切换""动画""幻灯片放映"等选项。菜单栏的布局是根据用户的使用习惯和对应功能的使用频率设计的，一般来说，使用的次数越多，选项的位置越靠前。

③ 命令组：位于菜单栏的下方。选中不同的菜单，命令组会出现变化并显示不同的功能选项。

④ 幻灯片浏览窗格：用于帮助用户浏览或预览信息。

⑤ 幻灯片编辑区：位于界面中间，是编辑演示文稿的区域。

⑥ 状态栏：用于显示当前演示文档的部分属性或状态。状态栏从左到右依次显示幻灯片信息、开启备注和批注、调整幻灯片缩放效果。

5.2　演示文稿的基本操作

5.2.1　打开和退出演示文稿

1. 打开演示文稿

打开演示文稿的方法通常有以下两种。

① 未启动 PowerPoint 2016 时，双击要打开的演示文稿文件（.pptx 文件）。

② 已启动 PowerPoint 2016 时，在"文件"菜单下，单击"打开"，选择"浏览"，在弹出的"打开"对话框中选择要打开的文件，如图 5-6 所示。

图 5-6　打开演示文稿

2. 退出演示文稿

完成了演示文稿的编辑、保存或者放映后，单击演示文稿的"关闭"，即可退出演示文稿。

5.2.2　创建演示文稿

PowerPoint 2016 提供了 3 种创建演示文稿的基本方式：创建空白演示文稿、根据模板创建演示文稿、根据主题创建演示文稿。

1. 创建空白演示文稿

在"文件"菜单下，选择"新建"选项，在右侧单击"空白演示文稿"，就可以成功创建一个演示文稿，如图 5-7 所示。

图 5-7　创建空白演示文稿

2．根据模板创建演示文稿

模板包括对演示文稿的母版、配色、文字格式和效果的设置。使用模板方式，可以简化设计演示文稿的工作，快速创建所选模板的演示文稿。

在"文件"菜单下选择"新建"选项，右侧搜索框下面会显示多种模板，在其中选择"肥皂"模板，如图 5-8 所示，并单击"创建"。

图 5-8　根据模板创建演示文稿

3．根据主题创建演示文稿

在"文件"菜单下选择"新建"选项，在右侧会显示"搜索联机模板和主题"。例如搜索"年终总结"，在其中选择一种模板，如图 5-9 所示。单击"创建"，即可创建演示文稿，如图 5-10 所示。

图 5-9　根据主题创建演示文稿

图 5-10　创建演示文稿

5.2.3　编辑幻灯片

文本是演示文稿的基础，因此掌握文本的插入、替换、删除，以及移动（复制）文本框和改变文本框的大小的操作方法十分重要。

1．插入文本

单击文本框，在光标的位置直接输入文本内容即可。如果需要在其他位置输入文本，可以在菜单栏选择"插入"，单击"文本框"，如图 5-11 所示。将鼠标指针移动到合适位置，按住鼠标左键拖曳出大小合适的文本框，然后在该文本框中输入需要的文本。

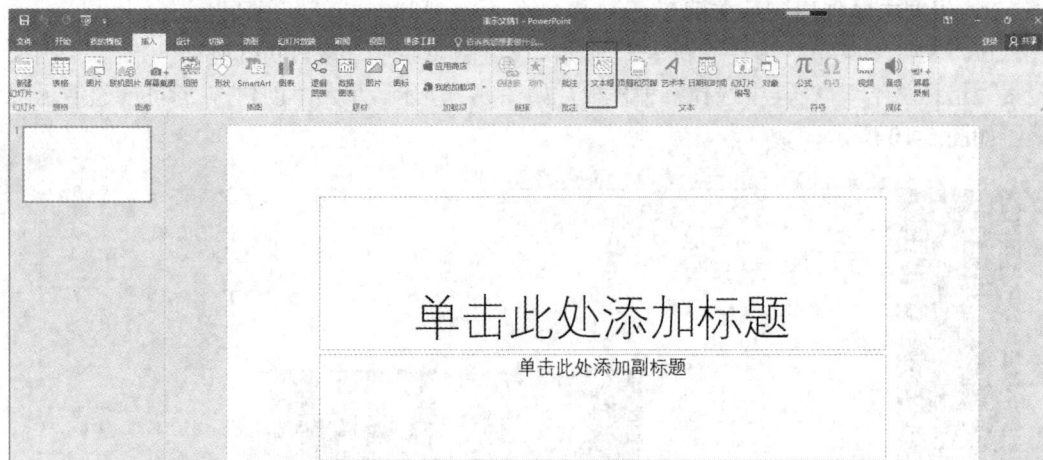

图 5-11　插入文本框

2．替换文本

选中要替换的文本，按"Delete"键，删除原有文本信息，然后输入新的文本。

3．删除文本

选中要删除的文本，按"Delete"键即可删除文本。

4．移动文本框

选择要移动的文本框，此时文本框四周会出现 8 个控制点，将鼠标指针移动到边框上，当鼠标指针呈"✛"时将文本框拖曳到目标位置。

5．改变文本框的大小

单击文本框，此时文本框四周会出现 8 个控制点，将鼠标指针移动到边框的控制点上，上下或左右拖曳鼠标即可改变文本框的大小。

5.2.4　插入、复制和删除幻灯片

1．插入幻灯片

（1）插入新幻灯片

① 在当前位置插入一张幻灯片（新幻灯片将出现在该幻灯片之后）。打开需要插入新幻灯片的演示文稿，选择"插入"菜单下的"新建幻灯片"，如图 5-12 所示。

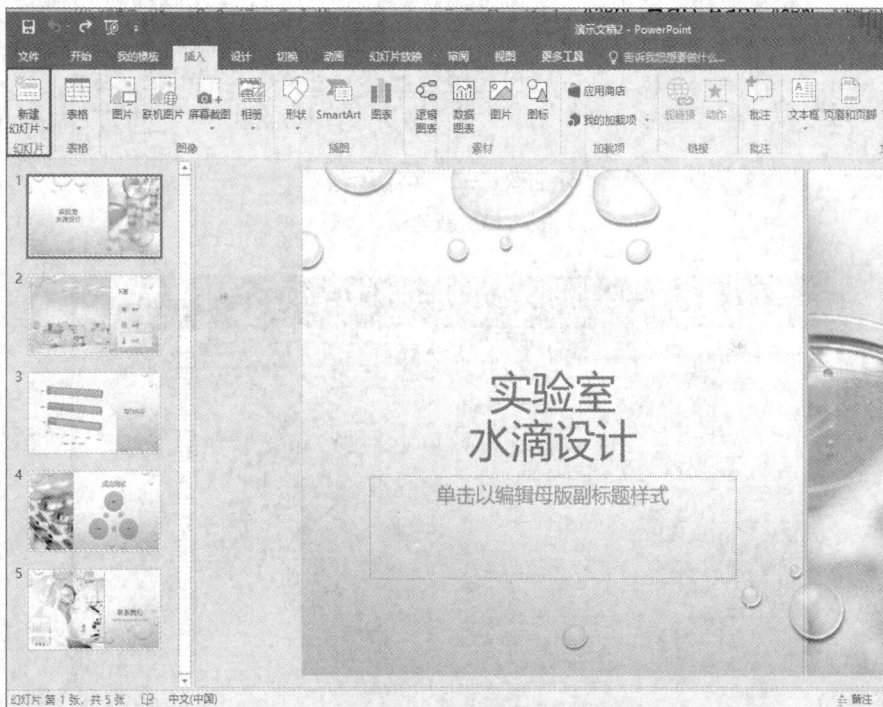

图 5-12　插入幻灯片

② 在"开始"选项卡的"幻灯片"命令组中，单击"新建幻灯片"的下拉按钮，选择合适的版式，就可以插入新的幻灯片了，如图 5-13 所示。

（2）复制幻灯片

选中幻灯片，在"开始"选项卡的"幻灯片"命令组中，单击"新建幻灯片"的下拉按钮，选择"复制选定幻灯片"选项，如图 5-14 所示，插入一张与之前相同的幻灯片（新幻灯片将出现在该幻灯片之后）。

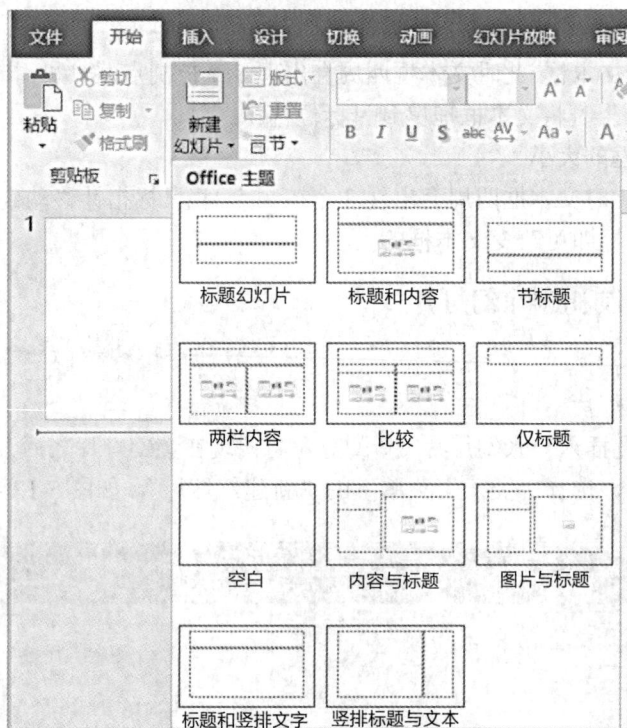

图 5-13　新建幻灯片

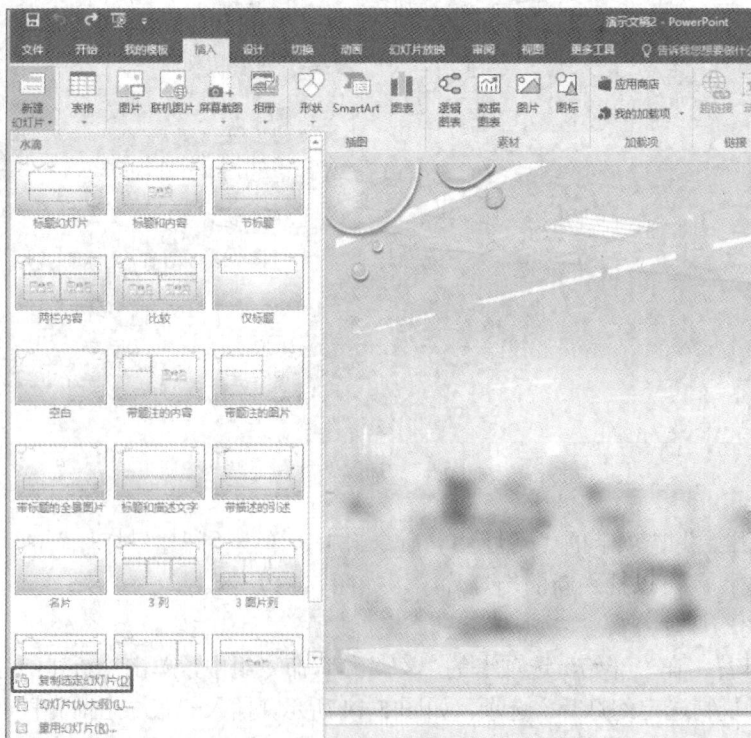

图 5-14　复制幻灯片

2．删除幻灯片

单击要删除的幻灯片，按"Delete"键，即可删除幻灯片。

5.2.5　保存演示文稿

1．使用菜单命令

① 单击"文件"菜单下的"保存"或者"另存为"，如图 5-15 所示。

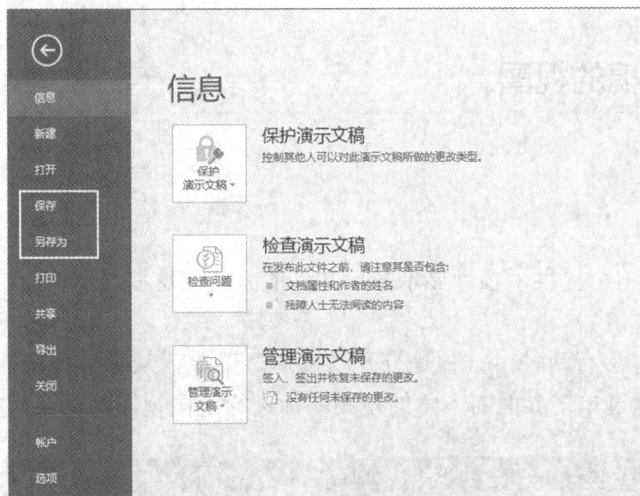

图 5-15　保存幻灯片

② 单击"浏览"，选择要保存的位置。

③ 在"文件名"框中输入文件名，保存类型默认为"PowerPoint 演示文稿"，如图 5-16 所示。

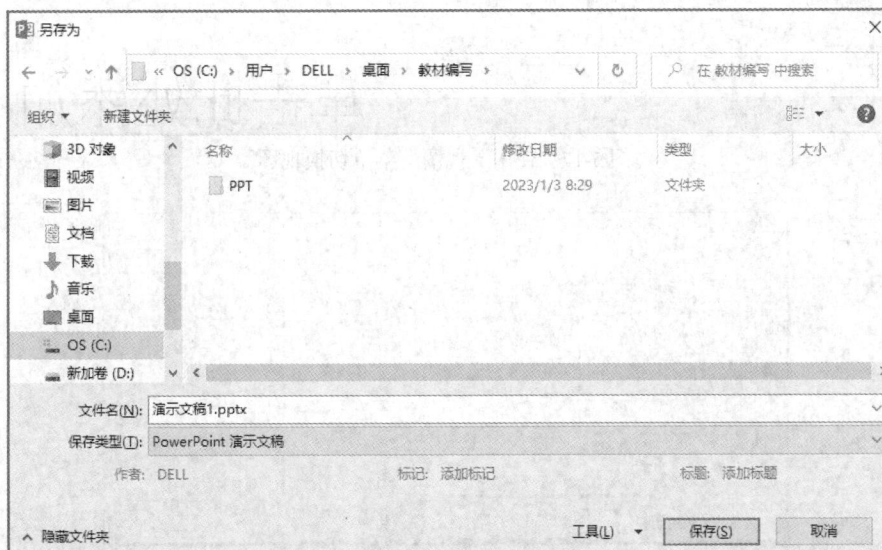

图 5-16　设置文件名和保存类型

④ 单击"保存"，完成保存。

2．使用保存工具

单击快速访问工具栏中的"保存"。若是第一次保存，会出现"另存为"对话框。

3．将已存在的演示文稿更换文件名保存

选择"文件"菜单中的"另存为"选项，单击"浏览"，弹出"另存为"对话框。然后选择保存路径，并在"文件名"框中输入新的文件名，单击"保存"。

5.3 演示文稿的视图

5.3.1 视图

PowerPoint 2016 提供了多种显示演示文稿的方式，这些显示演示文稿的方式统称为视图。

切换视图的方法有两种：一种是打开"视图"菜单，从中选择所需视图，如图 5-17 所示；另一种是通过单击界面右下角的视图图标进行不同视图的切换，如图 5-18 所示。

图 5-17 使用"视图"菜单切换视图

图 5-18 使用视图图标切换视图

1．普通视图

普通视图包含 3 种窗格：大纲窗格、幻灯片窗格和备注窗格。在大纲窗格中，用户可以组织演示文稿的大纲和调整幻灯片的顺序等；在幻灯片窗格中，用户可以查看每张幻灯片中的文本，编辑幻灯片的内容；在备注窗格中，用户可以添加备注，如图 5-19 所示。

图 5-19　普通视图

2．大纲视图

选择"视图"选项卡，单击"演示文稿视图"中的"大纲视图"图标。普通视图显示的是幻灯片整体效果，大纲视图则显示幻灯片内容，如图 5-20 所示。

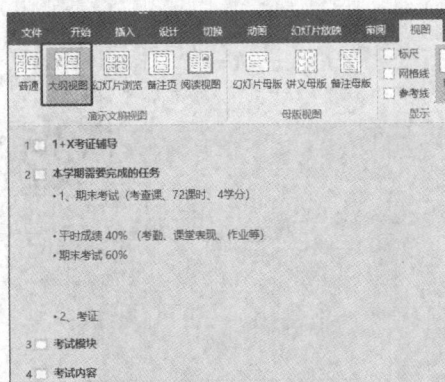

图 5-20　大纲视图

3. 幻灯片浏览视图

在幻灯片浏览视图下，演示文稿中的幻灯片按序号顺序显示全部缩图，如图 5-21 所示。用户可以复制、删除幻灯片，调整幻灯片的顺序，但不能对幻灯片的内容进行编辑。

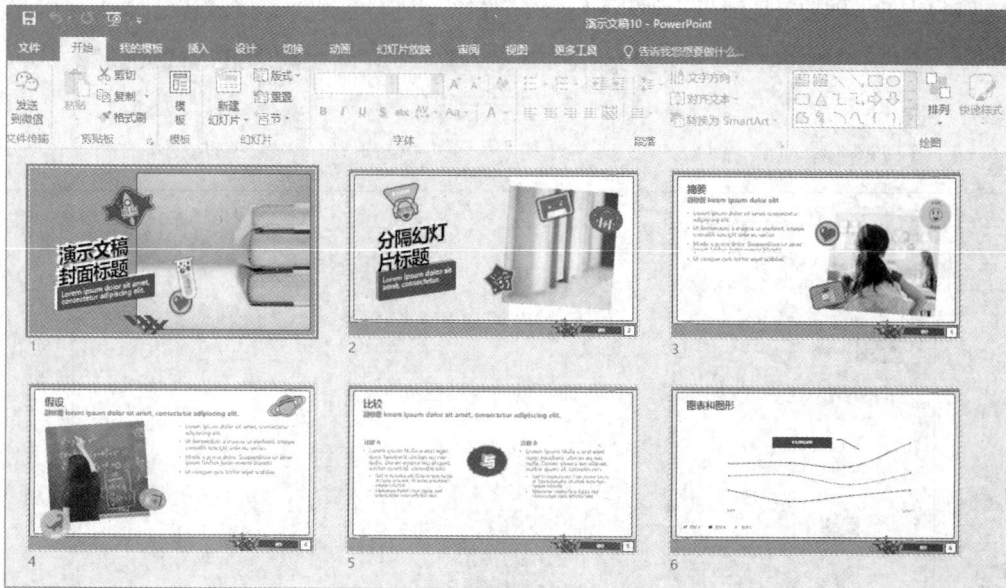

图 5-21　幻灯片浏览视图

4. 备注页视图

备注页视图用于添加、编辑和显示演示者对每一张幻灯片的备注，如图 5-22 所示。

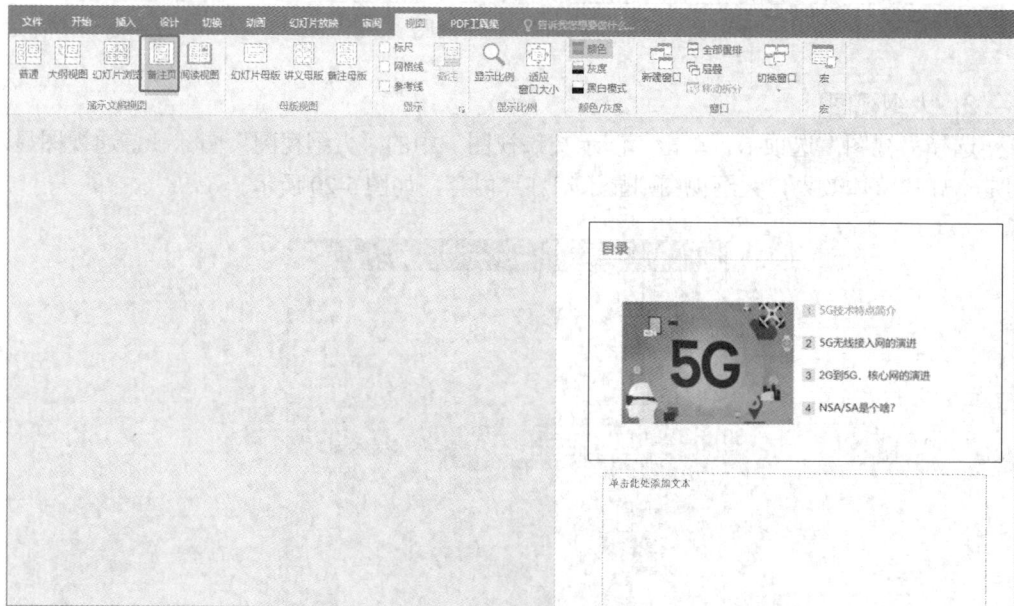

图 5-22　备注页视图

5．阅读视图

阅读视图用于动态播放演示文稿的全部幻灯片。在此视图下，用户可以查看每一张幻灯片的播放效果。要切换幻灯片，可以直接单击屏幕，也可以按"Enter"键。

5.3.2 普通视图下的操作

1．选择操作

要对幻灯片中的某个对象进行操作，首先要选中它。将鼠标指针移动到对象上，单击该对象即可。

2．移动操作

选择要移动的对象，然后将鼠标指针移动到该对象上，把它拖曳到目标位置，即可实现移动操作。

3．删除操作

选择要删除的对象，然后按"Delete"键即可删除对象。

4．改变对象的大小

选中对象，当其四周出现控制点时，将鼠标指针移动到边框的控制点上，按住鼠标左键并向上下方向或左右方向拖曳至合适位置，松开鼠标左键即可。

5．编辑文本对象

若要在已有的幻灯片上增加文本对象，可以在"插入"选项卡的"插图"命令组中，单击"形状"的下拉按钮，选择所需的形状，如图 5-23 所示。

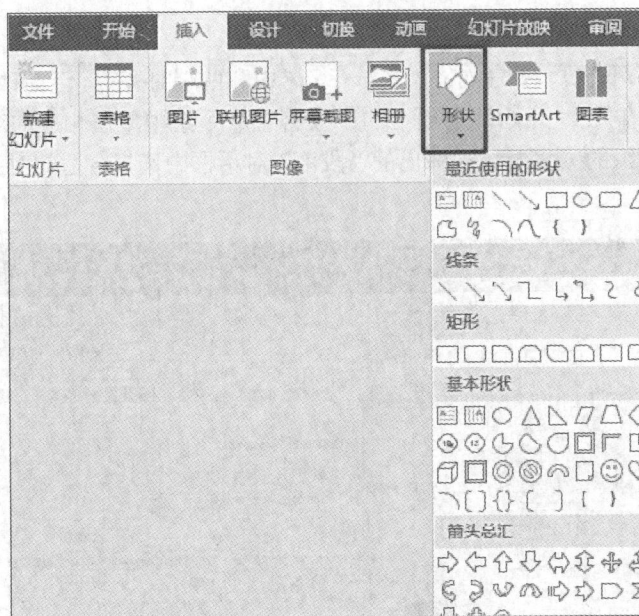

图 5-23　增加文本对象

单击"形状"，当鼠标指针变成"十"字形时，将鼠标指针移动到目标位置，按住鼠标左键向右下方拖曳出大小合适的形状，然后输入文本信息。

6．调整文本格式

（1）设置字体格式

选中文本后，在"开始"选项卡的"字体"命令组中，单击"字体"命令组的 图 图标，在弹出的"字体"对话框中设置字体格式，如图 5-24 所示。

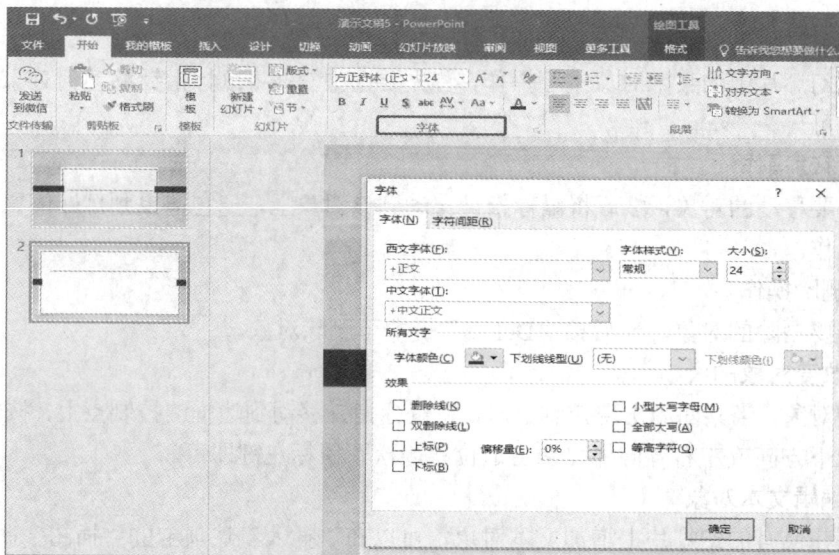

图 5-24　设置字体格式

（2）设置文本对齐

文本对齐有多种方式，如左对齐、右对齐、居中和两端对齐等。若想改变文本对齐方式，可以先选中文本，再在"开始"选项卡的"段落"命令组中单击相应的对齐方式；还可以单击"段落"命令组的 图标，在弹出的"段落"对话框中选择合适的对齐方式，如图 5-25 所示。

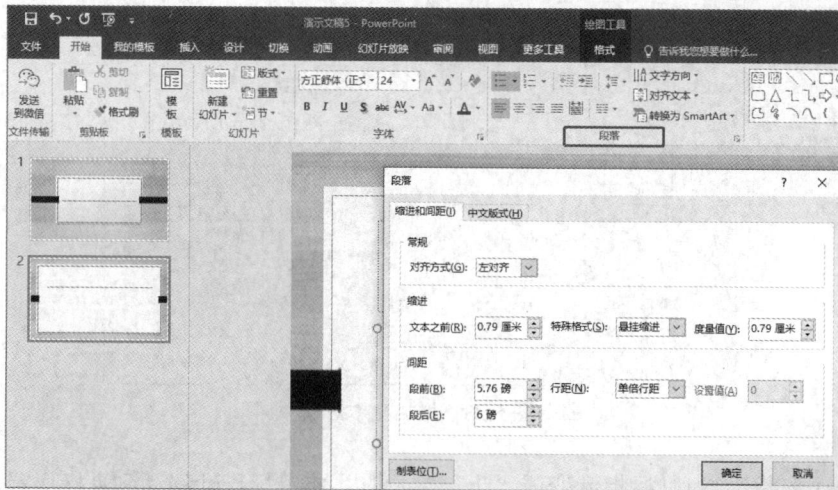

图 5-25　设置文本对齐

5.3.3　幻灯片浏览视图下的操作

幻灯片浏览视图可以用于显示多张幻灯片的缩图，而且缩图的大小可以调节。

1．选择幻灯片

若要选择连续的多张幻灯片，可以首先单击第一张幻灯片缩图，然后按住"Shift"键单击需要选中的最后一张幻灯片缩图。若要选择不连续的多张幻灯片，可以按住"Ctrl"键逐个选择幻灯片缩图。

2．调整幻灯片缩放显示比例

在"视图"选项卡的"显示比例"命令组中，单击"显示比例"，弹出"缩放"对话框，如图 5-26 所示。在"缩放"对话框中选择合适的显示比例，或者直接在"百分比"栏中输入比例。

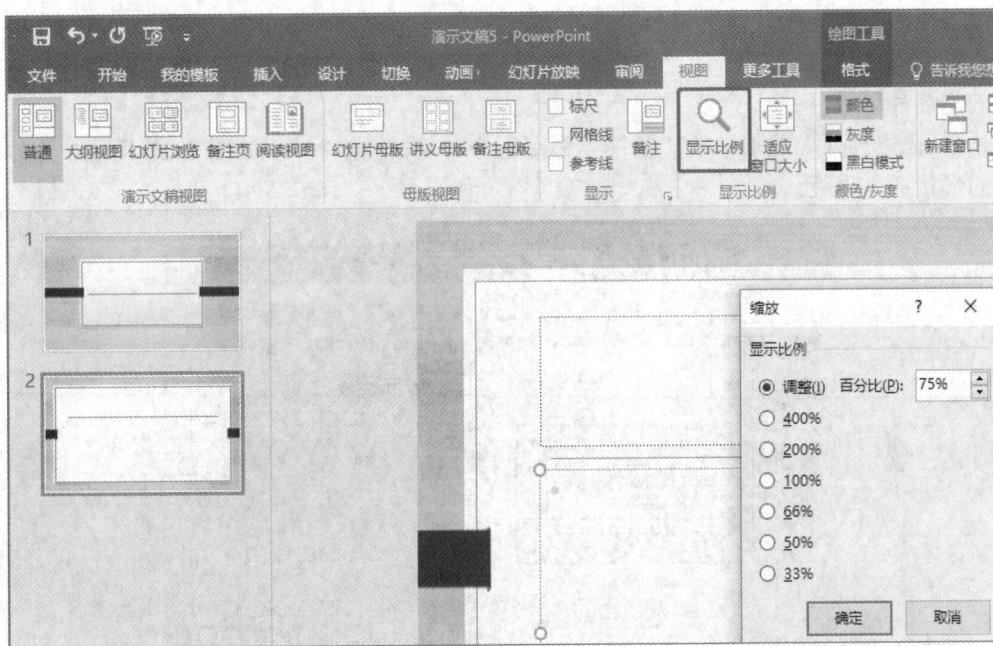

图 5-26　调整幻灯片缩放显示比例

3．重排幻灯片的顺序

首先选择需要移动位置的幻灯片缩图，然后按住鼠标左键拖曳幻灯片缩图到目标位置。当目标位置左侧出现一条竖线时，松开鼠标左键，所选的幻灯片缩图即被移动到该位置。也可以采用剪切、粘贴的方式移动幻灯片缩图。

4．插入幻灯片

首先在幻灯片浏览视图下，单击目标位置，然后在"开始"选项卡的"幻灯片"命令组中单击"新建幻灯片"的下拉按钮，选择所需的幻灯片版式。

5．删除幻灯片

在幻灯片浏览视图下，选择一张或多张幻灯片缩图，然后按"Delete"键删除。

5.4 修饰幻灯片

5.4.1 用母版统一幻灯片

PowerPoint 2016 有一类特殊的幻灯片——母版。母版有幻灯片母版、讲义母版和备注母版 3 种。

1. 为每张幻灯片增加相同的对象

如果要让文本或图形出现在每一张幻灯片的相同位置上，那么可以把文本或图形添加到幻灯片母版上。

以插入形状为例，使用母版的方法如下。

① 在"视图"选项卡的"母版视图"命令组中，单击"幻灯片母版"，出现该演示文稿的幻灯片母版。

② 在"插入"选项卡的"插图"命令组中，单击"形状"，如图 5-27 所示，选择合适的形状插入母版。

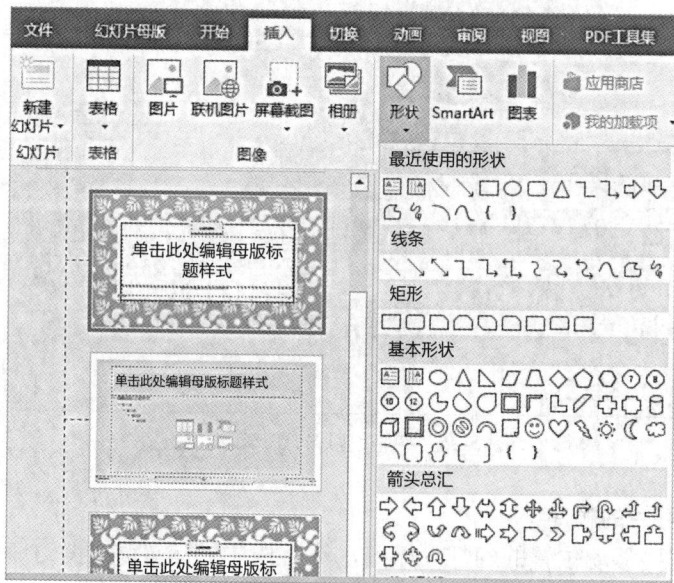

图 5-27　在母版中插入形状

③ 切换到"幻灯片母版"菜单，单击"关闭母版视图"，退出幻灯片母版。

以插入图片为例，使用母版的方法如下。

① 在"视图"选项卡的"母版视图"命令组中，单击"幻灯片母版"，出现该演示文稿的幻灯片母版。

② 在"插入"选项卡的"图像"命令组中，单击"联机图片"，如图 5-28 所示。

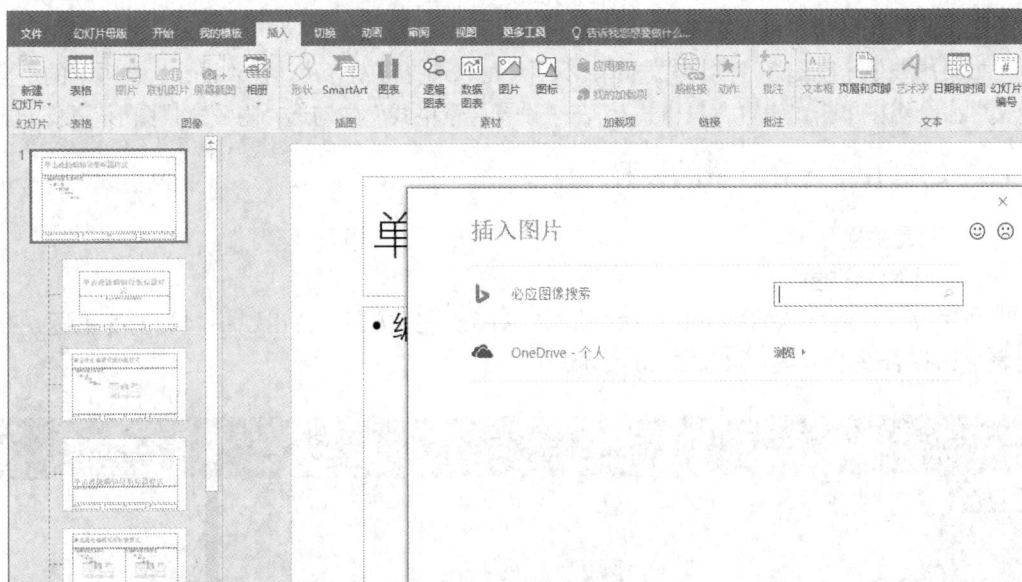

图 5-28　单击"联机图片"

③ 在搜索框中输入关键词，如图 5-29 所示，按下"Enter"键，将显示搜索到的该类图片。

图 5-29　在搜索框中输入关键词

④ 选中需要的图片，单击"插入"将该图片插入幻灯片的母版。
⑤ 切换到"幻灯片母版"菜单，单击"关闭母版视图"，退出幻灯片母版。

2. 建立与母版不同的幻灯片

如果想要使个别幻灯片的样式与母版不同，可以选择该幻灯片，在"设计"选项卡的"自定义"命令组中单击"设置背景格式"。在"设置背景格式"中勾选"隐藏背景图形"复选框。

5.4.2 幻灯片主题和背景的设置

1. 设置主题

（1）选用标准主题

在"设计"选项卡的"主题"命令组中，单击下拉按钮，会出现不同类型的主题，在列表中选择合适的方案，如图 5-30 所示。

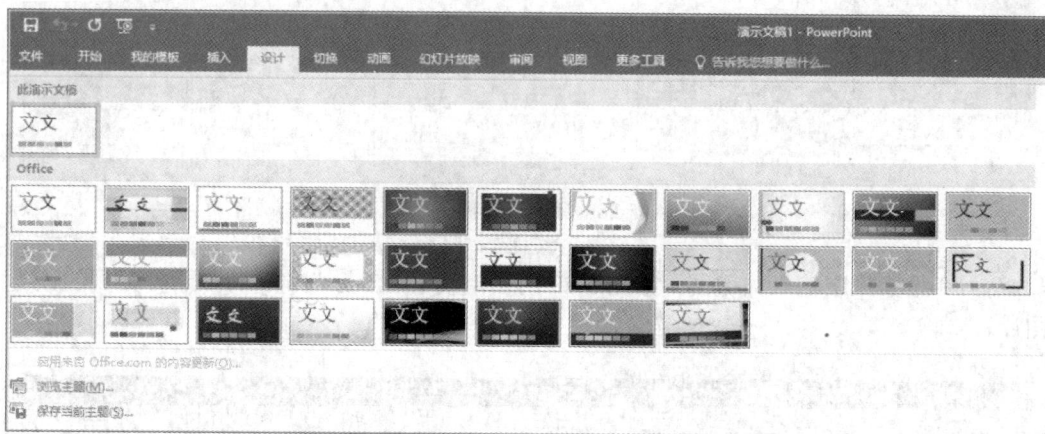

图 5-30　主题列表

（2）自定义主题

在"设计"选项卡的"主题"命令组中，选择"浏览主题"选项。在弹出的"选择主题或主题文档"对话框中选择主题，如图 5-31 所示。

图 5-31　自定义主题

2．设置背景

背景是幻灯片中的一个重要组成部分，改变幻灯片背景可以使幻灯片的整体效果发生变化，改善放映效果。我们可以在 PowerPoint 2016 中改变幻灯片的背景格式，即填充效果。

填充有纯色填充、渐变填充、图片或纹理填充、图案填充、隐藏背景图形（下文不展开介绍此效果）。

（1）纯色填充

PowerPoint 2016 提供了单色及自定义颜色来填充幻灯片的背景，即幻灯片的背景是一种颜色。

① 在"设计"选项卡的"自定义"命令组中，单击"设置背景格式"，打开"设置背景格式"对话框。

② 单击"填充"，选择"纯色填充"选项，在"颜色"下拉列表中选择需要使用的背景颜色，如图 5-32 所示。如果没有合适的颜色，可以单击"其他颜色"，在弹出的"颜色"对话框中设置。选择好颜色后，单击"确定"。

图 5-32　纯色填充

③ 单击"全部应用"完成纯色填充的设置，将颜色应用于该演示文稿的所有幻灯片。

（2）渐变填充

幻灯片的背景以多种颜色显示，包括预设渐变、类型、方向、角度、渐变光圈等。

① 在"设计"选项卡的"自定义"命令组中，单击"设置背景格式"。

② 在"设置背景格式"对话框中，单击"填充"，选中"渐变填充"选项，在"预设渐变"下拉列表中选择需要使用的背景颜色。

③ 在"方向"中选择合适的方向，如图 5-33 所示。

④ 单击"全部应用"完成背景的设置。

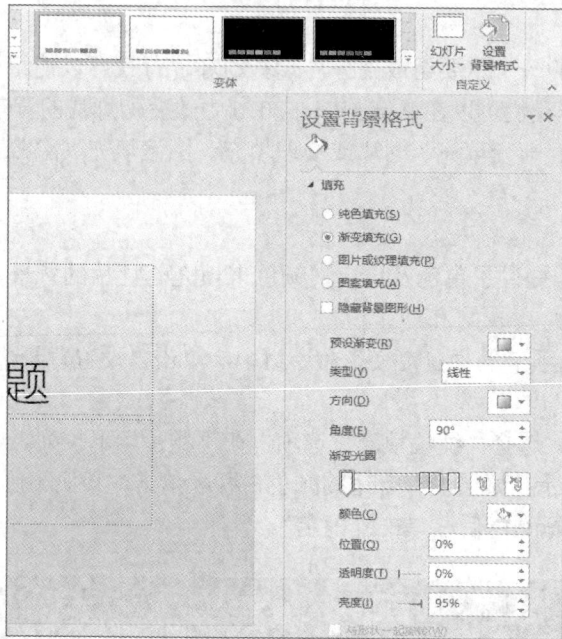

图 5-33　渐变填充

（3）图片或纹理填充

幻灯片的背景以图片或纹理显示，其中包括插入图片、纹理、透明度、将图片平铺为纹理等，如图 5-34 所示。"纹理"包括一些质感较强的背景，将其应用到幻灯片，会使幻灯片具有特殊质感。纹理如图 5-35 所示。

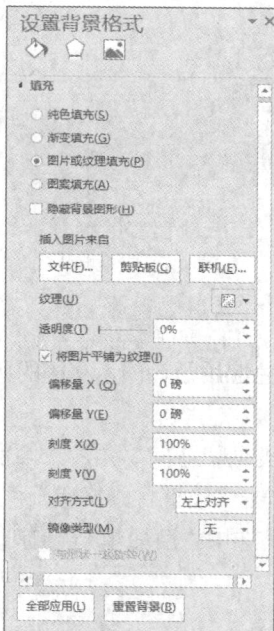

图 5-34　图片或纹理填充

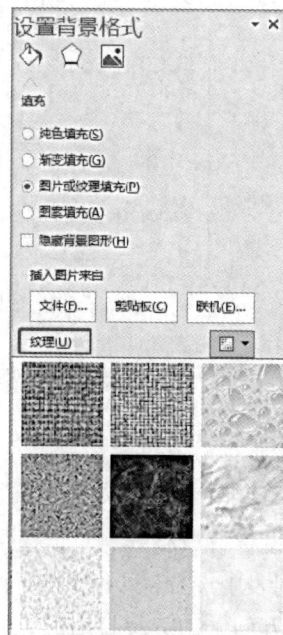

图 5-35　纹理

（4）图案填充

幻灯片的背景为一系列底纹图案，由背景色和前景色构成，其形状多是线条和点状。

在 PowerPoint 2016 的背景中，只能使用 4 种填充效果中的一种。也就是说，如果先选择"图片或纹理填充"，再选择"图案填充"，则幻灯片只应用"图案填充"效果。

5.4.3　应用模板

PowerPoint 2016 提供了许多精美的模板，它们包含预定义的各种格式，用户可以从中选择需要的模板将其应用于演示文稿。

1．使用模板

用户可以直接使用 PowerPoint 2016 提供的模板创建新演示文稿，或者将其用于已经存在的演示文稿中。

打开演示文稿，在"文件"菜单下选择"新建"选项，用户在右侧会看到系统提供的各种模板，如图 5-36 所示。单击合适的模板，即可将其应用到演示文稿中。

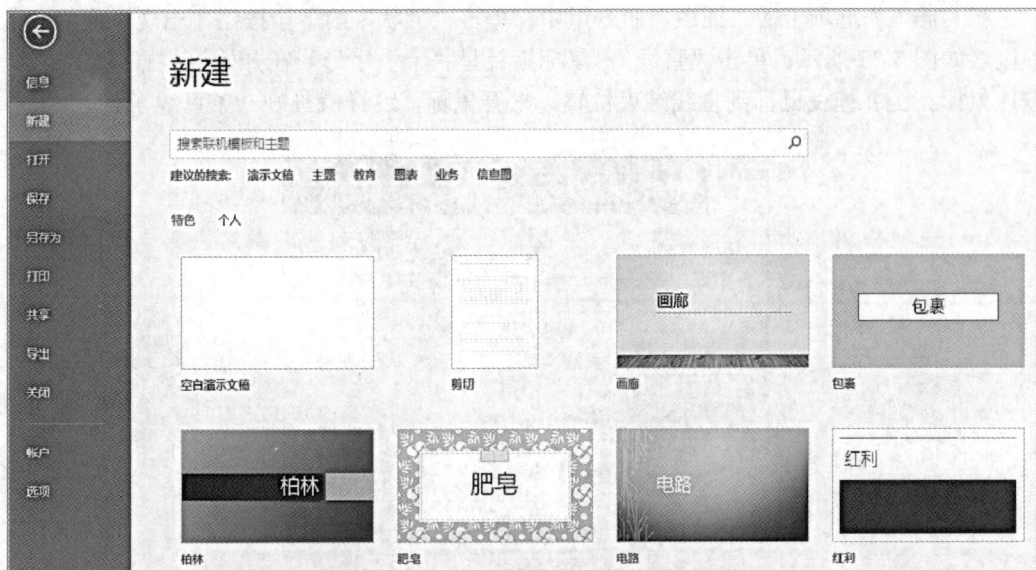

图 5-36　使用模板

2．修改模板

① 打开或新建一个演示文稿。

② 在"视图"选项卡的"母版视图"命令组中，单击"幻灯片母版"，出现该演示文稿的幻灯片母版。

③ 单击幻灯片母版中要修改的区域并进行修改（例如，选中标题文本，修改其字体、字号、颜色等）。用户也可以修改背景，添加幻灯片文本或图片等。

④ 修改完成后，退出幻灯片母版设置，将母版应用到整个演示文稿。

3．创建自己的模板

如果用户经常使用某种固定的模板创建演示文稿，就可以创建自己的模板。

① 打开或新建演示文稿，并修改模板。

② 在"文件"菜单下，单击"另存为"，选择"浏览"，弹出"另存为"对话框。

③ 在"保存类型"框中选择"PowerPoint 模板"，在"文件名"框中输入新模板的名称，单击"保存"。

5.5 绘制基本图形、插入表格和艺术字

演示文稿不仅可以包含文本，还可以包含各类图形。PowerPoint 2016 提供了绘制基本图形、插入表格、插入艺术字的方法。

5.5.1 绘制基本图形

1. 绘制直线

在"插入"选项卡的"插图"命令组中，单击"形状"的下拉按钮，出现"形状"选项区，如图 5-37 所示。单击"直线"，鼠标指针呈"十"字形。在开始绘制直线的位置，按住鼠标左键并拖曳鼠标到直线结束位置，松开鼠标，这样就画好一条直线了。

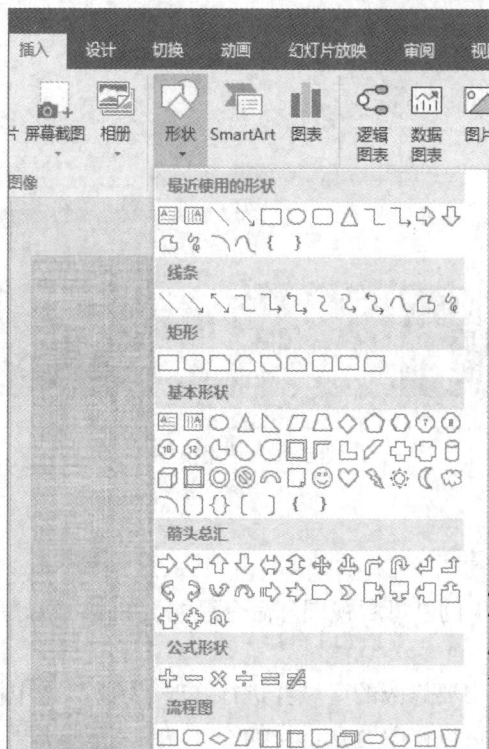

图 5-37 "形状"选项区

单击直线，直线两端会出现控制点。鼠标指针移动到某一个控制点上就会变成双箭头，

此时拖曳控制点可以改变直线的长度和方向。

2．绘制矩形（椭圆）

绘制矩形（椭圆）的操作步骤如下。

① 在"插入"选项卡的"插图"命令组中，单击"形状"的下拉按钮，出现"形状"选项区，单击"矩形"（"椭圆"），鼠标指针呈"十"字形。

② 将鼠标指针移动到合适位置，按下鼠标左键并拖曳可以画出一个矩形（椭圆）。

③ 移动鼠标指针到矩形（椭圆）的控制点上，鼠标指针呈双向箭头，拖曳控制点可以改变矩形（椭圆）的大小和形状。

3．在图形中添加文本

当需要在图形中添加文本时，可以在图形上单击鼠标右键，在弹出的快捷菜单中选择"编辑文字"，如图 5-38 所示，然后就可以输入文本内容。

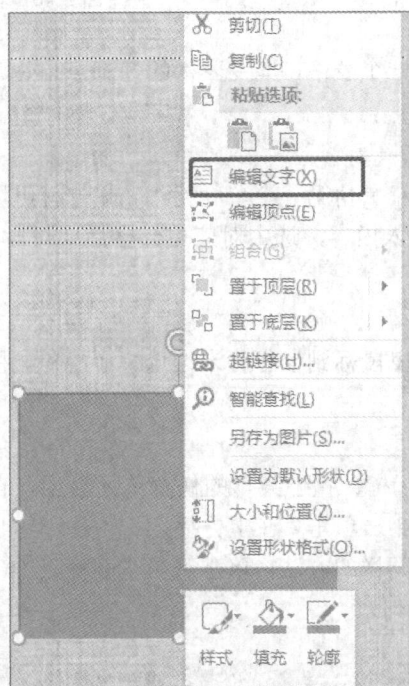

图 5-38　在图形中添加文字

5.5.2　插入表格

1．创建表格

创建表格的操作步骤如下。

① 打开演示文稿，并选择要插入表格的幻灯片。

② 在"插入"选项卡的"表格"命令组中，单击"表格"的下拉按钮，选择"插入表格"选项，如图 5-39 所示。在弹出的"插入表格"对话框中，输入表格的列数和行数，如图 5-40 所示。

图 5-39　创建表格

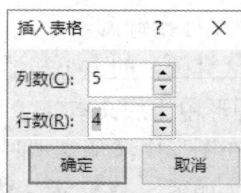

图 5-40　输入表格的列数和行数

③ 单击"确定"，出现一个表格，拖曳表格的控制点可以调整表格的大小，拖曳表格的边框可以改变位置。

2．在表格中输入文本

创建表格后，光标位于左上角第一个单元格中，此时就可以在第一个单元格中输入内容。若要在其他单元格中输入内容，选中对应单元格后即可。

3．编辑表格

（1）选择表格对象

单击第一个单元格，拖曳鼠标到该行行末即选择了整行，拖曳鼠标到该列列末即选择了整列。

（2）插入行或列

如图 5-41 所示，将鼠标指针置于某行的任意单元格中，在"表格工具"的"布局"选项卡的"行和列"命令组中，单击"在上方插入"（"在下方插入"），即可在当前行的上方（下方）插入一行。采用同样的方法，单击"在左侧插入"（"在右侧插入"），即可在当前列的左侧（右侧）插入一列。

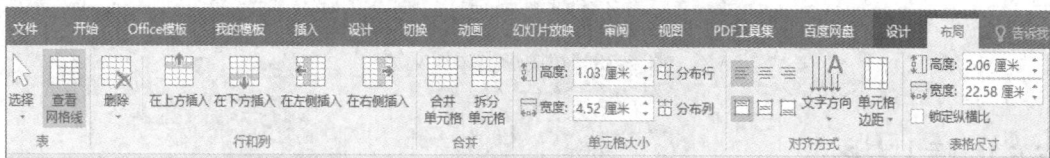

图 5-41　插入行或列

（3）合并和拆分单元格

合并单元格的方法：选择要合并的单元格，在"表格工具"的"布局"选项卡的"合并"命令组中，单击"合并单元格"。

拆分单元格的方法：选择要拆分的单元格，在"表格工具"的"布局"选项卡的"合并"命令组中，单击"拆分单元格"，如图 5-42 所示。

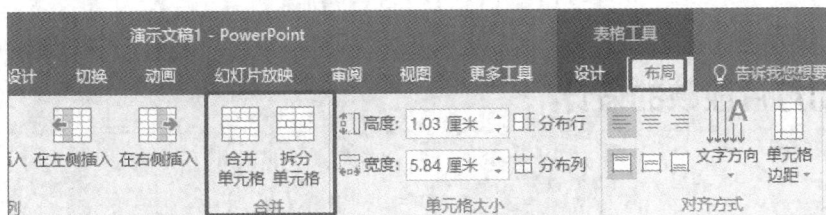

图 5-42　合并和拆分单元格

5.5.3　插入艺术字

修饰文本除了设置字体、字形、颜色以外，用户还可以对文本进行艺术化处理，使其具有艺术效果。

1．创建艺术字

① 在"插入"选项卡的"文本"命令组中，单击"艺术字"的下拉按钮，如图 5-43所示。然后出现艺术字库，如图 5-44 所示。

图 5-43　插入艺术字

图 5-44　艺术字库

② 在艺术字库中选择一种艺术字样式，出现"请在此放置您的文字"文本框。用户可以在文本框中输入文本，还可以选择字体、字号等。

2．修改艺术字的效果

创建艺术字后，如果效果不好，用户还可以改变艺术字的大小、颜色、形状、旋转角度等。单击艺术字，其周围会出现 8 个控制点和 1 个旋转图形。拖动控制点可以改变艺术字的大小，拖动旋转图形可以自由旋转艺术字。

5.6 幻灯片放映的设计

5.6.1 为幻灯片中的对象设置动画效果

自定义动画效果的方法如下。

① 在普通视图下，选择需要设置动画的幻灯片，在"动画"选项卡的"高级动画"命令组中，单击"动画窗格"，出现动画窗格。

② 在幻灯片中选择需要设置动画的对象，然后单击"添加动画"，出现下拉菜单，其中有"进入""强调""退出""动作路径"4 项，如图 5-45 所示。每项均有相应的动画效果。

③ 选择某类型动画，例如，选择"进入"中的"淡出"，则激活动画窗格的各项设置。

④ 根据需要对各项进行设置。

在"动画"选项卡的"计时"命令组中，"开始"用于设置开始动画的方式，"持续时间"用于设置飞入的速度。在"动画"命令组中，"效果选项"用于选择动画方式。

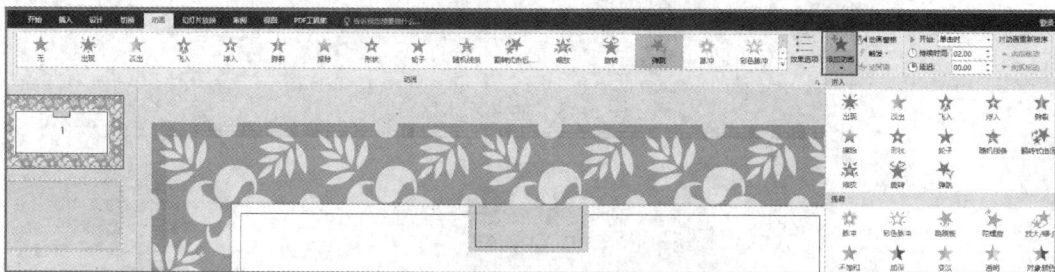

图 5-45　添加动画

⑤ 待所有的要素都设置完毕，可以播放幻灯片查看设置的效果。如果还需要调整，则重新进入"动画"命令组中，按照以上步骤重新设置即可。

5.6.2 幻灯片切换效果的设计

设置幻灯片切换效果的方法如下。

① 打开演示文稿，在"切换"选项卡的"切换到此幻灯片"命令组中，选择 "擦除"；单击"效果选项"的下拉按钮，其中包括"自右侧""自顶部""自左侧""自底部""从右上部""从右下部""从左上部""从左下部"8 项，选择需要的切换效果即可。

② 在"切换"选项卡的"计时"命令组中，在"持续时间"框中可以选择幻灯片的持续时间，在"声音"框中可以选择切换时的声音效果。在"换片方式"框中可以设置幻灯片的换片方式，其中包括"单击鼠标时"和"设置自动换片时间"两种方式。

此时，设置的幻灯片切换效果只适用于所选幻灯片（组）。要想让全部幻灯片采用该效果，可以单击"全部应用"。

5.6.3　幻灯片放映方式的设置

幻灯片的放映方式通常分为以下 3 种。

1．演讲者放映（全屏幕）

演讲者放映是全屏幕放映，适用于会议或教学场合。放映进程由演讲者自己控制。若想自动放映，则必须事先进行计时排练，使放映速度适宜。

2．观众自行浏览（窗口）

观众自行浏览适用于展览会等场合，观众可以利用窗口命令控制放映进程。

3．在展台浏览（全屏幕）

在展台浏览采用全屏幕放映，适合无人看管的场合。该方式会自动循环放映演示文稿，观众不能控制。

幻灯片放映方式的设置方法如下。

① 打开演示文稿，在"幻灯片放映"选项卡的"设置"命令组中，单击"设置幻灯片放映"，出现"设置放映方式"对话框，如图 5-46 所示。

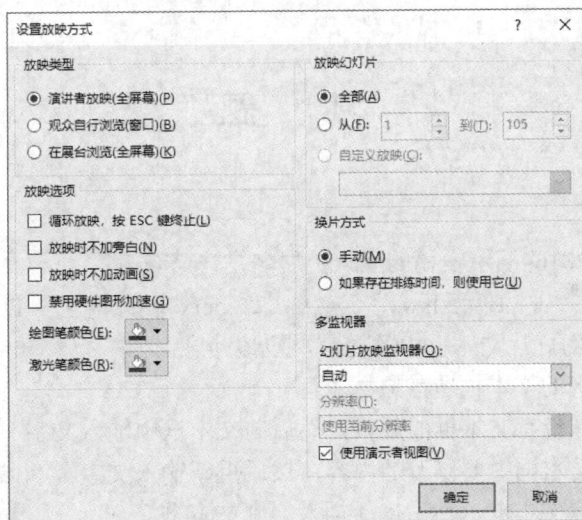

图 5-46　"设置放映方式"对话框

② 在"放映类型"中，选择"演讲者放映（全屏幕）""观众自行浏览（窗口）""在展台浏览（全屏幕）"3 种类型之一。若选择"在展台浏览（全屏幕）"，则自动循环放映演示文稿，按"Esc"键才能终止放映。

③ 在"放映幻灯片"栏中，用户可以确定幻灯片的放映范围（全部或部分）。放映部分幻灯片时，用户可以指定放映幻灯片的开始序号和终止序号。

④ 在"换片方式"栏中，用户可以选择换片方式。由于"演讲者放映（全屏幕）"和"观众自行浏览（窗口）"放映方式强调自行控制放映，因此常采用"手动"换片方式；而"在展台浏览（全屏幕）"方式通常无人控制，因此选择"如果存在排练时间，则使用它"换片方式。

5.6.4 设置动作和超链接

1．设置动作

PowerPoint 可以为幻灯片中的对象设置动作，放映时单击已设置动作的对象就可以链接到规定的幻灯片或另一个演示文稿。

设置动作的方法如下。

① 选中要设置动作的幻灯片中的对象，在"插入"选项卡的"链接"命令组中单击"动作"。

② 在弹出的"操作设置"对话框中选择"单击鼠标"选项卡，并在"单击鼠标时的动作"栏中选择"超链接到"单选框，单击其下拉按钮，在出现的下拉列表中选择要链接的对象。

2．设置超链接

① 选择要设置超链接的文本。在该文本上单击鼠标右键，在弹出的快捷菜单中选择"超链接"，弹出"插入超链接"对话框，在对话框中选择链接对象。

② 若链接对象不在当前文件夹，在"查找范围"下拉列表中选择要链接的文件（夹）即可。

习　　题

一、选择题

1．PowerPoint 2016 演示文稿的默认扩展名是（　　）。

　　A．.docx　　　　　B．.xlsx　　　　　C．.pptx　　　　　D．.ppt

2．如果要修改幻灯片文本框中的内容，应该（　　）。

　　A．用新插入的文本框覆盖原文本框

　　B．重新选择带有文本框的版式，然后向文本框中输入文字

　　C．选择该文本框中要修改的内容，然后重新输入文字

　　D．首先删除文本框，然后重新插入一个文本框

3．下列（　　）操作，不能退出 PowerPoint 2016 工作界面。

　　A．按"Alt+F4"组合键　　　　　B．在"文件"菜单中选择"退出"

　　C．按"Esc"键　　　　　　　　D．单击界面右上角的"关闭"

4．在幻灯片的"操作设置"对话框中设置的超链接对象不允许是（　　）。

　　A．下一张幻灯片　　　　　　　B．一个应用程序

　　C．幻灯片中的一个对象　　　　D．其他演示文稿

5．关于幻灯片动画效果，下列说法不正确的是（　　）。

　　A．可以进行动画效果预览

　　B．可以为动画效果添加声音

　　C．对同一个对象不可以添加多个动画效果

　　D．可以调整动画效果的顺序

6．PowerPoint 2016 中主要的编辑视图是（　　）。

    A．备注页视图　　　　　　　　　　B．幻灯片浏览视图

    C．普通视图　　　　　　　　　　　D．阅读视图

7．幻灯片（　　）方式不能修改幻灯片上内容。

    A．备注页视图　　B．大纲视图　　　C．普通视图　　　　D．幻灯片浏览视图

8．按（　　）键可以停止幻灯片播放。

    A．Shift　　　　　B．Ctrl　　　　　C．Esc　　　　　　D．Enter

9．在 PowerPoint 2016 中，下列关于表格的说法错误的是（　　）。

    A．可以向表格中插入新行和新列　　B．可以改变列宽和行高

    C．可以给表格添加边框　　　　　　D．不能合并和拆分单元格

10．在 PowerPoint 2016 中，直接插入*.swf 格式 Flash 动画文件的方法是（　　）。

    A．设置动作

    B．选择"插入"选项卡中的"对象"

    C．设置文字的超链接

    D．选择"插入"选项卡中的"视频"

11．要为所有幻灯片添加编号，下列方法中正确的是（　　）。

    A．选择"插入"菜单的"幻灯片编号"

    B．在母版中，选择"插入"菜单的"幻灯片编号"

    C．选择"视图"选项卡的"页眉和页脚"，在弹出的对话框中选中"幻灯片编号"
      复选框，然后单击"全部应用"

    D．选择"视图"选项卡的"页眉和页脚"，在弹出的对话框中选中"幻灯片编号"
      复选框，然后单击"应用"

12．在为对象"添加动画"时，不包括（　　）。

    A．动作路径　　　B．进入　　　　　C．退出　　　　　D．切换

二、判断题

1．对同一个对象不可以添加多个动画效果。　　　　　　　　　　　　（　　）

2．动画顺序决定了对象在幻灯片中出场的先后次序。　　　　　　　　（　　）

3．不能为幻灯片文本设置动画效果。　　　　　　　　　　　　　　　（　　）

4．PowerPoint 2016 能撤销已经执行的操作，也能恢复撤销后的操作。（　　）

三、填空题

1．放映时要实现在不同幻灯片之间跳转，需要为其设置_____。

2．在 PowerPoint 2016 的视图中，最常用的是_____和幻灯片浏览视图。

3．在_____视图中浏览 PowerPoint 2016 文档时，用户可以看到整个演示文稿
的内容，各幻灯片将按次序排列。

4．如果要从当前幻灯片"溶解"到下一张幻灯片，应首先选中下一张幻灯片，然后
切换到_____菜单，在"切换到此幻灯片"命令组中进行设置。

四、操作题

1．新建演示文稿 PowerPoint1.pptx，要求在第 1 张幻灯片的标题处输入"奋力新开局"，

新建第 2 张幻灯片（设置为标题幻灯片），在备注区输入文本"新年新气象，为经济发展开好局起好步"。

2. 新建一张幻灯片，并在文本框中输入配套材料中的文字。

（1）新建空白演示文稿，调整版式为"标题和内容"，并输入配套材料中的文字。

（2）在演示文稿的开始插入一张"仅标题"幻灯片，并将其作为第一张幻灯片，输入标题"自贸港政策对海南的影响"，设置字体格式为宋体、加粗，大小为 54。

（3）选择"带状"主题。

（4）将上述幻灯片保存为不同格式，如 pptx、ppsx、jpg（当前幻灯片）。

3. 请按要求完成下述操作。

（1）新建幻灯片，在第一张幻灯片中输入标题文字"校园建设"，设置标题文本的字体为"黑体"、字形为"加粗"，字号为"54"，对齐方式为"居中"。

（2）在第二张幻灯片中按以下格式输入文字。

- 田径场建设
- 体育馆建设
- 宿舍楼建设
- 图书楼建设

（3）设置第二张幻灯片标题的动画效果为"溶解"。

（4）将幻灯片应用模板修改为"capsules"。

（5）新建第三张幻灯片，格式为"内容与标题"。输入文字"教育楼占地面积为 2000 平方米"，并添加一张图片（图片自己找），设置图片宽度为 4 cm，高度为 2.5 cm。

（6）新建第四张幻灯片，格式为"两栏内容"，并输入文字"体育楼占地面积为 2000 平方米"，设置第四张幻灯片中的艺术字旋转 2 度，设置艺术字的动画为"旋转"。

（7）设置超链接，单击第二张幻灯片中的文本"体育馆建设"，跳转到第四张幻灯片。

（8）修改所有幻灯片的填充效果为"纯色填充"。

第 **6** 章

计算机网络与因特网

【知识目标】

1. 掌握计算机网络基础知识。
2. 熟悉计算机网络的概念、分类、特点。
3. 了解电子邮件的定义及特点。
4. 熟悉常用的搜索引擎和下载工具。

【技能目标】

1. 掌握申请电子邮箱的步骤。
2. 掌握收发电子邮件的步骤。

【素质目标】

1. 培养学生的自主学习意识和团队协作精神。
2. 培养学生信息化处理的创新意识。

6.1 计算机网络概述

计算机网络是计算机技术和通信技术紧密结合的产物。在以信息化带动工业化和工业化促进信息化的进程中，计算机网络扮演着越来越重要的角色。计算机网络在信息时代对信息的收集、传输、存储和处理起着非常重要的作用，其应用领域已渗透到社会的各个方面。

计算机网络是信息技术的核心，是信息社会的命脉和基础。从某种意义上讲，计算机网络的发展水平不仅反映了一个国家的计算机科学和通信技术的水平，也体现了其现代化程度。

6.1.1 计算机网络的定义与发展

1. 计算机网络的定义

人们对计算机网络的定义，没有统一的规定。通用的定义：计算机网络是利用通信线路将地理上分散的、具有独立功能的计算机系统和通信设备按不同形式连接起来，按照网络通信协议和网络操作系统进行数据通信，实现资源共享和信息传递的系统。从应用或功能的角度，可将计算机网络定义为以共享资源（硬件、软件、数据）的方式把具有独立功能的多台计算机连接起来组成的多机系统。

一个计算机网络必须具备以下 3 个基本要素。

① 至少包含两个具有独立操作系统的计算机，且它们之间有共享某种资源的需求。

② 各个独立的计算机之间必须由某种通信手段连接。

③ 网络中各个独立的计算机之间要相互通信，必须遵循相互确认的规范标准或协议。

从以上定义看出，计算机网络具有以下功能。

（1）数据交换与通信

数据交换与通信是计算机网络的最基本功能之一，用于实现计算机与终端、计算机与计算机传送各种信息。这些信息包括数据、文本、图形、动画、声音和视频等。

（2）资源共享

资源共享是计算机网络最常用的功能。充分利用计算机网络中提供的资源（包括硬件、软件和数据）是计算机网络组网的目标之一。计算机的许多资源的价格十分昂贵，不可能被每个用户拥有。例如，进行复杂运算的巨型计算机、海量存储器、高速激光打印机、大型绘图仪和一些特殊的外部设备等，还有大型数据库和大型软件等。然而这些价格昂贵的资源都可以被计算机网络上的用户共享，既可以使用户减少投资成本，又可以提高资源的使用效率。

（3）提高系统的可靠性和可用性

在使用单机的情况下，如果没有备用机，则计算机一旦出现故障便会停机。如果增加备用机，则费用会大大增加。把计算机连成网络后，各计算机可以通过网络互为后备，一旦某台计算机出现故障，其任务可由其他计算机代替处理。这样避免了出现单机损坏无后备机使用的情况，从而提高了整个网络系统的可靠性。特别是在地理位置分布很广，具有实时性管理和不间断运行要求的系统中，建立计算机网络便可保证系统更强的可靠性和可用性。

（4）分布处理和负载均衡

在计算机网络中，用户可根据需要合理地选择网络中的资源，以便就近处理。对于大型的任务或当网络中某台计算机的任务负荷太重时，用户可将任务分散到较空闲的计算机上处理，或由网络中较空闲的计算机分担负荷。计算机网络可以使整个网络资源互相协作，以免网络中的计算机使用不均，既影响任务的执行效率又不能充分利用计算机资源。

（5）使系统易于扩充，便于维护

将计算机组成网络后，虽然增加了通信费用，但由于资源共享，明显降低了系统的维护费用，且易于扩充，方便系统维护。

2．计算机网络的发展

计算机网络最早出现于 20 世纪 50 年代，从形成、发展到被广泛应用经历了几十年的时间，其发展速度与应用的广泛程度是惊人的。和其他事物的发展一样，计算机网络也经历了从简单到复杂，从低级到高级的发展过程。其发展过程大致可以分为以下几个阶段。

第一阶段可以追溯到 20 世纪 50 年代，可称为面向终端的计算机网络阶段，其特点是以单台计算机为中心的远程联机系统。主机是网络的中心和控制者，终端（键盘和显示器）分布在各处并与主机相连，用户通过本地的终端可以使用远程的主机。

这个阶段的网络主要有美国的半自动地面防空系统、航空公司联机订票系统和通用电器公司信息服务系统等。

第二阶段开始于 20 世纪 60 年代，可称为分组交换网络阶段。其特点是以通信子网为中心，通过通信线路把若干个计算机终端网络系统连接起来。这种网络可以解决通信线路的共享问题。分组交换网络由两部分组成：一部分是接入网络中的各个计算机构成用户资源子网，另一部分是由通信线路和负责转发数据的各种设备构成的通信子网，通信子网提供通信的链路。

这个阶段的代表网络是美国国防部高级研究计划局于 1969 年研制的阿帕网（ARPANET）。它是现在因特网的前身。

第三阶段开始于 20 世纪 70 年代中期，可称为开放式和标准化网络阶段。其特点是形成了网络体系结构。这一阶段计算机网络发展十分迅速，计算机生产商纷纷发展各自的计算机网络系统，但随之而来的是网络体系结构与网络协议的国际标准化问题。1977 年，国际标准化组织专门成立机构，提出了构造网络体系结构的"开放系统互联"参考模型。该模型得到国际上的普遍认可，成为公认的新一代网络体系结构的基础，对现代网络理论的形成和发展产生了重要影响。

第四阶段开始于 20 世纪 80 年代末期，可称为现代高速网络阶段。其特点是网络技术日趋完善，网络成为当今的信息高速公路。我们已经进入一个以网络为中心的时代，1990 年迅速发展起来的因特网把分散在世界各地的网络连接起来，形成了一个跨国界覆盖全球的网络系统。计算机网络发展成为以因特网为代表的互联网，计算机的发展也进入以网络为中心的新时代。

未来的计算机网络将覆盖所有的企业、学校、科研部门、政府及家庭，其覆盖范围可能超过现有的电话通信网。网上电话、视频会议等应用对网络传输的实时性要求很高，所以为了支持各种信息的传输，未来的网络必须具有足够的带宽、很好的服务质量与完善的安全机制。

6.1.2　计算机网络的应用与分类

1．计算机网络的应用

随着现代信息社会进程的推进，通信和计算机技术的迅猛发展，计算机网络的应用日益多元化，许多网络应用的新形式不断出现，如 E-mail、视频点播、网上交易、视频会议等。我们可将计算机网络的应用归纳为以下几个方面。

（1）方便的信息检索

计算机网络使信息检索变得更加高效、快捷，用户通过网上搜索、WWW（万维网）浏览、FTP（文件传送协议）下载，可以非常方便地从网络上获得需要的信息和资料。网上图书馆更是以其信息容量大、检索方便赢得人们的青睐。

（2）现代化的通信方式

E-mail 是一种较快捷、经济的通信手段，人们可以在几分钟甚至几秒钟内把信息发给对方，信息的表达形式除文本外，还可以是声音和图片。利用计算机网络，用户可以实现基于 IP 的语音通信，节省长途电话费用。

（3）办公自动化

将一个企业或机关的办公计算机及其外部设备联成网络，既可以降低购买多个外部设备的成本，又可以共享许多办公数据，还可以对信息进行综合处理与统计，减少了许多单调重复的劳动。

（4）电子商务与电子政务

计算机网络还推动了电子商务与电子政务的发展。企业与企业之间、企业与个人之间可以通过网络实现贸易；政府部门可以通过电子政务工程实现政务公开化，审批程序标准化，提高了政府的办事效率。

（5）企业的信息化

在企业中实施基于网络的管理信息系统和企业资源规划，可以实现企业的生产、销售、管理和服务的全面信息化，从而有效提高生产效率。医院管理信息系统、民航和铁路的购票系统、学校的学生管理信息系统都是企业信息化的实例。

（6）远程教育与网络学习

基于网络的远程教育、网络学习使我们可以突破时间、空间和身份的限制，获取网络上的教育资源并接受教育。

（7）丰富的娱乐和消遣

计算机网络不仅改变了我们的工作与学习方式，也给我们带来丰富多彩的娱乐和消遣方式，如网上聊天、网络游戏、网上电影院、视频点播等。

2．计算机网络的分类

计算机网络的分类方法很多，常用的分类方法有按网络覆盖的地理范围分类、按网络的传输技术分类。

（1）按网络覆盖的地理范围分类。

按网络覆盖的地理范围，我们可以把网络划分为局域网、城域网和广域网3种。下面简要介绍这几种计算机网络。

① 局域网。局域网（LAN）是将较小地理区域内的计算机或数据终端设备连接在一起的通信网络。局域网覆盖的地理范围比较小，地理范围半径一般在几十米到几千米之间，常用于组建一个办公室、一家企业、一栋楼、一个楼群、一个校园的计算机网络。局域网的主要特点如下。

• 覆盖的地理区域比较小，仅在有限的地理区域（半径为 0.1～20 km）内工作。
• 数据传输速率高（1 Mbit/s～10 Gbit/s），误码率低。
• 拓扑结构简单，常用的拓扑结构有总线、星形、环形等。
• 局域网通常由一个单一的组织管理。

② 城域网。城域网（MAN）基本上是一种大型的局域网，一般使用与局域网相似的技术，它的覆盖范围介于局域网和广域网之间。城域网的连接距离可以在 10～100 km，采用的是 IEEE 802.6 标准。与局域网相比，城域网的扩展距离更长，连接的计算机数量更多，在地理范围上可以说是局域网网络的延伸。在城域网中的许多局域网借助一些专用网络互联设备连接到一起，某计算机即使没有接入局域网也可以直接接入城域网，从而访问网络中的资源。

③ 广域网。广域网（WAN）是在一个广阔的地理区域内进行数据、语音、图像信息传输的通信网。广域网覆盖广阔的地理区域，通信线路大多使用公用通信网络[如 PSTN（公用电话交换网）、DDN（数字数据网）、ISDN（综合业务数字网）等]，这类网络的作用是实现远距离计算机之间的数据传输和信息共享。广域网可以覆盖一个城市、一个国家甚至全球。因特网是广域网的一种，但它不是一种具体独立的网络，它将同类或不同类的物理网络（局域网、城域网、广域网）互联，并通过高层协议实现各种不同类网络间的通信。广域网的主要特点如下。

- 覆盖的地理区域广泛。
- 广域网常借用公用网络连接，数据传输速率相对较高。

（2）按网络的传输技术分类

网络采用的传输技术决定了网络的主要技术特点，因此根据网络采用的传输技术对网络进行划分是一种很重要的方法。在通信技术中，通信信道有两类：广播通信信道与点到点通信信道。网络要通过通信信道完成数据传输任务，因此网络采用的传输技术也只可能有两类，即点到点方式和广播方式。这样，相应的计算机网络也可以分为以下两类。

① 点到点网络。点到点网络指网络中每两台主机、两台节点交换机之间，或主机与节点交换机之间都通过一条物理线路连接。机器（包括主机和节点交换机）沿着某信道发送的数据无疑只有信道另一端的一台机器收到。如果两台计算机之间没有直接连接的线路，那么只有通过一个或多个中间节点的接收、存储、转发，才能将分组从信源发送到目的地。由于连接多台计算机之间的线路结构是复杂的，因此从源节点到目的节点可能存在多条路由。路由选择算法决定了分组从通信子网的源节点到达目的节点采用哪条路由。采用分组存储转发是点到点网络与广播网络的重要区别之一。

点到点网络的拓扑结构没有信道竞争，几乎不存在介质访问控制问题。点到点信道无疑会浪费一些带宽，因为在长距离信道上一旦发生信道访问冲突，控制介质访问相当困难，所以广域网都采用点到点信道，并用带宽简化信道访问控制。

② 广播式网络。广播式网络中的计算机或设备使用一条共享的通信介质进行数据传播，当一台计算机利用共享通信介质发送报文分组时，所有计算机都会"听到"这个分组。由于发送的分组中带有目的地址与源地址，因此接收到该分组的计算机需要检查目的地址是否与本节点地址相同，如果相同则接受，如果不同则放弃。广播式网络的传输方式有以下 3 种。

单播：发送的信息中包含明确的目的地址，所有节点都检查该地址。如果与自己的地址相同，则处理该信息；如果不同，则忽略。

组播：将信息传送给网络中的部分节点。

广播：在发送的信息中使用一个指定的代码标识目的地址，将信息发送给所有的目标节点。当使用这个指定代码传输信息时，所有节点都接收并处理该信息。

6.1.3　计算机网络拓扑结构

计算机网络拓扑结构是指网上计算机或设备与传输媒介形成的节点与线的物理构成

模式。在网络方案设计过程中，网络拓扑结构是关键之一，了解网络拓扑结构的有关知识对网络系统集成具有指导意义。

计算机网络拓扑结构一般可以分为总线拓扑、星形拓扑、环形拓扑、树形拓扑、网状形拓扑、混合型拓扑。

1．总线拓扑

总线拓扑是一种比较简单的结构，网络中所有的节点共享一条数据通道，即使用一根传输线路将网络中的所有节点连接起来，这根线路称为总线。各节点直接与总线连接，信息沿总线介质逐个节点传送，在同一时刻只能允许两个节点占用总线通信。总线拓扑结构如图 6-1 所示。

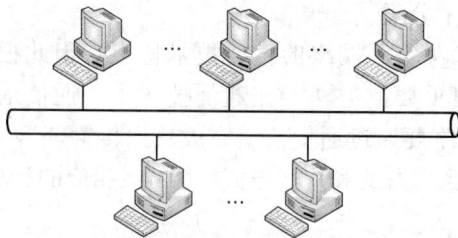

图 6-1　总线拓扑结构

总线拓扑的优点：结构简单，实现容易；易于安装和维护；需要铺设的电缆最短，成本低，用户节点入网灵活；某个节点的故障一般不会影响整个网络。

总线拓扑的缺点：同一时刻只能有两个网络节点相互通信，网络延伸距离有限，网络容纳节点数量有限；由于所有节点都直接连接到总线上，因此介质的故障会导致网络瘫痪。

2．星形拓扑

星形拓扑是最流行的网络拓扑结构，由中心节点与各个节点连接而成，各个节点呈辐射状排列在中心节点周围，各节点与中心节点通过点到点的方式连接，如图 6-2 所示。其他节点之间不能直接通信，通信时需要通过中心节点转发。

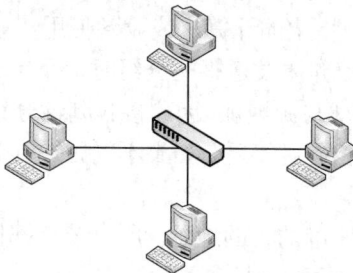

图 6-2　星形拓扑结构

星形拓扑的优点：结构简单，管理方便，可扩充性强，组网容易。利用中心节点可方便地实现网络连接和重新配置；单个连接点的故障只影响一台设备，不会影响全网，容易检测和隔离故障，便于维护。

星形拓扑的缺点：属于集中控制，主节点负载过重，如果中心节点产生故障，则全网不能工作，所以对中心节点的可靠性和冗余度要求很高。

3．环形拓扑

环形拓扑是将各节点通过通信介质连成一个封闭的环形，是一个点到点的环路，每台设备都直接连接到环上，或通过一个分支电缆连到环上，如图 6-3 所示。在环形拓扑中，信息按固定方向流动，或按顺时针方向，或按逆时针方向。

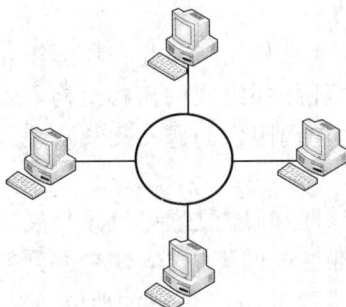

图 6-3　环形拓扑结构

环形拓扑的优点：一次通信信息在网络中传输的最大传输时延是固定的，每个节点只与其他两个节点通过物理链路直接连接。因此传输控制机制较为简单，实时性强。

环形拓扑的缺点：任何一个节点出现故障都可能终止全网运行，因此可靠性较差。为了解决可靠性差的问题，有的网络采用具有自愈功能的双环结构，一旦一个节点不工作，可自动切换到另一个环路上工作。此时，网络需对全网进行拓扑，或对访问控制机制进行调整，因此结构较为复杂。

4．树形拓扑

树形拓扑是由星形拓扑演变而来的，其结构图看上去像一棵倒挂的树，顶端有一个带分支的根，每个分支还可以延伸出子分支。最上端的节点叫根节点，一个节点发送信息时，根节点接收该信息并向全树广播，如图 6-4 所示。

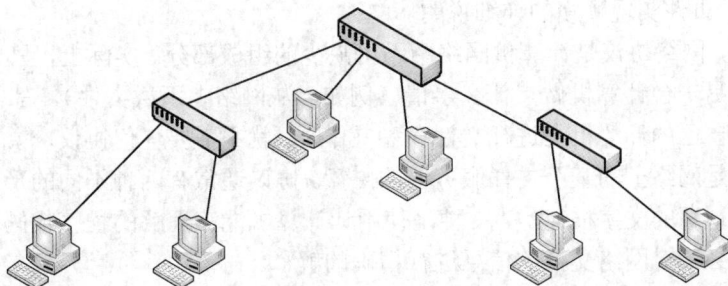

图 6-4　树形拓扑结构

树形拓扑的优点：易于扩展、隔离故障。

树形拓扑的缺点：对根节点的依赖性太强，如果根节点发生故障，则全网不能正常工作。

5．网状拓扑

网状拓扑分为全连接网状拓扑和不完全连接网状拓扑。在全连接网状拓扑中，每一个节点和其他节点均有链路连接。在不完全连接网状拓扑中，两个节点之间不一定由直接链路连接，它们之间的通信依靠其他节点转接。

网状拓扑的优点：节点间路径多，可大大减少碰撞和阻塞，局部的故障不会影响整个网络的正常工作，可靠性强；网络扩充和主机入网比较灵活、简单。

网状拓扑的缺点：结构较复杂，网络协议也复杂，建设成本高。

6. 混合型拓扑

混合型拓扑是指由多种拓扑（如星形拓扑、环形拓扑、总线拓扑）单元组成的拓扑。常见的是由星形拓扑和总线拓扑组成的拓扑结构，既满足较大网络的拓展需求，解决了星形拓扑在传输距离上的局限性问题，又解决了总线拓扑在连接用户数量的限制性问题。

混合型拓扑的优点：故障诊断和隔离方便、易于扩展、安装方便。

混合型拓扑的缺点：需用带智能的集中器，集中器到各节点的电缆长度会增加。

网络拓扑结构是网络的基本要素，处于基础的地位，选择合适的网络拓扑结构很重要。确定拓扑结构，要考虑联网的计算机的数量、地理覆盖范围、网络节点变动的情况，以及升级或扩展因素。在组建局域网时常采用星形、环形、总线和树形拓扑结构。树形和网状拓扑结构在广域网中比较常见。应当指出的是，在实际组建网络时，其拓扑结构不一定是单一的，通常是对这几种拓扑结构的综合利用。

6.1.4　网络协议与体系结构

1. 计算机网络协议

在计算机网络中要做到有条不紊地交换数据，就必须遵守一些事先约定好的规则。这些规则明确规定了所交换的数据格式以及有关的同步问题。这些为了在网络中进行数据交换而建立的规则、标准或约定称为网络协议，简称为协议。网络协议主要由以下 3 个要素组成。

① 语法：数据与控制信息，其中包括完成何种动作以及作出何种响应。

② 语义：需要发出何种控制信息，其中包括完成何种动作以及作出何种响应。

③ 同步：事件实现顺序的详细说明。

由此可见，网络协议是计算机网络中不可缺少的组成部分。实际上，只要用户想让连接到网络上的另一台计算机做点什么事情（例如，从网络上下载文件），都需要有协议。但是当用户在自己的计算机上进行文件存盘操作时，就不需要任何协议，除非这个用于存储文件的磁盘是网络上的某个文件服务器的磁盘。协议通常有两种不同的形式，一种是使用便于阅读和理解的文字描述，另一种是使用让计算机能够理解的程序代码。这两种不同形式的协议都必须对网络交换的信息进行精确的解释。

2. 计算机网络体系结构

网络层次结构模型与各层次协议的集合被定义为计算机网络体系结构（简称体系结构）。体系结构对计算机网络应实现的功能进行了精确的定义，而这些功能是用什么硬件与软件去完成的，则是具体的实现问题。体系结构是抽象的，而实现是具体的。

为了降低计算机网络的复杂程度，研究人员按照结构化设计方法，将计算机网络的功能划分为若干个层次，较高层次建立在较低层次的基础上，并为其更高层次提供必要的服务。网络中的每一层都起到隔离作用，使低层功能具体实现方法的变更不会影响到高一层执行的功能。计算机网络中采用层次结构的好处如下。

① 各层之间相互独立：高层并不需要知道低层是如何实现的，而仅需要知道该层通过层间接口提供的服务。

② 灵活性好：当任何一层发生变化时，只要接口保持不变，则这层以上或以下各层均不受影响，此外，当不再需要某层提供的服务时，甚至可将这层取消。

③ 各层都可采用最合适的技术来实现：各层实现技术的改变不影响其他层。

④ 易于实现和维护：因为整个系统已被分解为若干个易处理的部分，这种结构使一个庞大又复杂的系统的实现和维护变得容易控制。

⑤ 有利于促进标准化：主要是因为每层的功能与提供的服务已有明确的说明。

为了建立一个国际统一标准的网络体系结构，国际标准化组织从 1978 年 2 月开始研究开放系统互联（OSI）参考模型，该模型采用分层描述的方法，将整个网络的通信功能划分为 7 个部分（也叫 7 个层次），每层各自完成一定的功能。由底层至高层分别称为物理层、数据链路层、网络层、传输层、会话层、表示层、应用层，如图 6-5 所示。

一台计算机上的每一层都只与另一台计算机的同层"对话"，但是同层之间并不存在物理上的直接数据传输，而是通过调用下层功能实现逻辑连接，物理层是此模型唯一建立实际连接的层次。在该模型中，下 3 层属于通信子网范畴，上 3 层归于资源子网范畴，传输层起着衔接上 3 层和下 3 层的作用。各层的具体功能如下。

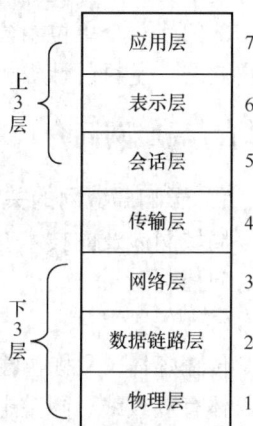

上 3 层	应用层	7
	表示层	6
	会话层	5
	传输层	4
下 3 层	网络层	3
	数据链路层	2
	物理层	1

图 6-5　OSI 参考模型

（1）物理层

物理层用于实现两个主机（终端）间的物理通信，涉及网络终端设备和通信设备的机械特性、电气特性、接口及时钟同步等。

（2）数据链路层

数据链路层负责将被传送的数据按帧结构格式化，并实现差错控制，此外还负责编址、链路管理、顺序编号、流控制及帧的传送。

（3）网络层

网络层用于提供在源节点和目标节点之间的信息传输服务，传输单位是分组。信息在网络中传输时，由网络层提供路由选择、源和目标节点之间的差错检测、顺序及流量的控制。网络层还应向传输层提供数据包或虚电路服务。

（4）传输层

传输层负责向会话层提供网络本身的传送服务，其中包括多点转接控制、接通管理、资源管理等。

（5）会话层

会话层负责管理和建立进程及其连接，如信息流传输设置、对话服务及会议管理服务。

（6）表示层

表示层用于实现协议转换、数据库管理服务、虚拟终端以及数据格式转换等。

（7）应用层

应用层提供基本的面向用户的网络服务，例如电子邮件的接收与发送，或通过网络传送文件。

OSI 参考模型在实际应用中还没有真正实现。

6.2　局域网

局域网产生于 20 世纪 70 年代，是在小型机与微型机上被大量推广后逐步发展起来的一种使用范围最广泛的网络。局域网一般用于短距离的计算机之间传递数据、信息，属于一个部门或一个单位组建的小范围网络，其成本低、应用广、组网方便、使用灵活，深受用户欢迎，是目前计算机网络发展中最活跃的分支。

6.2.1　局域网简介

1. 影响局域网的关键技术

局域网涉及的技术有很多，但决定局域网性能的主要技术有传输媒体、拓扑结构和媒体访问控制。

（1）传输媒体

传输媒体（又称传输媒介或传输介质）是网络数据信号传输的载体。局域网常用的传输媒体有双绞线、同轴电缆、光缆等。此外，还有用于移动节点之间通信的无线媒体。传输媒体的特性将影响网络数据通信的质量，这些特性包括物理特性、传输特性、连通特性、有效传输范围、抗干扰能力及价格等。大多数局域网络都支持同轴电缆和双绞线。

（2）拓扑结构

常用的局域网拓扑结构有总线拓扑、星形拓扑和环形拓扑。以太网是采用总线拓扑结构的典型产品，随着 100Base-T 的推出，以太网可以按星形拓扑结构组网，也可以通过集线器和交换机将总线拓扑结构和星形拓扑网络混合连接到同一个网络中。

（3）媒体访问控制

媒体访问控制是局域网最重要的一项基本技术，也是网络设计和组网的关键，因为它对局域网体系结构、工作过程和网络性能产生决定性的影响。

局域网上的媒体访问控制包括两个方面的内容：一是确定网络的每个节点能够将信息发送到媒体上的特定时刻；二是如何对公用传输媒体进行访问并加以利用和控制。常用的局域网媒体访问控制方法如下。

① CSMA/CD：带冲突检测的载波监听多路访问技术，是一种适用于总线拓扑结构的分布式媒体访问控制方法，在国内外广为流行。

② Token-Ring：令牌环，是一种适用于环形网络的分布式媒体访问控制方法。这种媒体访问控制技术使用一个令牌沿着环路循环，令牌是一种特殊帧（通行证），各节点都没有信息时令牌改为忙状态，由于这时的令牌是忙状态，其他节点必须等待而不能发送信息。因此，也就不可能发生任何冲突。

令牌环的主要优点在于其访问方式具有可调整性和确定性,且各节点有同等的媒体访问权,在重负载环路上,令牌以循环的方式工作,效率较高。令牌环的主要缺点是令牌维护要求复杂。

2．局域网的运行模式

局域网的运行模式有以下几种。

（1）对等模式

在对等模式中每一台设备可以同时是客户机和服务器。网络中的所有设备可直接访问数据、软件和其他网络资源,即每一台网络计算机与其他联网的计算机是对等的,它们没有层次的划分。

对等网主要应用于一些小型企业,因为它不需要服务器,所以对等网成本较低,这些有限的功能可满足小规模企业的要求。

（2）客户机/服务器模式

在客户机/服务器模式中,计算机被划分为服务器和客户机。当服务器为用户建立合法账户后,用户可在远程的客户机上使用由服务器提供的软件资源。通常我们将基于服务器的网络都称为客户机/服务器网络。

（3）浏览器/服务器模式

浏览器/服务器模式是指基于浏览器、WWW 服务器和应用服务器的运行模式。浏览器/服务器模式继承和共融了传统的客户机/服务器模式中的网络软、硬件平台及应用,并且更加开放、应用开发速度更快、生命周期更长、应用扩充和系统维护升级更方便。正因为浏览器/服务器模式有诸多优点,所以越来越多的信息管理系统都是基于浏览器/服务器结构开发的。

6.2.2　局域网的组成

计算机网络是一个复杂的系统,其中包括一系列软件系统和硬件系统。网络软件系统和网络硬件系统是网络系统赖以存在的基础。网络硬件系统对网络的选择起着决定性的作用,而网络软件系统则是挖掘网络潜力的工具。

1．网络硬件系统

网络硬件系统主要由多台计算机及通信设备构成,其中包括各种类型的计算机、网络传输介质、共享的外部设备、网络互联设备等。

（1）各种类型的计算机

采用网络技术,可将各种类型的计算机连接到同一个网络上。这些计算机可以是巨型机,也可以是微型机。不同的计算机在网络中承担着不同的任务。

在计算机网络中,我们通常把提供网络服务并管理共享资源的计算机称为服务器。服务器是网络的核心,实物如图 6-6 所示。服务器上运行的一般是多用户多任务网络操作系统,如 UNIX、Linux、Windows 2000 Server 等。服务器的主要任务是为网络上的其他机器提供服务,如打印服务器主要用于接收网络用户的打印请求,管理这些打印队列并控制打印输出。此外还有文件服务器、通信服务器等。与服务器相对应,其他向服务器发出资源请求的网络计算机被称作网络工作站（简称工作站）,在一些场合下也被称为客户机。现在许多网络采用的都是客户机/服务器模式工作。

图 6-6　服务器实物

网卡是网络与计算机相连的接口，起着向网络发送数据、控制数据、接收并转换数据的作用。它有两个主要功能：一是读入由网络设备传输的数据包，经过拆包，将其变为计算机可以识别的数据，并将数据传输到所需设备中；二是将计算机发送的数据打包后输送至其他网络设备。网卡实物如图 6-7 所示。

图 6-7　网卡实物

（2）网络传输介质

网络传输介质是网络中发送方和接收方之间的物理道路。常用的网络传输介质分为有线的和无线的两类。有线网络传输介质主要有双绞线、同轴电缆和光缆，如图 6-8 所示；无线网络传输介质有微波、无线电、激光、红外线等。

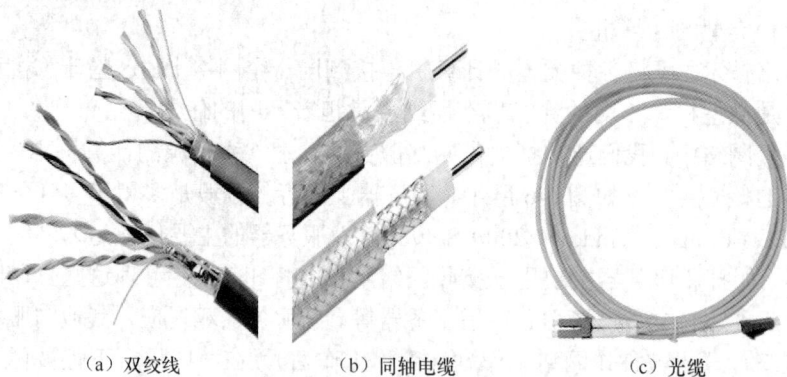

（a）双绞线　　　　　　（b）同轴电缆　　　　　　（c）光缆

图 6-8　网络传输介质

通常，在局部的中、高速局域网中使用双绞线、同轴电缆，在对网络速度要求很高的场合下（如视频会议）使用光缆。在远距离传输中使用光缆或卫星通信线路，在有移动节点的网络中使用无线通信。

（3）共享的外部设备

共享的外部设备指连接到网络中的供整个网络使用的外部硬件设备，如网络打印机、绘图仪等。

（4）网络互联设备

网络互联设备主要用于计算机互联和数据通信。常见的网络互联设备有集线器、交换机、中继器、网桥、路由器和网关。因特网就是一个通过许多网络互联设备连接起来的庞大的网际网。

2．网络软件系统

网络上的每个用户都可享有系统中的各种资源。为了协调系统资源，系统需要通过软件工具对网络资源进行全面的管理、调度和分配，并采取一系列的安全保密措施，防止用户不合理地访问数据和信息，以防数据和信息被破坏。网络软件是实现网络功能不可缺少的部分。

网络软件系统一般包括以下几个部分。

① 网络操作系统：像单台计算机需要操作系统管理一样，整个网络的资源和运行也必须由网络操作系统管理。它是用于实现系统资源共享、管理用户访问不同资源的应用程序，是最主要的网络软件。应用较为广泛的网络操作系统有 Windows Server 系列、UNIX、Linux 等。

② 网络协议和协议软件：通过协议程序实现网络通信规则功能。

③ 网络通信软件：通过网络通信软件实现网络工作站之间的通信。

④ 网络管理及网络应用软件：网络管理软件用于对网络资源进行管理和对网络进行维护；网络应用软件用于为网络用户提供服务并为网络用户解决实际问题。

6.2.3　局域网互联技术

随着计算机网络技术的不断发展，在更大范围内共享信息的需求越来越大。因此通过网络互联进行数据交换势在必行。此外，为了提高网络传输速率，可以将一个局域网划分成多个子网，再用网络互联设备连接起来。从这个角度来看，也需要采用网络互联技术。网络互联技术已经成为网络技术研究与应用的一个新的热点问题。

1．网络互联概述

网络互联是指两个以上计算机网络，通过一定的方法，用一种或多种通信处理设备连接起来，以构成更大的网络系统。网络互联的目的就是实现更广泛的资源共享。一个网络上的某一台主机与另一个网络上的一台主机进行通信，使任意网络上的用户都能访问其他被连接的网络上的资源，不同网络上的用户能够进行信息、数据的交换。

网络互联的形式有局域网与局域网互联、局域网与广域网互联、广域网与广域网互联3 种。要实现各种类型的网络互联，必须解决以下几个重要问题。

① 由于不同的网络寻址方案不同，因此必须在不改变原来网络结构的基础上将它们统一

起来。在各种不同的网络上传送的分组最大长度不一样，必须能对它们加以识别并统一。

② 不同的网络有不同的接入技术、不同的超时控制、不同的差错恢复方法、不同的路由选择技术、不同的传输服务等，也同样需要统一协调。阿帕网为网络互联找到了一条最好的途径，这就是 TCP/IP。

2．网络间的互联设备

（1）中继器

当信号在传输介质上传送时，会产生损耗，造成信号失真，从而导致错误的数据传输，中继器就是为了解决这个问题而设计的。中继器如图 6-9 所示。中继器对衰减的信号进行放大，让信号保持与原数据相同，使信号能在长电缆上传输，以达到延长电缆长度的目的。中继器最典型的作用就是连接两个以上以太网电缆段，但延长是有限的。例如，10BASE-5 粗缆以太网的组网规则规定，每个电缆段最大长度为500 m，最多可用 4 个中继器连接 5 个电缆段，延长后的网络长度为 2500 m。

图 6-9　中继器

（2）交换机

交换机又称为交换式集线器，如图 6-10 所示。当网络经常堵塞而影响速度，用户数量增加或用户在网上的需求急剧增加时，Hub（多端口转发器）的能力被充分发挥，交换机是改善这种状态的最好的产品。以太网交换机的所有端口平时都不连通，当节点需要通信时，交换机能同时连通许多对端口，使每一对相互通信的节点都能像独占通信介质一样，无冲突地传输数据，通信完成后就断开连接。所有连接的节点不是共享带宽，而是独享带宽，不会出现带宽不足的问题。

图 6-10　交换机

（3）路由器

路由器是工作在网络层的网络互联设备，如图 6-11 所示。当要互联的局域网之间需要对信息交换施加比较严格的控制时，或者通过广域网与远程的局域网把局域网互联时，一般采用路由器作为互联设备。

图 6-11　路由器

路由器负责将数据从源主机经最佳路径传送到目的主机。因此路由器必须具备两个基本的功能：确定通过因特网到达目的网络的最佳路径和完成信息分组的传送，即路由选择和数据转发。显然，路由选择是路由器的主要任务。

路由器还可以克服广播风暴。在一个局域网上，每一个节点都可以听到同一个局域网上其他节点发出的广播帧与广播包，路由器可以割断这种广播信息，不向另一端口连接的网络节点传送广播信息。这样，路由器限制了接收广播信息的节点数，使网络不会因传播过多的广播信息而引起性能恶化。在共享传输介质的局域网中，网络带宽绝大部分都是由广播帧消耗的，这是因为一个单位组织的网络与外界公用网络互联时，总是采用路由器与外界互联。与之相对的是，中继器、集线器和一般的交换机对广播帧都不隔断，会在网络中传播广播帧。

（4）网关

网关是能够连接不同网络的一种软件和硬件的结合体，是最复杂的网络互联设备。网关在传输层实现网络互联，其主要工作是在不同网络之间进行数据格式转换、地址映射和网络协议转换等。网关的结构和路由器类似，不同的是网关既可以用于广域网互联，也可以用于局域网互联。

由于网关不仅具有路由器的全部功能，而且具有协议转换功能，因此，它的传输速率更低，价格更贵，仅在连接两个不同体系结构的网络时才使用。

网关总是与特定的网络联系的。网关的协议总是针对某种特定应用，如电子邮件、文件传输、远程终端访问等，不可能有通用的网关。网关有以下几种类型。

① 电子邮件网关：用于从一种类型系统向另一种类型系统传送数据。电子邮件网关可以允许使用不同类型电子邮箱的人相互通信。

② 因特网网关：允许并管理局域网和因特网的接入。因特网网关可以限制某些局域网用户访问因特网。

③ 局域网网关：用于实现运行不同协议或运行在 OSI 不同层上的局域网网段间的相互通信。路由器甚至只用一台服务器就可以充当局域网网关。局域网网关也包括远程访问服务器，允许远程用户通过拨号方式接入局域网。

6.2.4　组网实战

下面以组建一个学生宿舍的局域网为例，介绍如何组建一个以太网（共 6 台计算机）。

宿舍中的局域网主要用于资源共享，如共享文件、连接因特网等，因此在宿舍中组建局域网的较好选择是组建对等网。这个学生宿舍局域网是没有特定服务器的网络，每一台连接到网络上的学生计算机既是服务器，也是客户机。各计算机之间可以由用户自行决定如何与网络中的其他用户分享资源。该局域网采用星形拓扑结构。

1. 安装硬件

首先准备好已安装以太网卡和驱动程序的联网计算机、一个集线器、若干根制作好的双绞线网线，选择 8 个端口 10 Mbit/s 带宽的集线器，如果资金比较充裕，可以考虑选择 100 Mbit/s 的集线器。或者直接把集线器升级为数据交换机，因为数据交换机的每个端口都可以占有网络的数据带宽，然后用网线将所有联网的计算机与集线器连接。

2. 设置联网

在硬件安装好后，需要对各组网计算机的 IP 参数进行设定。在 Windows 10 操作系统中可以按照以下步骤进行设定。

① 在"控制面板"中，选择"网络和 Internet"中的"网络和共享中心"，单击"本地连接"中的"属性"按钮，打开"以太网 属性"对话框，如图 6-12 所示。在此对话框中，可以为每台计算机分配一个静态的 IP 地址。

② 在"以太网 属性"对话框中，双击"Internet 协议版本 4（TCP/IPv4）"选项，然后单击"属性"按钮。在弹出的"Internet 协议版本 4（TCP/IPv4）属性"对话框中选择"使用下面的 IP 地址"单选按钮，在 IP 地址栏中输入 192.168.0.x（x 为 1~254），如图 6-13 所示。

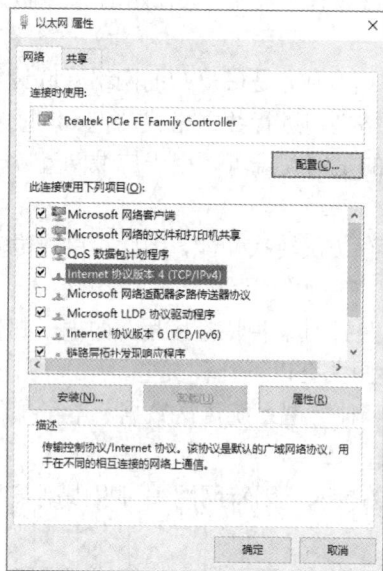

图 6-12 "以太网 属性"对话框 　　　　图 6-13 配置 IP 地址界面

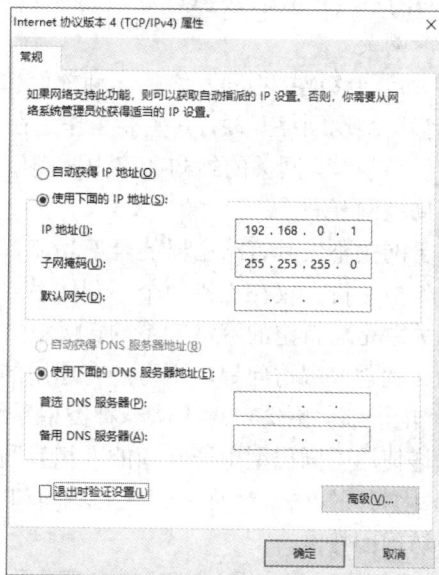

为了方便，我们选择 192.168.0.1~192.168.0.6 分别配给这 6 台计算机，同时在子网掩码栏中输入 255.255.255.0，单击"确定"按钮。

3. 设置工作组

局域网中的计算机如果在同一个工作组中，互访的速度会加快，因此我们把这 6 台计算机都加入 PCM 组。在"此计算机"中选择"属性"的"高级系统设置"，在"系统属性"对话框中，单击"计算机名"选项卡，并单击"更改"按钮，打开"计算机名/域更改"对话框。在"计算机名"文本框中输入计算机名，在"工作组"文本框中输入"PCM"，如图 6-14 所示。单击"确定"按钮并重启计算机。最后测试网络是否接通，进入 MS-DOS

（微软磁盘操作系统）方式，在提示符下输入 ping 192.168.0.1（假设这是自己的 IP 地址），然后 ping 其他计算机的 IP 地址，如果都能 ping 通说明网络已经接通了。

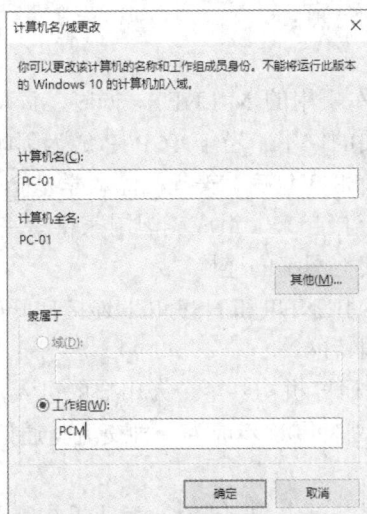

图 6-14　配置工作组界面

6.3　因特网概述

因特网（Internet）也称为国际互联网、全球互联网或互联网。

因特网是全球最大和最具影响力的计算机互联网络，也是世界范围的信息资源宝库。一般认为，因特网是由多个网络互联组成的网络集合。它通常是通过路由器实现多个广域网和局域网的互联，它对推动世界科学、文化、经济和社会的发展有着不可估量的作用。

因特网中的信息资源涉及商业、金融、政府、医疗卫生、信息服务、科研教育和休闲娱乐等方面。用户既可以使用因特网的 WWW 服务、电子邮件服务和 IP 电话服务，也可以通过因特网与未曾谋面的网友聊天或在因特网上发表自己的见解。

由于因特网的广泛应用和高速网络技术的快速发展，网络计算技术已成为重要的研究与应用领域。移动计算机网络、网络多媒体计算、网络并行计算、网格计算、存储区域网络、分布式对象计算与云计算等各种网络计算技术正在成为网络领域新的研究与应用的热点。

6.3.1　因特网的发展

1. 因特网在国外的发展

（1）因特网的起源

1969 年，美国国防部高级研究计划局（ARPA）为了能使一些异地计算机共享数据，便以一定的方式将计算机接入公用电话交换网，形成一个计算机网络并将其命名为阿帕网，这就是因特网的前身。最初，阿帕网主要用于军事研究。它的指导思想：网络必须经受得住故障的考验而维持正常的工作，一旦发生战争，网络的某一部分因遭受攻击而失去工作能力时，网络的其他部分应能维持正常的通信工作。阿帕网在技术上的另一个重大贡献是 TCP/IP 的开发和利用。

（2）因特网的实用化

1983 年，阿帕网分出纯军事用的 MILNET。同时，局域网和广域网的产生与发展对因特网的进一步发展起了重要的作用。当年 TCP/IP 成为阿帕网上标准的通信协议，这标志着真正的因特网出现了。1988 年年底，美国国家科学基金会（NSF）把美国建立的五大超级计算机中心用通信干线连接起来，组成美国国家科学基金会网（NSFNET），并以此作为因特网的基础，实现同其他网络的连接。

"因特网"这个名称是在 MILNET 和 NSFNET 连接后开始使用的。随后，其他联邦部门的计算机网络相继被并入因特网。

由于多种学术团体、企业研究机构甚至个人用户的进入，因特网的使用者不再局限于"纯粹"的计算机专业人员。因特网逐步成为一种交流与通信的工具。

（3）因特网的商业化

因特网的第二次大发展得益于它的商业化。商业机构踏入因特网这一陌生世界，很快发现了它在通信、资料检索、客户服务等方面的巨大潜力。

（4）因特网的公众化

因特网已经发展到各个国家的各个行业，2021 年全球互联网普及率是 73%。

2．因特网在我国的发展

因特网在我国的发展分为两个阶段。

（1）电子邮件交换阶段

1987—1993 年，因特网在我国处于发展的起步阶段。在此期间，以中国科学院高能物理研究所为首的一批科研院所与国外机构合作开展一些与因特网联网相关的科研课题，通过拨号方式使用因特网的 E-mail（电子邮件）系统，并为国内一些重点院校和科研机构提供国际因特网电子邮件服务。

1990 年，我国正式向国际互联网信息中心登记注册了最高域名"CN"，从而开通了使用我国域名的因特网电子邮件。

（2）全功能服务阶段

我国最早连入因特网的单位是中国科学院高能物理研究所。1994 年原邮电部同 Sprint 电信公司签署合同，建立了中国公用计算机互联网，使因特网真正"走"到普通人身边。同年，中国教育和科研计算机网也连接到了因特网。现在各大学的校园网已成为因特网上最重要的资源之一。

3．未来的因特网发展

从目前的情况来看，因特网市场仍具有巨大的发展潜力，它的应用已从局域网发展到网上证券交易、电子商务、E-mail、多媒体通信、各种信息服务等。全面预测因特网未来的发展是很困难的，但以下几个方面是不可忽视的。

① 随着世界各国信息高速公路计划的实施，主干网的通信速度将大幅度提高，带宽越来越宽。

② 有线、无线等多种通信方式将更加广泛、有效地融为一体。接入技术的发展充分体现了"三网合一"的应用趋势。数据网、电视网和电话网将不再相互隔离，而是共同承揽数据、语音、图像集成的业务，从而缓解因特网的带宽压力。

③ 因特网的管理与技术将进一步规范化。IPv6 的出现给人们带来了近乎完美的解决方案。与 IPv4 相比，IPv6 在扩大寻址空间、提高业务质量等方面进行了改进。

④ 因特网的商业化应用范围将扩大，走结合道路。如 IP 电话、电子商务、视频会议、物联网等。

6.3.2 因特网的体系结构

1. TCP/IP 的概念

TCP/IP 是指传输控制协议/互联协议。它起源于美国阿帕网，由它的两个主要协议 TCP和 IP 得名。TCP/IP 是因特网上所有网络和主机之间进行交流使用的共同"语言"，是因特网上使用的一组完整的标准网络连接协议。通常所说的 TCP/IP 实际上包含了大量的协议和应用，且由多个独立定义的协议组合在一起，协同工作。因此，更确切地说，应该称TCP/IP 为 TCP/IP 协议集合或 TCP/IP 协议栈。

OSI 参考模型最初是用于开发网络通信协议簇的一个工业参考标准。通过严格遵守OSI 参考模型，不同的网络技术之间可以轻松实现互操作。但因特网在全世界飞速发展，使 TCP/IP 协议栈成为一种事实上的标准，并形成了 TCP/IP 参考模型。不过，OSI 参考模型的制定也参考了 TCP/IP 协议栈及其分层体系结构的思想。而 TCP/IP 在不断发展的过程中也吸收了 OSI 标准中的概念及特征。

TCP/IP 协议栈具有以下特点。

① 开放的协议标准（用户可以免费使用），并且独立于特定的计算机硬件与操作系统。

② 独立于特定的网络硬件，可以运行在局域网、广域网中，更适用于互联网。

③ 统一的网络地址分配方案，使整个 TCP/IP 设备在网络中具有唯一的地址。

④ 标准化的高层协议，可以提供多种可靠的用户服务。

2. TCP/IP 的层次结构

OSI 参考模型是一种通用的、标准的、理论模型，市场上没有一个流行的网络协议完全遵守 OSI 参考模型，TCP/IP 也不例外。TCP/IP 协议栈有自己的模型，被称为 TCP/IP参考模型。OSI 参考模型与 TCP/IP 参考模型的对应关系如图 6-15 所示。

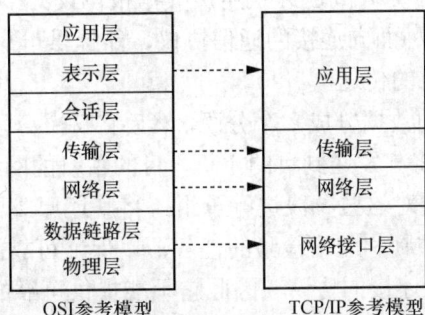

图 6-15 OSI 参考模型与 TCP/IP 参考模型的对应关系

TCP/IP 实际上是一个协议系列,这个协议系列的正确名称应是因特网协议系列,而 TCP 和 IP 是其中的两个协议。由于 TCP 和 IP 是最基本、最重要的两个协议,也是广为人知的,因此,通常用 TCP/IP 来代表整个因特网协议系列。其中,有些协议用于提供底层功能,包括 IP、TCP 和 UDP;另一些协议则用于完成特定的任务,如传送文件、发送邮件等。

TCP/IP 的层次结构包括 4 个层次,但实际上只有 3 个层次包含了实际的协议。TCP/IP 中各层的协议如图 6-16 所示。

OSI 参考模型	TCP/IP参考模型	
应用层	应用层	TELNET、FTP、HTTP、SMTP、DNS等
表示层		
会话层		
传输层	传输层	TCP、UDP
网络层	网络层	IP、ICMP、ARP、RARP
数据链路层	网络接口层	各种物理通信网络接口
物理层		

图 6-16 TCP/IP 中各层的协议

（1）网络接口层

TCP/IP 参考模型的最底层是网络接口层,也称为网络访问层,负责将帧放入线路或从线路中取下帧。它包含能与物理网络进行通信的协议,对应 OSI 参考模型的物理层和数据链路层。OSI 参考模型并没有定义具体的网络接口协议,而是旨在提供灵活的接口,以适应各种网络类型,这也说明了 TCP/IP 可以运行在任何网络中。

（2）网络层

网络层将数据包封装成因特网数据包并运行必要的路由算法。具体说来就是处理来自传输层的分组,将分组形成 IP 数据包,并且为该数据包选择路径,最终将它从源主机发送到目的主机。在网络层中,最常用的协议是网际协议（IP）,其他一些协议用于协助 IP 进行操作,如 ARP、ICMP 等。

（3）传输层

传输层主要负责主机与主机之间的端到端通信。该层使用两种协议来支持数据的传送方法,即 TCP（传输控制协议）和 UDP（用户数据报协议）。

① TCP 是传输层的一种面向连接的通信协议,能提供可靠的数据传送。对大量数据的传输,通常都要求有可靠的传送。

TCP 将源主机应用层的数据分成多个分段,然后将每个分段传送到网络层。网络层将数据封装为 IP 数据包,并将其发送到目的主机。目的主机的网络层将 IP 数据包中的分段传送给传输层,再由传输层对这些分段进行重组,将其还原成原始数据并传送给应用层。另外,TCP 还要完成流量控制和差错检验的任务,以保证可靠的数据传输。

② UDP 是一种面向无连接的协议,因此它不能提供可靠的数据传输,而且 UDP 不进行差错检验,必须由应用层的应用程序来实现可靠性机制和差错控制,以保证端到端数据传输的正确性。虽然 UDP 与 TCP 相比显得非常不可靠,但在一些特定的环境下 UDP

还是非常有优势的。例如，要发送的信息较短，不值得在主机之间建立一次连接；面向连接的通信通常只能在两个主机之间进行，若要实现多个主机之间的一对多或多对多的数据传输（即广播或多播），就需要使用 UDP。

（4）应用层

应用层与 OSI 参考模型中的上 3 层任务相同，都是用于提供网络服务。应用层是应用程序进入网络的通道。应用层有许多 TCP/IP 工具和服务，如 FTP（文件传送协议）、TELNET（远程上机）协议、SMTP（简单邮件传送协议）、DNS（域名系统）协议等。该层为网络应用程序提供了 Windows Sockets 和 NetBIOS 两个接口。

在 TCP/IP 参考模型中，应用层包括所有的高层协议，而且总是不断有新的协议加入。应用层的协议主要有以下几种。

① TELNET 协议：利用该协议，本地主机可以作为仿真终端登录到远程主机上运行应用程序。

② FTP：用于实现主机之间的文件传送。

③ SMTP：用于实现主机之间电子邮件的传送。

④ DNS 协议：用于实现主机名与 IP 地址之间的映射。

⑤ DHCP（动态主机配置协议）：用于实现对主机的地址分配和配置工作。

⑥ RIP（路由信息协议）：用于在网络设备之间交换路由信息。

⑦ HTTP（超文本传送协议）：用于在因特网中的客户机与 WWW 服务器之间传输数据。

⑧ SNMP（简单网络管理协议）：实现网络的管理。

6.3.3 IP 地址与域名

1. IP 地址

IP 地址是因特网协议地址的简称，用作因特网上独立计算机的唯一标识。通信时要利用 IP 地址来指定目的机地址，就像电话网中每台电话机必须有自己的电话号码一样。

IP 提供整个因特网通用的地址格式，它分为两部分：网络地址和主机地址。为了确保一个 IP 地址对应一台主机，网络地址由因特网注册管理机构网络信息中心分配，主机地址由网络管理机构负责分配。如图 6-17 所示，每个 IP 地址占用 32 位并被分为 A、B、C、D 和 E 五类。

IP 地址是 32 位的二进制地址，例如某地址为 11001010 01110010 01000000 00000010。由于以 "110" 打头，所以它是一个 C 类地址。因为它太长，而且不便于记忆，所以常用 4 个十进制数分别代表 4 个 8 位二进制数，在它们之间用圆点分隔，以 X.X.X.X 的格式表示。如上述地址可以写为 202.114.64.2。其网络地址为 202.114.64，网络内主机地址为 2。

A、B、C 是 3 类基本地址类型，都由 3 部分 IP 数据组成，即类型标志、网络标识符和主机编号。3 类基本地址类型的区别仅限于网络大小的不同。

① A 类地址：给大型网络分配的 IP 地址，用 1 位 "0" 作为类型标志。A 类地址的最高位为 0，其前 8 位为网络地址，是在申请地址时由管理机构设定的；后 24 位为主机地址，可以由网络管理员分配给本机构子网的各主机。用 A 类地址组建的网络称为 A 类网络。A 类网络地址可以有 126 个，一个 A 类网络地址最多可容纳 $2^{24}-2$（约 1600 万）台主机。

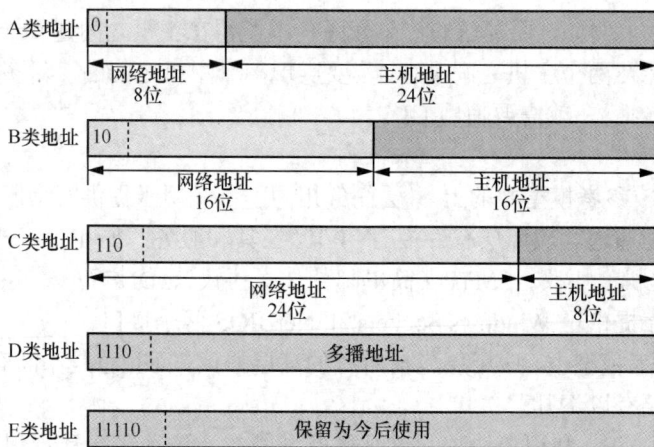

图 6-17　IP 地址分类

② B 类地址：以"10"为标志。B 类地址的前 16 位为网络地址，后 16 位为主机地址。B 类地址的第一个十进制整数的值为 128～191，取值范围为 128.0～191.255，网络数最多为 16384 个。一个 B 类网络地址最多可容纳 65534 台主机。

③ C 类地址：以"110"为标志。C 类地址的前 24 位为网络地址，后 8 位为主机地址。C 类地址的第一个整数值为 192～223，一般可以选用 192.0.0～223.255.255，网络数最多为 200 万个。一个 C 类网络地址最多可容纳 254 台主机。

④ D 类地址：一种多址广播地址格式，以 4 位"1110"为标志。

⑤ E 类地址：为实验保留的地址。

2. 域名

为了便于记忆 IP 地址，我们可以以文字符号方式唯一标识计算机，即给每台主机取一个便于记忆的名字，这个名字就是域名地址。域名由专门的机构来管理，以避免引发重名问题。域名与 IP 地址之间的转换工作称为域名解析，在因特网上由专门的服务器负责。为了强化因特网服务的易用性，因特网制定了一套命名机制，称为域名系统。按照系统的定义，一个完整的域名地址由若干部分组成，各部分之间由小数点隔开，每部分有一定的含义，且从左向右，域的范围逐渐扩大。图 6-18 给出了标识机构性质的域名结构示意。

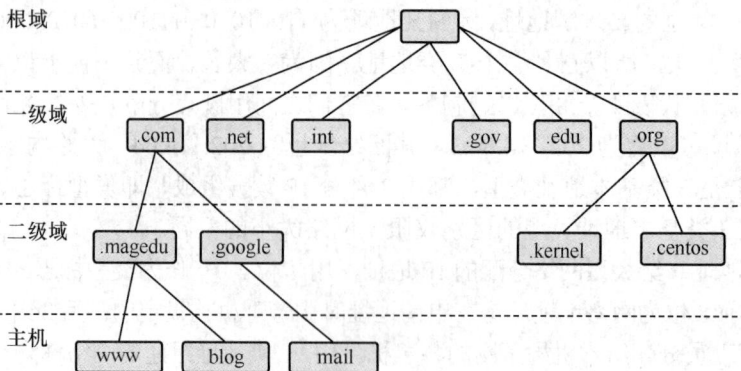

图 6-18　标识机构性质的域名结构示意

6.3.4 因特网的接入

连接因特网有多种方法，这些方法有各自的优点和局限性。

1．企业级用户的接入

企业级用户是以局域网或广域网规模接入因特网，其多采用专线入网。目前各地电信部门和 ISP（因特网服务提供方）为企业级用户提供了以下入网方式。

① 通过分组网入网。

② 通过帧中继入网。

③ 通过 DDN 专线入网。

④ 通过微波无线入网。

⑤ 通过光缆接入。

2．个人用户的接入

个人用户一般都采用仿真终端方式上网，还可以使用 Modem（调制解调器）、ISDN 线路、Cable Modem（同轴电缆调制解调器）、局域网、城域网、移动终端上网。

（1）仿真终端方式

仿真终端方式也称为电话拨号接入方式，是一种最基本、最经济的连接方法，即使在国外也仍然是一种最通用的因特网连接方式，特别是家用计算机。采用这种方式与因特网的主机连接时，通信硬件为一台个人计算机、一个调制解调器、一条直拨电话线；通信软件为 Windows Procomm。

（2）Modem 方式

Modem 是一种将计算机连接到公共交换电话网络上的数据通信设备。它能够将计算机的数字信号转换（调制）成在电话线路上传送的模拟信号；在另一端的调制解调器又将模拟信号解调回数字信号。该方式连接的优点是原始投入较少，只需要一台计算机、一个 Modem、一部电话；缺点是速率低，理论上的最高速率为 56 kbit/s。

（3）ISDN 线路方式

ISDN 线路俗称一线通。它是另一种适合家庭用户的上网方式，利用它可以同时上网、打电话、发传真，上网最高速率为 128 kbit/s，但费用比 Modem 方式高。该方式使一个普通的用户线最多可以连接 8 个终端，并为多个终端提供多种通信的综合服务，从而成为真正的"一线通"。

（4）Cable Modem 方式

Cable Modem 方式是利用有线电视网进行数据传输，Cable Modem 是连接有线电视同轴电缆与用户计算机的中间设备。该方式连接的优点是利用已有的有线电视网，只需要对同轴电缆网进行双向改造，可以使用有线电视台机房；缺点是系统调试较为复杂，不可预见因素多。

（5）局域网方式

在局域网内的家庭，可通过局域网代理接入因特网。将一个局域网连接到因特网主机有以下两种方法。

① 通过局域网的服务器、一个高速调制解调器和电话线路把局域网与因特网主机连

接，局域网的所有计算机共享服务器的一个 IP 地址。

② 通过路由器把局域网与因特网主机连接，通信可以通过 X.25 网或 DDN 专线实现。

（6）城域网方式

城域网实际上是一个大的局域网。家庭用户采用光缆到楼或者线到户的方式连接网络，不再占用电话线路，在费用上则以包月的方式结算。

（7）移动终端上网

这是一种通过无线应用协议（WAP）接入因特网的上网方式。WAP 是在数字移动电话、因特网或个人数字处理机、计算机应用之间进行通信的标准，用于标准化无线通信设备。

以上几种上网方式，仿真终端、Modem、ISDN 方式是 ISP 提供接入服务的，都是利用现有的电话线路，上网费用包括电话费和网络资源使用费，按时间（分钟）计费。其他则由广播、电视、电力或大公司提供，家庭用户可选择的范围更大，得到的服务更好。

6.4　因特网的应用

因特网是一个覆盖全球的枢纽中心，用户可以通过它了解来自世界各地的信息、收发电子邮件、聊天、网上购物、观看影片、阅读网上杂志、聆听音乐会。

6.4.1　WWW 服务

WWW 是 World Wide Web 的简称，译为"万维网"。它指的是在因特网上以超文本为基础形成的信息网。它为用户提供了一个可以轻松驾驭的图形化界面，用户可以查阅因特网上的信息资源。万维网是通过因特网获取信息的一种应用，用户浏览的网站就是万维网的具体表现形式，但其本身并不是因特网，只是因特网的组成部分之一。

浏览器是一个把因特网上找到的文本文档（或其他类型的文件）翻译成网页的程序。网页可以包含图形、音频、视频和文本。

WWW 浏览器的任务是使用一个 URL（统一资源定位符）来获取一个 WWW 服务器上的 Web 文档，并将文档内容以用户环境许可的效果最大限度地显示出来。其工作流程如下。

① WWW 浏览器根据用户输入的 URL 连接到相应的远端 WWW 服务器上。

② 取得指定的 Web 文档。

③ 断开与远端 WWW 服务器的连接。

由此可见，用户在浏览某个网站时，每连接一个网页就建立一次连接，读完后马上与服务器断开，需要连接另一个网页时重新开始。

6.4.2　电子邮件的工作方式

电子邮件（E-mail）是利用计算机网络的通信功能实现数据文件传输的一种技术。E-mail 是客户机/服务器模式的服务，如图 6-19 所示。邮件服务器用于收发电子邮件，是电子邮件系统的核心内容，客户则通过 E-mail 的收发软件在服务器上读取、发送邮件。

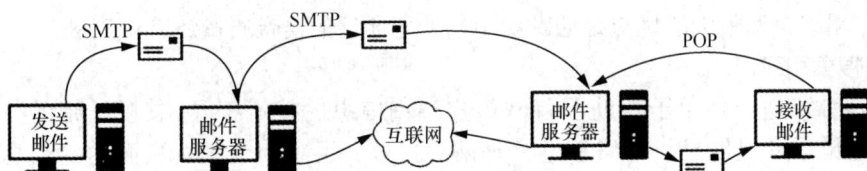

图 6-19　E-mail 的工作方式

收信时，客户机程序通过 POP3（邮局协议的第 3 个版本）与服务器上的 POP3 服务器软件通信。近年来，也有使用 IMAP（交互式邮件存储协议）接收邮件的客户机/服务器软件。发送邮件时，客户机程序通过 SMTP 与服务器上的 SMTP 服务器软件通信。

与传统邮件一样，接收 E-mail 也需要地址，我们称其为 E-mail 地址。发送/接收电子邮件的方式有以下两种。

（1）使用邮件代理软件

邮件代理软件是一种客户机软件，可以帮助用户编辑、收发和管理邮件。初次使用邮件代理软件需要设定参数。著名的邮件代理软件有 Outlook、Foxmail 等。

（2）使用 Web 方式

因特网出现以后，国内外许多网站都提供 Web 页面式收发 E-mail 功能，用户不需要安装 E-mail 软件，通过它们的 Web 网站就可以方便收发 E-mail。

E-mail 邮箱有收费和免费两种，差别在于容量、安全和服务。

6.4.3　因特网的其他应用

1．公告板系统

公告板系统是因特网提供的一种社区服务，用户在这里可以围绕某一主题展开讨论，把参加讨论的内容"张贴"在公告板上，或者从中读取其他参与者"张贴"的信息。

2．网络新闻组

网络新闻组又可称为 Usenet。在这里用户能找到来自常规来源的新闻，但大部分内容是问题、答案、观点、事实、幻想与讨论等。

3．文件传送

文件传送功能可以使用户的本地计算机与远程计算机（一般为文件传送的一个服务器）建立连接，通过合法的登录手续进入该远程计算机系统，直接进行文字和非文字（程序、图像等）信息的双向传送。文件传送要用到 FTP（文件传送协议），因此人们通常把采用这种协议传送文件的应用程序称为 FTP。

4．远程登录

远程登录（Telnet）为用户提供了在本地计算机上完成在远程主机上的工作的服务。通过使用 Telnet，因特网用户可以与全世界许多信息中心图书馆及其他信息资源联系。Telnet 是使用起来最简便的因特网工具之一。

5．IP 电话

IP 电话又称网络电话，它通过因特网来实现计算机与计算机或者计算机与电话之间的通信。使用网络电话时，要求计算机是一台带有语音处理设备（如话筒、声卡）的多媒体计算机。网络电话最大的优点是通话费用低，但通话的语音质量还有待改进。

6．搜索引擎

搜索引擎是一种用于帮助因特网用户查询信息的搜索工具，它以一定的方式在因特网中搜集、发现信息，对信息进行理解、提取、组织和处理，从而达到信息导航的目的。

搜索引擎最原始的方式是把因特网中资源服务器的地址收集起来，将资源按不同的类型分成不同的目录，以便用户按分类目录搜寻。因特网上信息量的迅速增加，催生了搜索网页上所有超级链接的搜索引擎，搜索引擎可以把代表超级链接的所有词句放入数据库。

因特网上的网站很多，初次上网的用户会有一种无从下手的感觉。就算是有经验的用户，当遇到某些问题时，也可能会不知从何处寻找答案。因此可以借助下面列出的一些中国用户常用的搜索引擎。

（1）百度

百度公司是全球比较优秀的中文信息检索与传递技术供应商之一。用户可以通过百度主页，迅速找到相关的搜索结果。

（2）新浪

新浪是因特网上规模比较大的中文搜索引擎之一，提供网站、中文网页、英文网页、新闻、汉英词典、软件等多种资源的查询。

6.4.4 电子邮件的使用

1．电子邮箱的申请

用户可以在提供邮箱申请的网站上申请电子邮箱，个人用户没有必要申请付费邮箱，在提供免费邮箱的网站上申请即可。

一个完整的因特网邮箱地址格式："登录名@主机名.域名"，中间用一个"@"符号分开，表示"在"的意思。符号的左边是登录名；右边是完整的主机名，它由主机名与域名组成，主机名与域名之间用圆点"."隔开。

申请电子邮箱的步骤如下。

① 用户将计算机连接到因特网上。

② 打开提供免费电子邮箱服务的网站，如新浪、网易等，选择申请或注册免费邮箱。

③ 输入申请邮箱的用户名。

④ 接受服务条款。

⑤ 按"登记资料"页面的要求，输入个人资料。

⑥ 单击"提交"按钮，系统接受申请，注册成功。

2．电子邮箱的使用

下面以 QQ 免费邮箱为例，说明免费邮箱的使用方法。

（1）编辑邮件

① 打开 QQ 免费邮箱主页，在"用户名"和"密码"文本框中分别输入用户已经注册的邮箱用户名及密码，单击"登录"按钮即可进入该用户的 QQ 邮箱。

② 在邮件页面左栏中，单击"写信"链接，右栏变成邮件编辑窗口。

③ 在"收件人"文本框中输入收件人的邮箱（此栏必须填写）；主题是让收信人看到的信件标题（可以不填写）。

④ 若一封邮件是发送给多人的，可在"添加抄送"文本框中输入其他人的邮件地址。抄送多人时，邮件地址中间用半角逗号隔开。利用"添加抄送"可实现批量发送邮件。若要给多人发送，但不希望收件人看到邮件都同时发送给哪些人，可在"添加密送"文本框中进行填写。

⑤ 在信件正文区域输入文本内容。

⑥ 发送邮件时，若需要将其他文件（如.doc 文件或动画、声音等多媒体文件）附带发送给对方，可将其作为邮件的附件来发送（当然附件的大小有容量限制）。单击"添加附件"按钮，单击"浏览"按钮，在本机上找到附带的文件，选中后单击"打开"按钮，如图 6-20 所示，完成附件的添加。如有多个附件，重复以上操作即可完成。

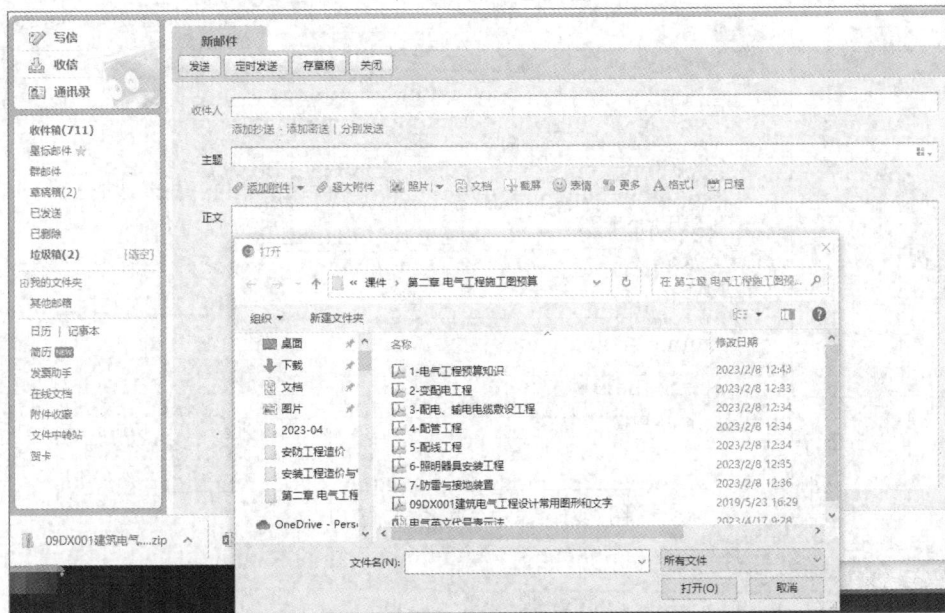

图 6-20　写信及添加附件窗口

（2）发送邮件

① 发送：及时发送邮件。

② 定时发送：在约定时间发送邮件。

③ 存草稿：将邮件以文件形式保存到草稿箱，后续可修改内容再继续使用。

（3）邮件的接收和阅读

按照以下方法可以接收和阅读邮件。

① 登录邮箱后，在邮件窗口的左边单击"收件箱"按钮。

② 该窗口显示了邮箱中的所有邮件，用户可以选择其中一个邮件进行接收和阅读，如果该邮件有附件，还会显示附件信息。

（4）邮件的回复和转发设置

用户还可以对邮箱设置自动回复和转发等，设置好后，系统便可自动回复和转发邮件。设置时在邮箱页面的左上方单击"设置"，然后在弹出的窗口中，按照提示进行设置即可。

（5）通讯录的管理

在邮箱中可以添加联系人和联系人组，下面分别讲解添加联系人和联系人分组的方法。

如果要在通讯录中添加联系人，可以在邮箱窗口的左边单击"通讯录"，在窗口中单击"+"按钮，在弹出的窗口中填写需要添加的联系人的信息后，若要对联系人分组，则单击下方分组选项右边的"✦"按钮，加入对应分组后，单击"保存"按钮即可，如图 6-21 所示。按照相同的方法可以继续添加联系人。

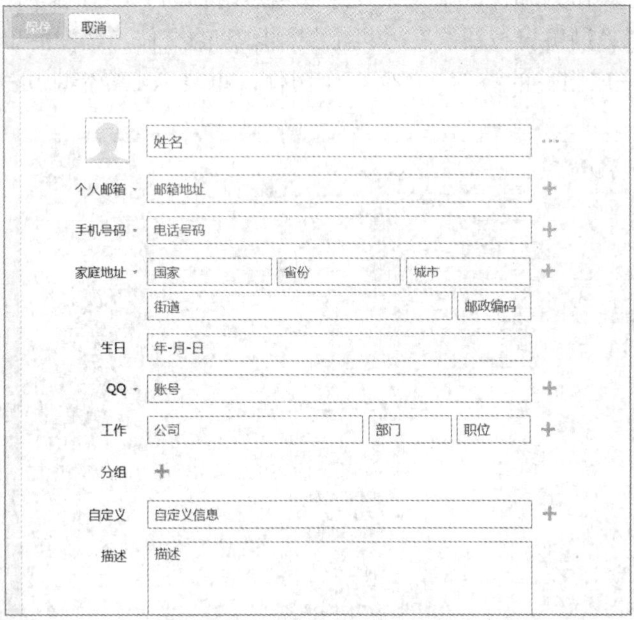

图 6-21 添加"联系人"窗口

习　题

一、选择题

1. 计算机网络的发展，经历了由简单到复杂的过程。其中，最早出现的计算机网络是（　　）。

    A．因特网　　　B．阿帕网　　　　C．以太网　　　　　　D．分组数据交换网

2. 计算机网络中所谓的"资源"是指硬件、软件和（　　）资源。

    A．通信　　　　B．系统　　　　　C．数据　　　　　　　D．资金

3. 在计算机网络中负责各节点之间通信任务的部分称为（　　）。

    A．工作站　　　B．资源子网　　　C．文件服务器　　　　D．通信子网

4. 学校实验室机房内要实现多台计算机联网，按其实际情况可选择（　　　）。

　　A．WAN　　　　B．LAN　　　　　C．MAN　　　　　　D．DDN

5. 下列（　　　）用于表示统一资源定位器。

　　A．FTP　　　　B．HTFP　　　　 C．IE　　　　　　　D．URL

6. 以文件服务器为中央节点，各工作站作为外围节点单独连接到中央节点上，这种网络拓扑结构属于（　　　）。

　　A．星形　　　　B．总线　　　　　C．环形　　　　　　D．树形

7. 我们将文件从 FTP 服务器传输到客户机的过程称为（　　　）。

　　A．浏览　　　　B．电子商务　　　C．上载　　　　　　D．下载

8. 下列属于微型计算机网络特有的设备是（　　　）。

　　A．显示器　　　B．UPS 电源　　 C．服务器　　　　　D．鼠标

9. 在计算机网络中，我们通常把提供并管理共享资源的计算机称为（　　　）。

　　A．服务器　　　B．工作站　　　　C．网关　　　　　　D．网桥

10. 在局域网互联中，数据链路层实现网络互联的设备是（　　　）。

　　A．网关　　　　B．路由器　　　　C．网桥　　　　　　D．放大器

11. 下列选项中，不属于因特网提供的服务是（　　　）。

　　A．电子邮件　　　　　　　　　　B．文件传送

　　C．远程登录　　　　　　　　　　D．实时监测控制

12. 在局域网中，传输层及其以上高层实现网络互联的设备是（　　　）。

　　A．网桥　　　　B．路由器　　　　C．中继器　　　　　D．网关

13. 收到一封邮件，再把它发送给别人，一般可以用（　　　）。

　　A．回复作者　　B．转发　　　　　C．编辑　　　　　　D．发送

14. 下列说法错误的是（　　　）。

　　A．电子邮件是因特网提供的一项最基本的服务

　　B．电子邮件具有快速、高效、方便和价廉等特点

　　C．通过电子邮件，用户可以向世界上任何一个角落的其他网上用户发送信息

　　D．可发送的多媒体只有文字和图像

15. 在因特网中，WWW 的含义是（　　　）。

　　A．域名系统　　　　　　　　　　B．文件传输协议

　　C．电子广告板　　　　　　　　　D．多媒体信息检索系统

16. 关于因特网的概念叙述错误的是（　　　）。

　　A．因特网即国际互联网

　　B．因特网具有网络资源共享的特点

　　C．因特网是由多个网络互联组成的网络集合

　　D．因特网是局域网的一种

17. 用于浏览因特网上页面的软件称为（　　　）。

　　A．服务器　　　　　　　　　　　B．转换器

　　C．浏览器　　　　　　　　　　　D．编辑器

18. 在因特网中，不同类型的计算机互相通信的基础是（　　　）。

    A. ATM   B. TCP/IP   C. Novell   D. X. 25

19. 一个 IP 地址由网络地址和（　　）两部分组成。

    A. 广播地址   B. 多址地址   C. 主机地址   D. 子网地址

20. 主机域名与 IP 地址的关系是（　　）。

    A. 一一对应   B. 域名与 IP 地址没有任何关系

    C. 一个域名对应多个 IP 地址   D. 一个 IP 地址对应多个域名

21. TCP/IP 是一组（　　）。

    A. 局域网技术

    B. 广域网技术

    C. 支持同一种计算机（网络）互联的通信协议

    D. 支持不同种计算机（网络）互联的通信协议

二、简答题

1. 什么是计算机网络？其主要功能是什么？

2. 计算机网络分为哪几种类型？试比较不同类型网络的特点。

3. 什么是网络的拓扑结构？常见的拓扑结构有哪几种？

4. 网络按覆盖范围分为几类？其覆盖范围分别是多少？

5. 局域网互联设备都有哪些？

6. 网络体系结构的基本概念是什么？

7. 在 OSI 参考模型中，各层的作用是什么？

8. 什么是 IP 地址，它共分为几类？

9. WWW 的含义是什么？万维网的信息是以什么方式传送的？

10. 因特网都有哪些应用？

三、操作题

1. 在百度上搜索"海南自由贸易港带来的巨大变化"，打开此主页，浏览任意一个页面，并将它以网页文件的格式保存到"我的文档"目录下，并命名为"2023 海南自由贸易港.htm"。

2. 向某位老同学发个邮件，邀请他来参加同学聚会。收件人：123456789@qq.com。

抄送：

主题：邀请参加聚会。

邮件内容："4 月 1 日请来参加同学聚会"。

第 **7** 章

信息技术的发展概述

【知识目标】
    1. 了解信息技术的概念和发展趋势。
    2. 掌握云计算、物联网、虚拟技术的概念。
【技能目标】
    1. 利用信息技术形成新的思维方式。
    2. 掌握云计算、物联网的关键技术。
【素质目标】
    1. 培养学生对信息技术的兴趣。
    2. 培养学生的合作精神。
    3. 拓宽学生知识面。

7.1 信息技术概述

    信息、知识成为社会中的基本资源，信息产业成为社会中的核心产业之一，信息技术渗透到社会生活与工作的方方面面，无处不在、无孔不入。信息素养成为信息社会信息化人才必须具备的一项基本素质，具备对信息的获取、分析、加工、利用能力，是信息社会对新型人才培养提出的最基本要求。信息技术对社会发展产生了深远的影响，不仅大大加快了社会生产力的发展速度，而且对人们的生活方式与社会结构产生了深层的影响，进而加快了人类进入信息化社会的步伐。

7.2 信息技术的发展趋势

    信息技术的发展趋势如下。
（1）高速、大容量
信息技术的发展速度越来越快、存储设备的容量越来越大。

（2）综合化

综合化包括业务综合和网络综合。新一代信息技术具有创新活跃、交叉性高、渗透性强等特点，与工业互联网融合发展将有助于更大范围、更高效率、更加精准地优化生产和对服务资源进行配置，推动技术创新与应用相互促进、相互迭代，构建新工业服务体系。新一代信息技术将进一步激发数据这一新生产要素的潜能，以创新为引领，以数据为驱动，从生产方式、组织管理和商业模式等多维度重塑制造业，为建设制造强国提供新动能。

（3）数字化

数字化主要体现在以下两个方面。

一是便于大规模生产。过去生产一台模拟设备需要花很长时间，模拟电路的每一个部分都需要进行单独设计、调测。而数字设备是单元式的，设计非常简单，便于大规模生产，可大大降低成本。

二是有利于综合化维护。每一个模拟电路的物理特性区别都非常大，而数字电路由二进制电路组成，非常便于综合化维护。

（4）个人化

个人化即可移动性和全球性。任何人在任何一个地方都可以拥有同样的通信手段，可以利用同样的信息资源和信息加工处理方法。在信息化时代中，我们拿着便携的笔记本计算机，随时随地就能无线上网。

7.3 新一代信息技术

新一代信息技术分为六个方面：下一代通信网络、物联网、三网融合、新型平板显示、高性能集成电路和以云计算为代表的高端软件。新一代信息技术，不仅指信息领域的一些分支技术（如集成电路、计算机、无线通信等）的纵向升级，还指信息技术的整体平台和产业的代际变迁。

2022 年工业和信息化部举行"新时代工业和信息化发展"系列新闻发布会上谈及的新一代信息技术包括：集成电路、新型显示、第五代移动通信、超高清视频、虚拟现实、先进计算、工业软件、新兴平台软件、云计算、大数据、人工智能等领域技术。发布会还谈到北斗技术，北斗技术属于全球卫星导航技术。北斗技术已经和其他信息通信技术融合在消费级产品上，如华为公司 2022 年发布了采用北斗三号短报文通信服务的手机，该手机可以在没有移动网络覆盖的地方收发信息。北斗技术更是被应用在我国大多数在售的智能手机上。

7.3.1 云计算

1. 云计算概述

云计算通过网络"云"将巨大的数据计算处理程序分解成无数个小程序，然后通过由多个服务器组成的系统处理和分析这些小程序，并将得到的结果返回给用户。云计算是分布式计算、效用计算、并行计算、网络存储、热备份冗余和虚拟化等计算机技术混合演进并跃升的结果。云计算架构如图 7-1 所示。

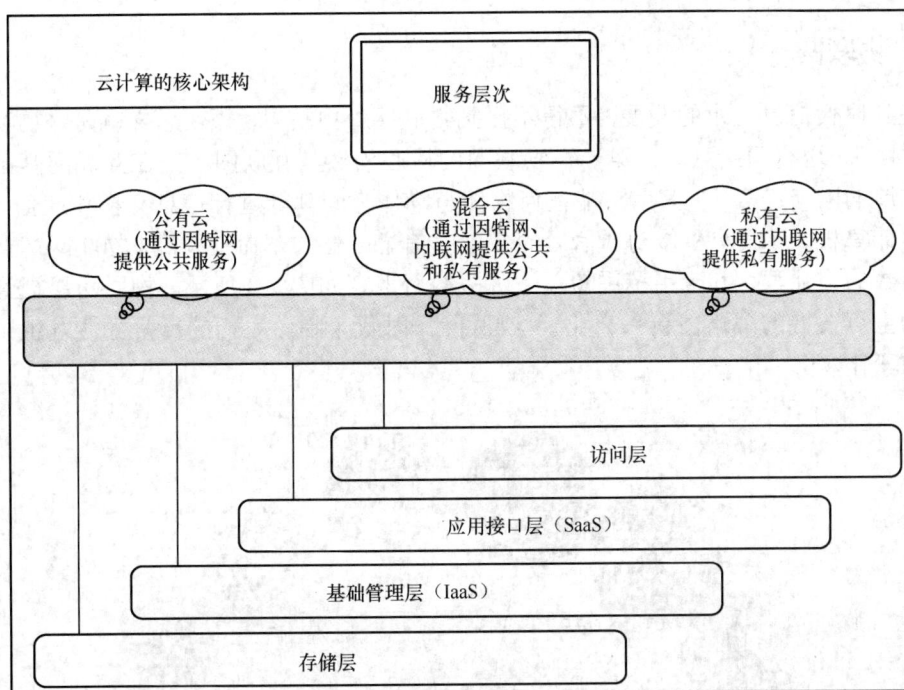

图 7-1　云计算架构

2．云计算的模式

云计算的部署模式包括公有云、私有云和混合云，如图 7-2 所示。

① 公有云通常指第三方服务提供商为用户提供的能够使用的云。公有云可能是免费或成本低廉的，其核心属性是共享资源服务。

② 私有云是为某个用户单独使用构建的。私有云可以被部署在企业数据中的防火墙内，也可以被部署在安全的主机托管场所。私有云的核心属性是专有资源。

③ 混合云融合了公有云和私有云的功能，是近年来云计算的主要模式和发展方向。出于对安全的考虑，企业更愿意将数据存放在私有云中，但是又希望可以获得公有云的计算资源，这种情况下可以使用混合云。混合云将公有云、私有云混合与匹配，达到了既省钱又安全的目的。

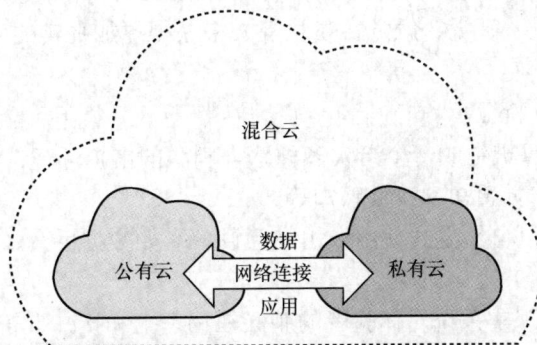

图 7-2　公有云、私有云、混合云

7.3.2 物联网

提到现代信息技术的发展，不得不提到物联网。物联网，顾名思义就是"物物相连的互联网"。这有两层意思：第一，物联网的核心仍然是互联网，是在互联网基础上延伸和扩展的网络；第二，其用户端任何物体与物体之间都能进行信息交换和通信。物联网是继计算机、互联网和移动通信后的又一次信息产业的革命性发展，物联网产业关乎绝大多数的产业群，其应用范围覆盖了大多数行业，如图7-3所示。物联网已被许多国家列为重点发展的战略性新兴产业。"物联网"时代来临，人们的日常生活发生了翻天覆地的变化。

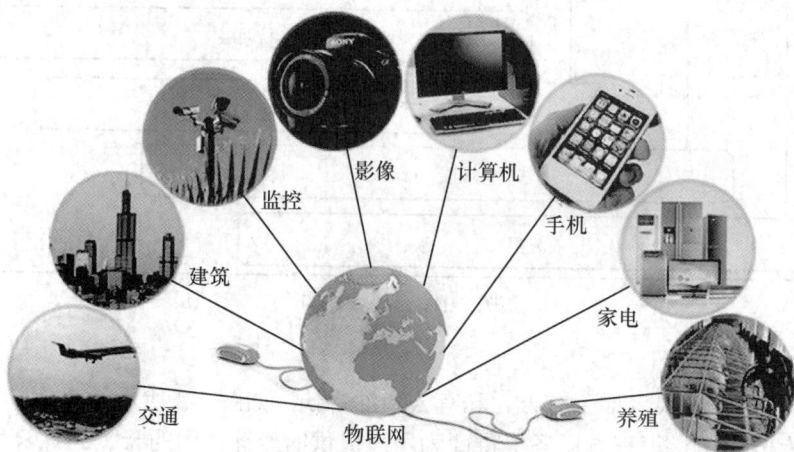

图 7-3　物联网应用

7.3.3 虚拟现实

1. 概念

虚拟现实（VR）就是研究一种计算机技术，把人们想象的东西转化为一种虚拟境界和虚拟存在，而这种虚拟境界和虚拟存在对于我们的感官来说就像客观存在一样。虚拟现实借助计算机系统及传感器技术生成三维环境，创造出一种崭新的人机交互方式，人们通过调动各种感官（视觉、听觉、触觉、嗅觉等）来获得更加真实的体验。

2. 特征

虚拟现实具有以下特征。

① 多感知性。计算机生成一个给人多种感官刺激的虚拟环境：视觉感知、听觉感知、力觉感知，甚至包括味觉感知、嗅觉感知等。

② 交互性。人能以自然方式使用专用交互设备（如数据手套、触觉和力反馈装置），与虚拟世界进行交互。

③ 沉浸感。虚拟现实系统对体验者的刺激在物理上和认知上符合人类已有的经验，从而使体验者感到自己作为主角存在于模拟环境中。

3．实现过程

虚拟现实是利用计算机技术生成逼真的，具备视、听、触、嗅、味等多种感知的虚拟环境。它借助计算机生成一个三维空间，将用户置身于该环境中，使其借助轻便的多维输入/输出设备（如头盔显示器、三维输入设备和传感器等）和高速图形计算机，感知和研究客观世界的变化规律。

4．未来应用

虚拟现实应用的九大领域或场景：视频游戏、事件直播、视频娱乐、医疗保健、房地产、零售、教育、工程和军事，如图 7-4 所示。未来虚拟现实的应用只会越来越广，新的衍生技术也会不断诞生，虚拟现实必然是潜力巨大的蓝海产业。

图 7-4　虚拟现实

习　题

一、选择题

1．信息技术的发展趋势是（　　）。

①高速大容量　②数字化　③综合化　④个人化

A．①②③　　　　B．②③④　　　　C．①②④　　　　D．①②③④

2．虚拟现实的特征有（　　）。

①多感知性　②交互性　③虚拟性　④沉浸感

A．①②③　　　　B．②③④　　　　C．①②④　　　　D．①②③④

3．物联网应用范围覆盖以下（　　）方面。

①养殖　②监控　③手机　④交通

A．①②③　　　　B．②③④　　　　C．①②④　　　　D．①②③④

4．虚拟现实英文简称（　　）。

A．VT　　　　　B．VR　　　　　C．VO　　　　　D．VS

5. 下列选项中，属于虚拟现实研究领域的是（　　　）。（多选）

    A．视频游戏　　B．房地产　　　　C．军事　　　　　　　D．医疗保健

6. 云计算的部署模式（　　　）。（多选）

    A．公有云　　　B．私有云　　　　C．混合云　　　　　　D．社区云

7. 云计算是下列哪些计算混合演进的结果（　　　）。（多选）

    A．分布式计算　　　　　　　　B．分布式存储技术

    C．并行计算　　　　　　　　　D．网络存储

二、简答题

云计算的部署模式有哪几种？简述它们的特点。

参考文献

[1] 冉兆春. 大学计算机应用基础[M]. 北京：人民邮电出版社，2013.

[2] 全国计算机等级考试命题研究中心. 全国计算机等级考试一本通：一级计算机基础及 MS Office 应用[M]. 北京：人民邮电出版社，2016.

[3] 曾祥燕，林承师. 办公自动化项目化教程[M]. 成都：电子科技大学出版社，2020.

[4] 杨云，胡海波. 计算机网络技术基础[M]. 北京：人民邮电出版社，2021.